食品科学与工程类系列规划教材

食品分析与检验一体化实验指导

张清安　范学辉　编著

陕西师范大学本科教材建设基金资助出版

科学出版社

北　京

内 容 简 介

本书是根据教育部高等学校食品科学与工程类专业教学指导委员会所制定的培养方案要求，结合食品类专业实验教学实际情况，精心挑选了包括食品分析必备基础知识、食品基本理化特性分析与检验、综合型食品分析实验、研究型食品分析实验等 4 个呈递进关系的内容模块编著而成。就实验方法而言，既有经典、实用的常规实验方法，也有先进的仪器分析方法；同时，为了进一步拓宽学生的专业素质，还就某些方法增加了英文文献的相关内容。就内容的层次性而言，既有验证性、演示性实验，又有综合型实验和研究型实验。通过本书内容的学习，既可以培养学生的基本实验技能，还可以培养学生发现问题、分析问题及解决问题的综合能力。

本书可供我国高校食品类各专业的专科生、本科生及研究生使用，也可供食品卫生检验、食品质量监督及各类食品企事业单位的广大食品科技工作者参考和选用。

图书在版编目(CIP)数据

食品分析与检验一体化实验指导/张清安，范学辉编著. —北京：科学出版社，2019.8
食品科学与工程类系列规划教材
ISBN 978-7-03-061651-7

Ⅰ.①食… Ⅱ.①张… ②范… Ⅲ.①食品分析-实验-高等学校-教材②食品检验-实验-高等学校-教材 Ⅳ.①TS207.3-33

中国版本图书馆 CIP 数据核字（2019）第 116818 号

责任编辑：席 慧 韩书云 / 责任校对：严 娜
责任印制：张 伟 / 封面设计：铭轩堂

科 学 出 版 社 出版
北京东黄城根北街 16 号
邮政编码：100717
http://www.sciencep.com
北京盛通商印快线网络科技有限公司 印刷
科学出版社发行 各地新华书店经销
*
2019 年 8 月第 一 版 开本：787×1092 1/16
2020 年 1 月第二次印刷 印张：16 1/4
字数：480 000
定价：49.80 元
（如有印装质量问题，我社负责调换）

前　言

本书初稿成于 2007 年，彼时仅有 10 余万字、近百页厚，且由于条件所限无法付梓，无奈只能复印。同时，为了不愧对学生，书稿年年复印、次次润色，历经十余年，书稿从当初的 10 余万字增至 40 余万字；而结构更是从最初单纯的验证性实验扩充到如今以其为辅，以综合型实验、研究型实验为主的体系；同时，对于这些新增的实验类型也给出了具体格式、提示或范例。希望通过这些实验的开展，使学生系统学习相关知识，掌握基本实验技能，并初步培养其独立开展研究的综合能力，为以后开展毕业论文（设计）或科学研究实验奠定基础。十余年的历练、十余年的增删、十余年的打磨，书稿终将成书，但初心未曾改变，书中文字力求精练、确切和规范，理论以够用即可，操作以可行为度，特色鲜明。

想特别说明的是，本人虽已参编出版过数十本教材，唯独对此书钟爱有加。究其原因，一是本书是我近 20 年教学过程中逐步根据教学情况和学生实际情况积累、整理而成；二是大部分实验内容、数据、步骤都经过反复验证，是实际操作中切实可行的；三是增加了自己对一些实验的体会和素质拓展的想法。

总体而言，本书有四大特色：一是整体实验内容呈递进式分布，按照实验内容和方法分为演示性或验证性实验、综合型实验、研究型实验。二是针对每一个实验一般从快速检验、基本化学分析、现代仪器分析及素质拓展（检测方法的英文版）4 个方面撰写，这样不仅提高了本书的普适性（不同学校、不同层次学生或科研工作者、食品从业人员均可根据实际情况选用），还有助于学生全面了解所用测试方法的情况、提升其综合运用知识的能力。同时也可以体现学生共性教育与个性教育的完美融合。除此之外，对于素质拓展内容还特意进行了无纸化处理，用手机扫描书中对应的二维码即可获取相关内容，使用方便。三是所编入的每一个实验都经过反复斟酌、推敲，既确保其代表性，又考虑其与前后内容的关联性，使其既相对独立又自然融为一体。四是本书在每一类实验内容后面均特意留下了一定空间供学生记录实验结果和关键点，便于学生日后查阅复习并确保实验成功。

总之，本书特色鲜明，适合食品专业不同层次的学生学习或选读。书中实验方法殊途同归，对学生实验技能和创新能力的培养能起到很好的作用。综合型实验和研究型实验的选择角度也力求别具匠心，素材库和论文写作部分亦有望为全书的可读性添砖加瓦。

本书由陕西师范大学张清安（第二章至第四章）和范学辉（第一章）共同编写完成。在本书编写过程中，研究生王婷婷、颜艳英、卫晨曦、付熙哲、张馨允、张宁、徐博文、吴东栋等也协助做了大量的修改、校正工作，付出了艰辛的劳动，在此向他们表示衷心的感谢。全书最后由张清安统稿、修改和定稿。

在编写本书时，编著者还参阅了大量文献资料，难以一一鸣谢，在此由衷地向这些文献的作者们表示谢意。

由于编著者水平、精力和时间有限，书中难免有不妥之处，敬请读者批评指正、不吝赐教，以便再版时更正。

编著者

2018 年 12 月

目　　录

第一章 食品分析必备基础知识

一、食品分析实验室的要求

食品分析实验室是实践教学的重要场所，除应达到一般实验室所需满足的基本要求外，还应满足食品分析中的一些特殊要求。

（一）食品分析实验室的基本要求

食品分析实验室的基本功能除进行食品分析实验教学外，还应包括以现行国家标准及地方、行业、企业等标准规定的检测方法，对食品的质量、安全进行分析评价，以及承担科研、课外科技创新活动和综合型、设计型实验等任务。按照教学需要，实验室可分设为化学分析室和精密仪器室等。

1. 化学分析室

（1）化学分析室应采光良好、排风好、上下水畅通，实验教学场地一次可容纳 15～30 人。每个学生应独立有一套基本仪器设备。实验台可以是单边的，也可以是双边的；每人所占实验台宽度不小于 0.6m，长度不小于 1.0m；两实验台之间的距离不小于 1.3m。

（2）化学分析室内应设有充足的洗手池和水龙头，并设有通风橱、排风扇和各种电源插座。

2. 精密仪器室

对于精密仪器室，可根据仪器的功能、精密程度设立若干功能室，如气相色谱室、高效液相色谱室、原子吸收仪器室、荧光分析仪器室、电化学分析仪器室等，要求具有防震、防潮、防腐蚀、防尘和防有害、易燃、易爆气体等特点。温度应保持在 15～30℃，湿度为 65%～75%。放仪器的实验台应稳固，具有稳压和清洁的独立电源。

3. 实验室规章制度

（1）实验前认真预习实验内容。

（2）实验时自觉遵守课堂纪律，严格按操作规程操作，既要独立操作又要与其他同学配合。

（3）实验数据和现象应随时记录在实验本上（不要记在纸片上）。实验结束后，实验记录必须经辅导教师审阅后才能写实验报告或离开实验室，实验报告于下次实验课时交给辅导教师。

（4）精心爱护各种仪器。实验所需的一般仪器按规定借领、归还。完成实验后应将仪器洗净、放置（能倒置的尽量倒置）在实验柜中并排列整齐。如有损坏或遗失需要说明原因，经辅导教师签名后方可补领，并按规定赔偿。

（5）精密贵重仪器每次使用后应登记学生姓名并记录仪器使用情况。要随时保持仪器的清洁。如发生故障，应立即停止使用并报告辅导教师。

（6）按需要量取药品及蒸馏水等各种物品，要注意节约。

（7）公用仪器、药品用后放回原处。不要用个人的吸管量取公用药品，多余的药品不得倾入原试剂瓶内。特别注意公用试剂瓶的瓶塞要随开随盖，不要盖错。

（8）保存在冰箱或冷室中的物品都应加盖并注明保存者的姓名、班级、日期和内容物。

（9）保持台面、地面、水槽及室内整洁。含强酸、强碱的废液应倒入废液缸中。将书包及与实验无关的物品放在规定的架子上。

（10）不得让含有易燃溶剂的实验容器接近火焰。漏电的设备一律不得使用。离开实验室前应检查水、电、门、窗。严禁用口吸取（或用皮肤接触）有毒药品和试剂。凡产生烟雾、有毒气体和不良气味的实验均应在通风橱内进行。通风橱门应紧闭，非必要时勿开。

（11）由学生轮流值日，值日生要负责当天实验室的卫生、安全和服务性工作。

（二）食品分析实验室的管理

食品分析实验室应配备专职的实验员，负责实验室的日常管理和具体的教学实验。

（1）实验管理人员应具有相应的学历和职称，熟悉业务范围内的试剂药品和仪器设备的性能、使用和维护等知识。能指导教学大纲要求的全部实验，以及课外科技创新活动。

（2）实验室内应有完善的管理规章制度，包括"实验室工作守则""实验室安全、防火、卫生守则""实验室物品管理守则""仪器使用说明""仪器使用记录""实验室日志""实验准备记录"等备查资料，并有相应的责任人和管理条例。

（3）实验室应逐步对单位、学生和社会开放，不断提高综合使用效率，使之成为教学、科研、课程实习和毕业实习的重要人才培养基地。

（三）食品分析实验报告撰写的要求

获得了准确的实验结果还不是实验的结束。实验室工作的目的是用一种易懂的方式向他人传播实验结果和所引出的概念。书写实验报告是对后续更严格地撰写科学论文极好的练习。

1. 结果的记录

1）实验本　　最好用大的硬皮本写实验报告。将单页纸放在讲义夹内保存，便于插入图表。应把课程和实验名称、姓名、学号、日期、环境温度、湿度和页数等信息写在实验报告上。课程完成后，还可编写目录。

2）实验报告　　可以用不同的方式书写实验报告。下列各标题是在大多数研究论文中所使用的，在一些实验中也可以把两部分合并为一个标题，如"方法和结果"或"结果与讨论"，将依不同的研究内容而定。

（1）题目和引言：所有的实验都有一个题目，它应该写在实验报告的顶端，与日期并列在一起。实验题目应该简洁而明确，使实验的目的一目了然。

学生应明确实验的目的，如能对实验中试图证明的内容有一个粗略的描述更好。

（2）材料和仪器：应列出所用的试剂和装置，特殊的仪器要有合适的图解，说明化学试剂时要避免用未被普遍接受的商品名或俗名。

（3）实验或方法：要描述按操作顺序所进行的实际做法，不能照抄实验书或实验讲义。实验描述要简洁，但要写得明白，以便他人能够重复。

（4）结果：应记录实际观察到的实验现象而不是照抄实验书所列应观察到的实验结果。

应记录实验现象的所有细节。例如，只报告在一个特殊实验中生成一种黄色沉淀是不够的，沉淀的真实颜色是什么：亮黄、橘黄或其他？沉淀是多是少，是胶状还是颗粒状？什么时候形成沉淀，立即生成、缓慢生成、加热时生成还是冷却时生成？所有这些结论似乎都是显而易见的，但常常被忽视。

在实验报告中只写"处死大鼠并取肝"是十分不合适的，必须给出鼠的品种、性别、年龄和体重。鼠是饥饿的还是饱食的，它是否用某种方式处理过，是如何处死的……在评价实验结果时，上述各种因素可能十分重要，因此必须记录。

（5）讨论和结论：讨论不应是实验结果的重述，而是以结果为基础的逻辑推论。常常在引言部分对实验提出问题，然后看在讨论中能对此问题回答到什么程度。应有一个简短而中肯的结论。

2. 表格和图解

1）表格　　最好用图表的形式概括实验的结果，根据所记录数据的性质确定用图还是用表。表格应该连续标号并有清楚的标题，有时还需要在标题下面紧接着有一个详细的说明。

在每一纵行数据结果的顶端注明所使用的单位，不要在表格的每一行中都重复地书写数据的单位。表格中的数据应有合适的位数。可通过适当调整数据的单位做到此点。

例如，浓度 0.0072mol/L 最好在"浓度（mmol/L）"的栏下表示为 7.2 或在"$10^{-4}\times$ 浓度（mol/L）"的栏下表示为 72。

2）图解　　常常在实验报告中画上专门仪器的粗略示意图。此外，用图线表示层析或电泳的结果，或用流程图表示纯化的步骤，这样比冗长的描述更清楚。

一般来说，当所观察记录的数据较多时用绘图线比用表格好。从图中查看结果也比从表中来得容易。而且观察各点是否能画成一条光滑的曲线还能给出实验中偶然误差的某些概念。此外，图能清楚地示出测量的中断，而从数字表格中则不容易看出来。

3）怎样画图　　在许多实验中都有一个量如浓度、pH 或温度，在系统地变化着，要测量的是此量对另一量的影响。已知量称为自变量，未知量或待测量称为因变量。画图时，习惯把自变量画在横轴（x 轴）上而把因变量画在纵轴（y 轴）上。下面列举一些作图的提示。

（1）为了清楚起见，调整标度使斜度在 45° 范围内。

（2）图应有明白简洁的标题，清楚地标明两个轴的计量单位。

（3）最好用简单数字标明轴上的标度（如使用 10mmol/L 就比 0.01mol/L 或 10 000μmol/L 要好）。

（4）欲表示实验中所测定点的位置，应用清楚设计的符号（○、●、□、■、△、▲），而不用 ×、+ 或一个小点。

（5）尽可能使各点间的距离相等，不要使各点挤在一起或让它们之间的距离太大。

（6）根据不同的实验，用光滑的、连续的曲线或用直线连接各点。

（7）符号的大小应能指示各值的可能误差，而且，由于自变量常常知道得很准确，有时也可以把结果表示为垂直的线或棒，其长度依赖于因变量的差异。

二、食品分析实验室的安全与防护

实验室的安全是头等大事，凡进入实验室工作的教师、实验员和学生都必须具有高度的安全意识，严格遵守操作规程和规章制度，保持警惕，以避免发生事故。

（一）实验室危险因素

1. 易燃、易爆危险品

实验室内往往存有易燃和易爆化学危险品、高压气体钢瓶、低温液化气体等；另外，实验室还经常进行高压灭菌、蒸馏、干燥、浓缩等操作，如果操作不当或未遵守安全操作规定，则有可能导致安全事故的发生。

2. 有毒气体

在食品分析实验中，经常用到各种有机溶剂和具有易挥发性的有毒、有害试剂，实验过程中也可能产生有毒气体和腐蚀性气体，如不注意，都有引起中毒的可能。

3. 机械伤害

分析实验中经常涉及安装玻璃仪器、连接管道、接触运转中的设备等因素，操作者疏忽大意或操作不当是事故发生的主要原因。

4. 触电

实验室经常接触电气设备，必须时刻注意用电安全。

5. 其他危险

涉及放射性、微波辐射、电磁、电场的工作场所应有适当的防护措施，以防止对人造成伤害或污染环境。

（二）实验室通用安全守则

为保障实验室人身及仪器设备安全，必须遵守下列安全守则。

（1）实验室人员必须熟悉仪器、设备的性能和使用方法，按规定要求进行操作。

（2）凡进行有危险性的实验，实验人员应先检查防护措施，确证防护妥当后，才可进行操作。实验过程中操作人员不得擅自离开，实验完成后立即做好清理工作，并做好记录。

（3）凡涉及有毒或有刺激性气体发生的实验，均应在通风橱（柜）内进行，并做好个人防护，不得把头部伸进通风橱内。

（4）凡接触或使用腐蚀和刺激性药品，如强酸、强碱、氨水、过氧化氢、冰醋酸等，取用时尽可能佩戴橡皮手套和防护眼镜，瓶口不要直接对着人，禁止用手直接拿取。开启有毒气体容器时应戴防毒面具。

（5）不使用无标签（或无标志）容器盛放的试剂、试样。

（6）实验中产生的有毒、有害废液、废物应集中处理，不得任意排放或让其流入下水道。酸、碱或有毒物品溅落时，应及时清理及除毒。

（7）严格遵守安全用电章程，不使用绝缘或接地不良的电器设备，不准擅自拆修电器。

（8）安装易破裂的玻璃仪器时，要用布巾包裹。往玻璃管上套胶皮管时，管口应烧圆滑，并用水或甘油润滑，以防玻璃管破裂割伤手。

（9）实验完毕，实验人员应养成洗手离开的习惯。实验室内禁止吸烟和存放食物、食具（食品感官鉴评实验室除外）。

（10）实验室应配备消防器材，实验人员要熟悉其使用方法并掌握有关灭火知识。

（11）实验结束离开实验室前要检查水、电、燃气和门窗是否关好，确保安全，并做好登记。

（三）常见的实验室事故急救和处理

1. 实验室灭火

实验室发生火灾的可能性很大，万一发生火灾，切忌惊慌失措，在拨打 119 报警电话的同时，如能在火灾发生的初期采取适当的措施，可以大大减少损失。实验室灭火的原则是：移去或隔绝燃料的来源，隔绝空气（氧气），降低温度。对不同物质引起的火灾，应采取不同的扑救办法。

（1）防止火势蔓延，首先应切断电源，关闭所有加热设备，快速移去附近的可燃物质，关闭通风装置，减少空气流通。

（2）立即扑灭火焰，设法隔断空气，使温度下降到可燃物的着火点以下。

（3）火势较大时，可用灭火器扑救。常用的灭火器有：二氧化碳灭火器，用于扑救电器、油类和酸类火灾，不能扑灭钾、钠、镁、铝等物质火灾；泡沫灭火器，适用于有机溶剂、油类着火，不宜扑救电器火灾；干粉灭火器，适用于扑灭油类、有机物、遇水燃烧的物质的火灾；1211（为二氟一氯一溴甲烷的代号）灭火器，适用于扑救油类、有机溶剂、精密仪器、文物档案等的火灾。

水是最常用的灭火物质，但在下列情况下应注意：能与水发生猛烈作用的物质失火时，不能用水灭火；比水轻、不溶于水的易燃与可燃液体着火时，不能用水灭火；电气设备及电线着火时，首先用四氯化碳灭火器灭火，电源切断后才能用水扑救，严禁在未切断电源前用水或泡沫灭火器扑救。

2. 化学物质中毒事故的应急处理

化学物质急性中毒多由现场意外事故引起，其特点是病情发生急骤、症状严重、变化迅速，现场抢救人员若能及时、正确地采取有效措施，对于挽救中毒患者的生命、减轻中毒程度、防止合并症的产生、减少经济损失及社会影响都有十分重要的意义。

1）急性中毒的现场抢救原则

（1）救护者做好个人防护。急性中毒发生时，毒物多由呼吸道和皮肤侵入体内，因此救护者在进入毒区抢救之前，要先做好个人呼吸系统和皮肤的防护，佩戴防毒面具、氧气呼吸器并穿着防护服。

（2）尽快切断毒物源。救护人员进入事故现场后，除对中毒者进行抢救外，同时应采取果断措施（如关闭管道阀门、堵塞泄漏的设备等）切断毒物源，防止毒物继续外逸。对于已经扩散出来的有毒气体或蒸气应立即启动通风设施排毒或开启门、窗等，降低有毒物质在空气中的含量，为抢救工作创造有利条件。

（3）尽快转移患者，阻止毒物继续侵入人体。首先将患者转移到安全地带，解开领口，使其呼吸通畅，让患者呼吸新鲜空气；脱去被污染的衣服，并彻底清洗被污染的皮肤和毛发，注意保暖。

（4）现场施救。针对不同的中毒事故，采取相应的措施进行现场应急救援，然后立即送医院治疗。对于呼吸困难或呼吸停止者，应立即进行人工呼吸，有条件时应给其吸氧和注射兴奋呼吸中枢的药物；心搏骤停者应立即行胸外心脏按压术。

现场抢救成功的心肺复苏患者或重症患者（如昏迷、惊厥、休克、发绀等），应立即送医院治疗。

（5）现场组织指挥。出现成批急性中毒患者时，应立即成立临时抢救领导小组负责现场指挥，并立即通知医院做好急救准备，应尽可能说清是什么毒物中毒、中毒人数、侵入途径和大致病情。

2）口服中毒的现场应急救护　　实验人员因口服中毒时，可根据情况选择下述应急方法处理，同时要立刻联系医疗机构，并告知其引起中毒化学品的种类、数量、中毒情况及发生时间等有关情况。

A. 口服中毒的一般应急处理方法如下。

（1）为了降低胃中毒物的浓度，延缓毒物被人体吸收的速度并保护胃黏膜，可饮食牛奶、打匀的鸡蛋或蛋清、面粉、淀粉、土豆泥及水等。

（2）如果没有以上物品，也可将约 50g 活性炭加入 500mL 水中，充分摇动润湿，给患者分次吞服。一般 10～15g 活性炭大约可以吸收 1g 毒物。

（3）如患者清醒而又合作，宜饮大量清水引吐（用手指或筷子扎患者的喉头或舌根使其呕吐），也可用药物引吐。对引吐效果不好或昏迷者，应立即送医院用胃管洗胃。

对于处于昏迷状态的患者，中毒引起的抽搐、惊厥未被控制之前，服腐蚀性毒物中毒的，催吐有引起食管及胃穿孔的可能；食管静脉曲张、主动脉瘤、溃疡病出血者和孕妇等，不可采取引吐的方式。

（4）用毛巾、衣服等盖在患者身上保温。

B. 口服强酸的现场急救处理。立刻饮服 200mL 0.17% 的氢氧化钙溶液，200mL 的氧化镁悬浮液，60mL 3%～4% 的氢氧化铝凝胶或牛奶、植物油及水等，迅速稀释毒物。然后服食 10 多个打匀的鸡蛋作缓和剂。因碳酸钠或碳酸氢钠溶液遇酸会产生大量的二氧化碳，故不能服用。急救时，不要随意催吐、洗胃。

C. 口服强碱的现场急救处理。立即饮服 500mL 食用醋稀释液（1 份醋加 4 份水）或鲜橘子汁将其稀释。然后服食橄榄油、蛋清、牛奶等。急救时，不要随意催吐、洗胃。

D. 口服农药的现场急救处理如下。

（1）有机氯中毒。应立即催吐、洗胃，可用 1%～5% 的碳酸氢钠溶液或温水洗胃，随后灌入 60mL 50% 的硫酸镁溶液；禁用油类泻剂。

（2）有机磷中毒。一般可用 1% 的食盐水或 1%～2% 的碳酸氢钠溶液洗胃；误服敌百虫者应用生理盐水或清水洗胃，禁用碳酸氢钠洗胃。

3）眼与皮肤化学性灼伤的现场应急救护

（1）强酸灼伤的现场急救处理。硫酸、盐酸、硝酸都具有强烈的刺激性和腐蚀作用。硫酸灼伤的皮肤一般呈黑色，硝酸灼伤呈灰黄色，盐酸灼伤呈黄绿色。被酸灼伤后应立即用大量流动清水冲洗，冲洗时间一般不少于 15min。彻底冲洗后，可用 2%～5% 碳酸氢钠溶液、淡石灰水、肥皂水等进行中和，切忌未经大量流水彻底冲洗就用碱性药物在皮肤上直接中和，这会加重皮肤的损伤。

强酸溅入眼内时，在现场应立即就近用大量清水或生理盐水彻底冲洗。拉开上下眼睑，冲洗时间应不少于 15min，使酸不至于留存眼内，切忌惊慌或因疼痛而紧闭眼睛。没有洗眼器时请将头置于水龙头下，使冲洗后的水自伤眼的一侧流下，这样既避免水直冲眼球，又不至于使带酸的冲洗液进入未受伤的眼。

现场应急处理后，应及时送医院进行治疗。

（2）碱灼伤的现场急救处理。氢氧化钠、氢氧化钾等溶液都具有强烈的腐蚀作用。碱灼伤皮肤，在现场立即用大量清水冲洗至皂样物质消失为止，然后可用 1%～2% 乙酸或 3% 硼酸溶液进一步冲洗。

眼部碱灼伤的处理原则和眼部酸灼伤的处理原则相同。

（3）氢氟酸灼伤的现场急救处理。氢氟酸对皮肤有强烈的腐蚀性，渗透作用强，并对组织蛋白有脱水及溶解作用。皮肤及衣物被腐蚀者，应立即脱去被污染的衣物。皮肤用大量流动清水彻底冲洗后（尽可能 15～30min 甚至以上），继用肥皂水或 2%～5% 碳酸氢钠溶液冲洗。送医院后再用葡萄糖酸钙软膏涂敷按摩，再涂以浓度为 33% 的氧化镁甘油糊剂、维生素 AD 软膏或可的松软膏等。

（4）酚灼伤的现场急救处理。酚与皮肤发生接触者，应立即脱去被污染的衣物，用 10% 乙醇反复擦拭，再用大量清水冲洗，直至无酚味为止；然后用饱和硫酸钠湿敷。灼伤面积大且酚在皮肤表面滞留时间长者，应注意是否存在吸入中毒，并积极处理。

（5）黄磷灼伤的现场急救处理。皮肤被黄磷灼伤时，应及时脱去污染的衣物，并立即用清水（由五氧化二磷、五氯化磷引起的灼伤禁用水洗）、5% 硫酸铜溶液或 3% 过氧化氢溶液冲洗，再用 5% 碳酸氢钠溶液冲洗，中和所形成的磷酸；然后用 1∶5000 高锰酸钾溶液湿敷，或用 2% 硫酸铜溶液湿敷，以使皮肤上残存的黄磷颗粒形成磷化铜。灼伤创面禁用含油敷料。

4）吸入有毒气体的现场应急救护

（1）吸入一氧化碳的现场急救处理。应迅速将一氧化碳中毒者转移至空气新鲜、通风处，松解衣襟，使其躺下并保暖，同时充分输氧。若呕吐时，要及时清除呕吐物，以保持呼吸道畅通；昏迷者，针刺人中、十宣、内关、百会、足三里、涌泉等穴位；对于呼吸停止、心脏停搏者，应立即进行人工呼吸及心脏按压。

（2）吸入硫化氢的现场急救处理。应迅速将硫化氢中毒者转移至空气新鲜、通风处，保持呼吸道畅通，必要时给其输氧。对于呼吸停止者，应立即进行人工呼吸或气管内插管加压输氧。

（3）吸入氨气的现场急救处理。应迅速将氨气中毒者转移至空气新鲜、通风处，保持呼吸道畅通，然后给其输氧。

（4）吸入卤素气的现场急救处理。吸入溴蒸气、氯气、氯化氢时，应迅速将中毒者转移至空气新鲜、通风处，用湿毛巾捂住口鼻，使其保持安静；可给患者嗅乙醚与乙醇的混合蒸气（1∶1）用于解毒。吸入溴气者还可给其嗅闻稀氨水，以达到解毒效果。

吸入氟化氢者，应立即脱离现场，密切注意以防止喉头及肺水肿发生。用浓度为 2%～4% 的碳酸氢钠洗鼻、含漱、雾化吸入。

5）护送患者去医院　　在进行了适当的现场应急处理后，应尽快护送患者去医院。

（1）为保持呼吸畅通，避免咽下呕吐物，取平卧位，头部稍低。

（2）尽力清除昏迷患者口腔内的阻塞物，包括义齿。如为惊厥患者，应注意防止其咬伤舌头及上下唇。

（3）护送途中随时注意患者的呼吸、脉搏、面色、神志情况，随时给予必要的处置。

（4）护送途中注意保持车厢内通风，以防患者身上残余毒物蒸发而加重病情及影响护送人员。

3. 触电事故的急救

遇到人身触电事故时，必须保持冷静，立即拉下电闸断电，或用木棍将电源线拨离触电者。千万不要徒手和在脚底无绝缘体的情况下去拉触电者。如果人在高处，要防止切断电源后把人摔伤。脱离电源后，检查伤员的呼吸和心搏情况。如果呼吸停止，立即进行人工呼吸，并报警呼救。

4. 其他事故的应急处理

1）烧伤的应急处理

Ⅰ. 概念。烧伤是由火焰、蒸汽、热液体、电流、化学物质等作用于人体所引起的损伤。按照烧伤的深度不同，可分为Ⅰ度烧伤、浅Ⅱ度烧伤、深Ⅱ度烧伤和Ⅲ度烧伤。

Ⅰ度烧伤：表现为受伤处皮肤轻度红、肿、热、痛，感觉过敏、无水疱；一般3～5天即可愈合，不留疤痕。

浅Ⅱ度烧伤：表现为受伤处皮肤疼痛剧烈、感觉过敏、有水疱；水疱剥离后可见创面均匀发红、潮湿、水肿明显；无细菌感染者2周内即可愈合，不留疤痕。

深Ⅱ度烧伤：表现为受伤皮肤痛觉较迟钝，可有或无水疱，基底苍白，间有红色斑点；拔毛时可感觉疼痛；一般3～5周可愈合，但会留有不同程度的疤痕。

Ⅲ度烧伤：皮肤感觉消失、无弹性、干燥、无水疱，皮肤颜色呈蜡白、焦黄或炭化；拔毛时无疼痛。疤痕明显，常伴有不同程度的畸形，烧伤处皮肤功能（如分泌汗液、调节体温、感觉等）丧失。

Ⅱ. 应急处理方法。

A. 迅速脱离致伤源。

（1）火焰烧伤：衣物着火时，应迅速以脱去衣物、用水浇灌或就地打滚等方法熄灭身上的火焰。不得用手扑打、不得奔跑，以防扩大烧伤范围。

（2）热液烫伤：应先用冷水冲洗带走热量后，再用剪刀剪开并除去衣物，尽可能避免将水疱皮剥脱。

（3）化学品烧伤：应立即脱去沾染化学品的衣物，迅速用大量清水长时间冲洗，尽可能去除体表的化学物质；冲洗时应避免扩大烧伤面积。注意生石灰烧伤时，应用干布先擦掉生石灰后，再用水冲洗；磷烧伤时要用大量水冲洗浸泡，或用多层湿布包扎创面，禁止用油质敷料包扎，以防止磷自燃。

（4）电烧伤：可在切断电源的基础上，按火焰烧伤进行处理。

B. 冷却处理。烧伤面积较小时，可先用冷水冲洗30min左右，再涂抹烧伤膏；当烧伤面积较大时，可将用冷水浸湿的干净衣物（或纱布、毛巾、被单）敷在创面上，然后就医。

C. 保护创面。现场处理时，应尽可能保持水疱皮的完整性，不要撕去受损的皮肤，切不可涂抹有色药物或其他物质（如红汞、结晶紫、酱油、牙膏等），以免影响对创面深度的判断和处理。

D. 及时就医。严重烧伤或大面积烧伤时，应立即拨打120，尽快送医院治疗，在等待送医或送医途中应进行冷却。

2）冻伤的应急处理

Ⅰ. 概念。冻伤是低温袭击所引起的全身性或局部性损伤，其中局部性冻伤按其损伤深度可分为Ⅰ度冻伤、Ⅱ度冻伤、Ⅲ度冻伤、Ⅳ度冻伤。在冻融以前，伤处皮肤苍白、温度低、麻木刺痛，不易区分其深度，深度的判断是在复温后。实验室冻伤通常是由冷冻剂等引起的。

Ⅰ度冻伤：伤及表皮层。局部红肿，有发热、痒、刺痛的感觉（近似轻度冻疮，但冻伤发病经过较明确）。数日后表皮干脱而愈，不留痕迹。

Ⅱ度冻伤：损伤至真皮层。局部红肿较明显，且有水疱形成，水疱内为血清状液或稍带血性。有自觉疼痛，但试验知觉迟钝。若无感染，局部可成痂，经2～3周脱痂愈合，少有疤痕。若并发感染，则创面形成溃疡，愈合后有疤痕。

Ⅲ度冻伤：损伤皮肤全层或深达皮下组织。创面由苍白变为黑褐色，但试验知觉消失。其周围有红肿、疼痛，可出现血性水疱。若无感染，坏死组织干燥结痂，而后逐渐脱痂和形成肉芽创面，愈合甚慢且留有疤痕。

Ⅳ度冻伤：损伤深达肌、骨等组织。局部表现类似Ⅲ度冻伤，即伤处发生坏死，其周围有炎症反应，常需在处理中确定其深度。容易并发感染而成湿性坏疽；还可因血管病变扩展而使坏死加重。治愈后多留有功能障碍或致残。

全身冻伤开始时有寒战、苍白、发绀、疲乏、无力、打哈欠等表现，继而出现肢体僵硬、幻觉或意识模糊甚至昏迷、心律失常、呼吸抑制，最终导致心搏、呼吸骤停。如能得到抢救，伤者心搏、呼吸虽可恢复，但常伴有心室纤颤、低血压、休克等症状；呼吸道分泌物多或发生肺水肿；尿量少或发生急性肾功能衰竭；其他器官也可能发生功能性障碍。

Ⅱ. 应急处理方法。

A. 脱离致冷源和复温。

（1）应迅速脱离低温环境和冰冻物体。衣服、鞋袜等连同肢体冻结伤，不可勉强卸脱，应用40℃左右的温水将冰冻融化后脱下或剪开。然后将冻伤部位（或全身）浸泡在40～42℃的温水中，浸泡期间要不断加水，以保持水温，使局部在20min、全身在半小时内复温。一般复温至肢端转红润、皮肤温度达36℃左右为宜，浸泡过久反而不利于恢复。浸泡时可轻轻按摩未损伤的部分，帮助改善血液循环。及时的复温能减轻局部冻伤且有利于全身冻伤的复苏。

（2）在无温水或冻伤部位不便用温水浸泡时，可将冻伤部位放在冻伤者或其他人员的腋下、腹股沟等处进行复温；或将伤者移至温暖环境，脱掉其衣服，盖被子进行复温；或将用布或衣物包裹的热水袋、水壶等放在其腋下或腹股沟等处进行复温。

（3）严禁以火烤、雪搓、冷水浸泡或猛力捶打等方式作用于冻伤部位。

B. 局部冻伤的处理。

Ⅰ度冻伤创面保持清洁干燥，数日后可治愈。

Ⅱ度冻伤经过复温、消毒后，创面干燥可加软干纱布包扎；有较大水疱者，可将疱内液体吸出后，用软干纱布包扎，或涂抹冻伤膏后暴露；创面已有感染者须先用抗菌药湿纱布包扎，然后再涂抹冻伤膏。

C. 及时就医。Ⅲ度以上局部冻伤或全身冻伤时，应立即拨打120，尽快送医院治疗，在等待送医或送医途中应进行复温。对于心搏、呼吸骤停者要施行心脏按压和人工呼吸。

3）割伤的应急处理

Ⅰ. 概念。割伤是指锐器（如剪刀、刀片、玻璃）等作用于人体，导致肌肤破损。

Ⅱ. 应急处理方法。应根据割伤的部位、伤口的深浅、伤口里是否有锐器等情况进行相应处理。

A. 伤口浅时，可用肥皂水（或淡盐水、清水）等冲洗伤口后，再用医用酒精或碘酒进行局部消毒，最后贴上创可贴或用消毒的纱布对伤口进行包扎。如有异物须先去除异物。

B. 伤口深且小时，应先去除异物，用双手拇指将伤口内的血挤出，再用过氧化氢溶液彻底冲洗伤口，随后用医用酒精或碘酒进行局部消毒，并用消毒的纱布对伤口进行包扎，然后送医院处理，切忌在伤口上涂抹油性药膏，以免封闭伤口。切不可因为伤口小而不处理，以防止破伤风。

C. 伤口深且大时，应立即止血，并应尽快送医院治疗。

一般可通过按压进行止血，即在伤口处敷上消毒敷料，并在伤口处直接打结包扎。如果仍不能止血或异物无法取出时，可先用布带、皮带、领带、橡皮管、毛巾等在离出血点 3cm 近心端的方向进行捆扎止血。注意不能太紧，以能伸出两指为宜。如果受伤部位在四肢，可抬高受伤部位，以减少患处出血。严禁用铁丝、电线等代替止血带，以免勒伤组织。

D. 其他注意事项。

（1）头部受伤时，因其血管多且容易出血，即使小伤口也会引起大出血。出血时最好先用手指压迫耳前可触及脉搏的地方；其后，用包头布把头部周围紧紧包扎起来。

（2）脸部有嘴、鼻等器官割伤出血时，会有堵塞呼吸道的危险。应让伤者俯伏，这样既容易排出分泌物或流出的血，也可防止舌头下坠堵塞气管。

（3）颈部因密布着重要的血管和神经，受伤时必须进行恰当的处理。大量出血时，可压迫颈部气管两侧的颈外动脉，注意不能双侧同时压迫，以防止脑供氧不足或窒息。出现休克症状时，要把下肢抬高。

（4）四肢大血管出血时，应每隔半小时放松布带、皮带等止血捆扎物品一次。

三、食品分析常用化学实验操作与安全

每一项化学实验操作都有规范。在化学实验中必须严格遵守操作规程，这是实验成功的基础，也是人身和设备安全的保证。

一般而言，开始化学实验操作之前要做到：检查所用试剂是否符合要求，包括品名（标签）、纯度；检查所用玻璃仪器是否完好（没有裂痕、缺口），大小是否合适；检查所用仪器设备性能是否正常，熟悉仪器设备的使用方法；实验场所是否合适（通风柜、手套箱等，周围有无影响实验的其他物品）；了解实验场所周围有无易燃易爆的危险，并做好应急准备；做好个人防护（防护眼镜、手套、实验服等）。以下介绍几种常用的化学实验操作及其安全知识。

（一）典型化学实验操作与安全

1. 加热操作注意事项

加热容易引起火灾和爆炸，是最危险的操作之一。加热一般分为电热设备直接加热、液浴间接加热和燃气加热等方式。实验前要了解物质的沸点、熔点、分解点，以及有无燃烧爆炸等特性。

1）电热设备直接加热　　常用的电热设备有电热烘箱、电热板、电热套、电吹风、热

风枪、电热布、普通电炉、箱式电阻炉（马弗炉）、管式炉等，根据不同的需要，选择合适的设备。使用时，应注意以下相关事项。

（1）应采取必要的防护措施，以避免灼伤、烫伤、燃烧、爆炸。

（2）周围不得放置易燃物品，不应使用易燃物作为保温用品。

（3）电热烘箱、马弗炉不能用于加热易燃物品。

（4）使用时，须有人值守，以防温度失控。

（5）使用完毕，须及时切断电源。

2）液浴间接加热　　常用的液浴为水浴和油浴，其优点是容易控制加热温度。操作时应注意以下相关事项。

（1）使用水浴要注意有足够的水量，避免空烧。

（2）油浴介质宜采用硅油等导热油，一般加热温度不宜超过250℃。长期使用后油的黏度会增加或被污染，应及时更换。

（3）使用时必须有人值守，以防止温度失控引发燃烧。

3）燃气加热　　鉴于化学类实验室禁止使用明火，燃气加热已几乎不用。使用酒精喷灯拉制玻璃用品时，必须在教师的指导下在安全的场所进行操作。

2. 干燥操作注意事项

干燥包括除去固体物质吸附、结晶、混合的水分和有机液体的脱水。干燥应选用适当的干燥剂，慎重处理，否则容易引起火灾、爆炸等意外事故。

1）有机液体的干燥

（1）应根据干燥目的和程度选用合适的干燥剂。干燥剂不能与除水以外的溶质或溶剂发生化学反应。例如，氢氧化钾、氢氧化钠颗粒可用于胺类、醚类等的干燥，而不可用于酸、酚、醇、酰胺类等的干燥；氯化钙可用于碳氢化合物、醚类等的干燥，但因氯化钙能与醇、胺、酯、酰胺、腈、醛、酮类化合物生成复合物，所以不可以用于这些化合物的干燥。

（2）选用五氧化二磷作为干燥剂时，应注意防止腐蚀。

（3）金属钠、氢化铝锂（$LiAlH_4$）、氢化钙（CaH_2）是特殊干燥剂，适用于深度干燥，不能用于含活泼氢的有机物和二氯甲烷等含卤素溶剂的干燥，否则有爆炸的危险。此类干燥剂遇大量的水时容易发生燃烧爆炸，应特别注意。

2）固体的干燥

（1）玻璃干燥器盖子的位置应与干燥器本体错开约5mm，如果磨口太紧难以打开，可把干燥器靠在墙边或实验台边，用力横向推动盖子打开，必要时可用电吹风适当加热。

（2）使用玻璃真空干燥器时，抽真空后应及时关闭磨口阀。当需要取出样品时，必须缓慢地放空，急速放空会使样品飘起来。安全的做法是将一片滤纸放在活塞进气口上让空气缓慢流入。

（3）大量固体的干燥可在电热干燥器（烘箱）中进行，但过氧化物、氮化物之类易分解的混合物不可加热。硝酸盐、氯酸盐、高氯酸盐等氧化剂不可与可燃物一起加热，否则容易发生爆炸。部分分解点低的化合物可采用真空干燥箱干燥。

3）气体的干燥

（1）干燥大量气体时应使用装有氯化钙、颗粒状氢氧化钾（干燥氨等碱性气体）、硅胶、分子筛等干燥剂的干燥塔，以避免干燥剂与被干燥气体发生化学反应。

（2）干燥沸点非常低的气体时，可通过干冰或液氮的冷阱。采用液氮是最强的干燥法。

3. 蒸馏操作注意事项

此类操作通常采用水浴、油浴或电热套加热。

（1）沸点在150℃以上的用减压蒸馏，在其以下的用常压蒸馏，但对于容易热分解的化合物应在分解点以下采用减压蒸馏。

（2）馏出物的温度在150℃以下的用水冷凝管冷却，在其以上的用空气冷凝管冷却。

（3）样品的量不可超过蒸馏烧瓶的50%。

（4）对于醚类（易产生过氧化物）、含过氧化物或硝基化合物等易爆成分的溶液，在蒸馏时不可蒸馏到液体消失，以防爆炸危险。

（5）常压蒸馏时，一旦沸腾停止，必须立即停止加热，待温度稍微下降后加入新的沸石，然后继续加热，否则容易暴沸。在温度接近沸点的液体中加入沸石也容易引起暴沸。蒸馏须防潮的物质可在接收管末端接干燥管（一般用氯化钙即可）。

（6）减压蒸馏一定要用圆底烧瓶。减压蒸馏时，如果沸石不起作用，可用一头烧结的毛细管或磁子搅拌。

（7）减压蒸馏时，如果样品不能接触空气，可在进气毛细管上接上充有氮气的气球。

（8）减压装置和蒸馏系统之间须接活塞和压力表，使用时应在活塞关闭状态下打开真空泵后，再慢慢打开活塞，使蒸馏系统减压，当达到目标真空度后，再开始加热（先加热再减压容易形成暴沸）。如果难以达到目标的真空度，说明系统存在漏气。检查每个接口是否紧密，必要时涂上真空脂。

（9）停止实验时，应先移去热源，等温度下降至室温时，关闭蒸馏系统与真空系统之间的活塞，再关闭真空泵，最后将系统缓慢放空。

4. 搅拌和振荡操作注意事项

所有反应系统都涉及搅拌，其目的是使物料和温度均匀，以保障实验平稳进行。常见搅拌须注意的事项主要有以下几点。

1）玻璃棒搅拌　　应注意不要让玻璃棒碰到容器壁。在玻璃棒一端套上一段硅橡胶管可减少玻璃破裂的危险。

A. 搅拌式：适用于烧杯内溶液的混匀。

（1）搅拌使用的玻璃棒必须两头都烧圆滑。

（2）搅拌棒的粗细长短，必须与容器的大小和所配制溶液的多少呈适当比例关系。

（3）搅拌时，尽量使搅拌棒沿着器壁运动，不搅入空气，不使溶液飞溅。

（4）倾入液体时，必须沿器壁慢慢倾入，以免有大量空气混入。倾倒表面张力低的液体（如蛋白质溶液）时，更需缓慢、仔细。

（5）研磨配制胶体溶液时，要使研棒沿着研钵的一个方向进行，不要来回研磨。

B. 旋转式：适用于锥形瓶、大试管内溶液的混匀。振荡溶液时，手握住容器后以手腕、肘或肩作轴旋转容器，不应上下振荡。

C. 弹打式：适用于离心管、小试管内溶液的混匀。

可用一只手持管的上端，用另一只手的手指弹动离心管；也可以用同一只手的大拇指和食指持管的上端，用其余3个手指弹动离心管。手指持管的松紧要随着振动的幅度发生变化；还可以把双手掌心相对合拢，夹住离心管来回搓动。

在容量瓶中混合液体时，应倒持容量瓶摇动，用食指或手心顶住瓶塞，并不时翻转容量瓶。

在分液漏斗中振荡液体时，应用一只手在适当斜度下倒持漏斗，用食指或手心顶住瓶塞，并用另一只手控制漏斗的活塞，一边振荡，一边开动活塞，使气体可以随时由漏斗泄出。

2）电磁搅拌　此方法适合含少量固体的溶液搅拌，尤其适合与外部空气隔绝的实验，而不适合存在较多固体的悬浊液及高黏性液体的搅拌。由于从瓶口垂直投入磁子可能砸破玻璃，因此，放入磁子时应倾斜容器，使磁子沿着容器壁滑入。

3）电动搅拌

（1）电动机和搅拌棒之间用厚胶管连接，或用专用电动机上的金属连接器连接。

（2）电动机较重，其支持的铁架必须足够牢固结实。如果用可弯曲的传动轴就不需要把电动机设在上方。

（3）对气密性的装置，搅拌棒与瓶口间用特氟隆的密封接口，也可用液封的搅拌装置。

5. 溶解和融解操作注意事项

1）溶解

（1）应选用不能与溶质发生反应的溶剂。选择过氧化物、有机金属化合物等不稳定化合物的溶剂时，应特别注意安全。

（2）有些物质在溶液状态下毒性会增强，一定注意不要接触到皮肤。例如，卤代乙酸的丙酮溶液是强腐蚀性试剂。

（3）有些溶质在溶解时，会发生强发热的现象，应选择正确的顺序［如稀释浓硫酸时，应将浓硫酸加至水中；将乙酸酐（或铬酸酐）溶解到吡嗪中时，应将乙酸酐（或铬酸酐）加入吡嗪中；溶解氢化锂铝时，应将氢化锂铝加入溶剂中］缓慢加入，边冷却边溶解，尤其是在配制大量溶液的时候。制备乙醇钠时，应将钠少量、缓慢地加入无水乙醇中，避免大量、快速加入钠引起的瞬间产生氢气过多、放热过大而导致事故的发生。

2）伴随反应的溶解

（1）固体物质的溶解往往伴随化学反应。其溶剂的选择应按照以下顺序（括号内为可溶物质）：水（碱金属盐、强酸盐）→稀盐酸（碱土金属盐）→稀硝酸（铜、汞、铅、镉等的合金）→浓盐酸或浓硝酸（矿石类）发烟硝酸（硫化矿物）→氢氟酸（硅酸盐类）→王水等混酸（矿石、贵金属合金）→加氧化剂或还原剂的浓酸。

（2）氢氟酸刚接触到皮肤时无明显痛感，但过后可渗透到肌肉内引起剧痛，并造成严重伤害。因此，使用后要用水冲洗手（特别是指甲缝）15min 以上，然后用 70% 乙醇清洗，必要时到医院就诊。

（3）使用酸溶解溶质时，应在通风柜中操作。使用王水等混酸时，应特别注意避免腐蚀和中毒。

3）融解

（1）不同的融剂应选用合适的坩埚。碱性融剂用金属坩埚，酸性融剂用铂、瓷坩埚，氧化性融剂用金、铁、镍、银坩埚，还原性融剂用铁、镍、银坩埚。

（2）融剂的量应为样品量的 8～10 倍。

（3）样品和融剂的总量应控制在坩埚容量的 1/3 左右。

6. 粉碎操作注意事项

粉碎前必须了解样品是否为结构敏感性物质，要防止由摩擦、冲击引发的起火或爆炸，如氯酸盐、高氯酸盐、过氧化物、硝酸盐、高锰酸盐、有机过氧化物、硝基化合物、亚硝基化合物、叠氮化物、苦味酸类、火药类等物质不能粉碎。另外，与空气接触时会发生潮解、氧化的物质，粉碎时需要特别注意。

1）用研钵磨碎　一般使用陶瓷研钵。少量样品小心研碎时也可用玛瑙研钵。对大颗粒的固体或坚硬的样品（如硫化铁、石灰石等）可用铁研钵。用研钵磨碎时应注意以下几点。

（1）使用防护眼镜、口罩、手套。

（2）垂直握拿研棒研磨，斜拿时容易折断研棒。

（3）对氰化钠、五氯化磷等会产生有毒气体的样品，研磨时务必在通风柜中进行。

（4）对可伤害皮肤的物质（氢氧化钠、二环己基碳二亚胺、五硫化磷等），以及会产生微粉尘的物质，可把研钵放在一个大的透明塑料袋中，扎紧袋口，从外面握住研棒研磨。有条件的可在手套箱中操作。

（5）对于易潮解及氧化性的物质（如三氯化铝、氢化锂、氯化钙等），可装在三四层塑料袋或厚的塑料袋中，用木槌敲击。

2）用粉碎机粉碎　用粉碎机粉碎时应注意以下几点。

（1）使用防护眼镜、口罩、手套。

（2）样品量应控制在粉碎机容量的 1/3 以内。

（3）外形较粗大的样品应先切碎然后再粉碎。对较硬的样品，应先开动机器，再从进样口逐渐加入样品；不可先放入粉碎机中再开动机器。

7. 过滤和离心操作注意事项

1）过滤　根据要过滤物质的量与溶解度、操作的方便性等选择合适的方法和器具。

（1）容易自燃的金属催化剂、还原剂等金属粉末（如雷尼镍、钯/碳、铂/碳等），过滤后应与滤纸一起存于水中备用。铂、钯等贵金属催化剂使用完毕后应由专业企业回收处理。

（2）热饱和溶液自然过滤过程中由于冷却会有结晶析出，需用带有热水保温套或专用电热套的漏斗进行过滤。

2）离心　离心方法用于分离细微的沉淀和胶体等物质。

（1）离心机的转子主要有固定角度和可变角度两种类型，使用时应保持离心管对角的重量平衡，否则容易引起机器故障。

（2）离心管装的样品量不得超过容量的 70%。

（3）离心机完全停止运行后，方可打开盖子，不可强行用手或布块等方法中止运行。

8. 真空（减压）操作注意事项

化学实验中经常用到真空（减压）操作，应根据对真空度的要求选用适当的真空泵。

1）水冲泵　水冲泵一般分为自来水冲泵和电动循环水冲泵，通常由玻璃、金属、塑料等材料制成。

（1）自来水冲泵消耗水量较大；电动循环水冲泵可节省用水，但长时间使用会导致水温逐渐上升，真空度下降。

（2）有酸性气体的实验不可使用金属质水冲泵。

（3）为了防止对环境造成影响或降低电动循环水冲泵的真空度，使用低沸点溶剂时，应该使用冷阱。

2）隔膜式真空泵　　不同产品可达到的真空度有所不同。使用后为了把机器内的溶剂蒸气彻底排出，必须空转 5min。

3）旋片式机械真空泵

（1）系统必须连接缓冲瓶、吸收塔。

（2）不能直接抽酸性气体。如实验中有酸性气体时，必须连接固体 NaOH 吸收装置。

（3）尾气应通到室外或通风柜。

（4）有机蒸气应使用液氮或干冰 - 丙酮冷阱及干燥塔和石蜡吸收塔。冷阱要经常清理。

（5）抽真空时，先用隔膜式真空泵抽气，再改用旋片式机械真空泵抽气，可有效保持旋片式机械真空泵的性能。

9. 冷却操作注意事项

常用的冷却体系包括冰 - 食盐、冰水浴、氯化钙水溶液、干冰-丙酮（也可用甲醇、乙醇等代替）和液氮等。使用时应注意以下几点。

（1）不同系统的温度为：冰水浴 0℃，干冰 - 丙酮约 –70℃，液氮 –195℃。根据不同需求可选择合适的体系。

（2）使用冷却体系时应保持通风。特别是面部不可接近液氮、液氮、干冰，以免缺氧窒息。

（3）使用冷却体系时应戴防冻手套。

（4）超低温体系的容器使用后要避免立即密封，否则恢复到室温时容器内的气体会膨胀，使容器破裂。

（5）在采用干冰 - 丙酮作为冷却源时，应先将反应系统搭建完毕，再将配制好的冷却体系（用木槌将干冰敲碎后装入专用的杜瓦瓶或保温瓶中，再将丙酮慢慢分次加入）加到反应体系中。由于空气中的水分在低温情况下会凝结在反应烧瓶内，需预先在反应系统中连接氯化钙干燥管。

（6）在使用液氮时，先将数毫升液氮倒入专用的杜瓦瓶中，摇一摇使瓶内壁均匀冷却，再倒入需要量的液氮。长时间使用过的液氮，可能凝结了空气中的氧，不可靠近有机物，否则易造成爆炸事故。

（7）干冰与某些物质混合的冷却体系，由于与其混合的大多数物质为丙酮、乙醇之类的有机溶剂，因此，使用时须做好防火准备。

10. 萃取操作注意事项

1）液液萃取

（1）样品溶液和萃取溶剂的体积不应超过分液漏斗容量的 1/2。

（2）先往分液漏斗中倒入少量将处于下层溶液的溶剂，使活塞磨口部湿润，然后通过漏斗加入样品溶液。

（3）加入萃取溶剂，缓慢地在水平方向摇动，应注意及时放气；打开活塞减压时，分液漏斗内可能有少量液体喷出，因此，分液漏斗的下口应稍朝上，切记不可对着人。

2）液固萃取　　一般采用索氏抽提器进行萃取。

（1）萃取时应注意温度的控制，回流时不要泄漏。

（2）溶剂不应超过容器容量的 2/3。

（3）因萃取时间较长，萃取时须有人值守，以防温度失控及冷凝水管脱落或破损。

（二）实验室常用仪器及操作

1. 玻璃仪器的洗涤

将新购买的玻璃仪器用自来水冲去其表面的泥污，然后浸泡在 1%～2% 盐酸溶液中过夜。待用自来水冲净后再进一步洗涤。

使用过的玻璃仪器先用自来水冲洗，然后将所有待洗的玻璃仪器放在含有洗衣粉的温水中细心刷洗。待用自来水充分冲洗后再用少量蒸馏水涮洗数次。凡洗净的玻璃仪器，其内外壁上都不应带有水珠，否则表示未洗干净。仪器上的洗衣粉必须冲净，因为洗衣粉可能干扰某些实验。

比较脏的器皿或不便刷洗的仪器（如吸管）先用软纸擦去可能存在的凡士林或其他油污，再用有机溶剂［如苯（注意苯有毒性）、煤油等］擦净后，用自来水冲洗后控干，再放入铬酸洗液中浸泡过夜。取出后用自来水反复冲洗直至除去痕量的洗液。最后用蒸馏水涮洗数次。

普通玻璃仪器可在烘箱内烘干，但定量的玻璃仪器不能加热，一般采取控干，或依次用少量乙醇、乙醚涮洗后再用温热的气流吹干。

铬酸洗液的配制方法有多种，现介绍常用的一种方法：小心加热 100mL 工业用浓硫酸，同时缓慢加入 5g 工业用重铬酸钾粉末。边加边搅拌，待全部重铬酸钾溶解后，冷却备用。洗液应贮入带塞的玻璃器皿中，玻璃器皿底部最好垫有玻璃纤维以减少仪器破损。此洗液可反复使用多次，如洗液变为绿色或过于稀释则失效。

病毒、传染病患者的血清等沾污过的容器，应先进行消毒后再进行清洗。盛过各种有毒物质，特别是剧毒药品和放射性同位素物质的容器必须经过专门处理，确知没有残余毒物存在时方可进行清洗。

2. 容量玻璃仪器的使用方法

容量玻璃仪器有装量和卸量两种。量瓶和单刻度吸管为装量仪器。滴定管、普通吸管和量筒等均为卸量仪器。近年来，自动取样器已广泛应用于生物化学教学和科学研究中，是一种取液量连续可调的精密仪器，使用极为方便。

1）吸管　　吸管是生物化学实验中最常用的卸量仪器。移取溶液时，如吸管不干燥，应预先用所吸取的溶液将吸管冲洗 2～3 次，以确保所吸取的溶液浓度不变。吸取溶液时，一般用右手的大拇指和中指拿住管颈刻度线上方，把管尖插入溶液中。左手拿吸耳球，先把球内空气压出，然后把吸耳球的尖端接在吸管口，慢慢松开左手指，使溶液吸入管内。当液面升高至刻度以上时，移开吸耳球，立即用右手的食指按住管口，大拇指和中指拿住吸管刻度线上方，再使吸管离开液面，此时管的末端仍靠在盛溶液器皿的内壁上。略微放松食指，使液面平稳下降，直到溶液的弯月面与刻度标线相切时，立即用食指压紧管口，取出吸管，插入接收器中，管尖仍靠在接收器内壁，此时吸管应垂直，并与接收器约呈 15° 夹角。松开食指让管内溶液自然地沿器壁流下。遗留在吸管尖端的溶液及停留的时间要根据吸管的种类进行不同处理。

　　A. 无分度吸管（单刻度吸管、移液管）（图 1.1 中 A）：使用普通无分度吸管卸量时，管尖所遗留的少量溶液不要吹出，停留等待 3s，同时转动吸管。

　　B. 分度吸管（多刻度吸管、直管吸管）：分度吸管有完全流出式、吹出式和不完全流出式等多种型式。

　　（1）完全流出式（图 1.1 中 B 和 C）：上有零刻度、下无总量刻度的，或上有总量刻度、下无零刻度的为完全流出式。这种吸管又分为慢流速和快流速两种。按其容量和精密度不同，慢流速吸管又分为 A 级与 B 级，快流速吸管只有 B 级。使用时 A 级最后停留 15s，B 级停留 3s，滴时转动吸管，尖端遗留液体不要吹出。

　　（2）吹出式：标有"吹"字的为吹出式，使用时最后应吹出管尖内遗留的液体。

　　（3）不完全流出式（图 1.1 中 D）：有零刻度也有总量刻度的为不完全流出式。使用时全速流出至相应的容量标刻线处。

　　为便于准确快速地选取所需的吸管，国际标准化组织统一规定：在分度吸管的上方印上各种彩色环，其容积标志如表 1.1 所示。

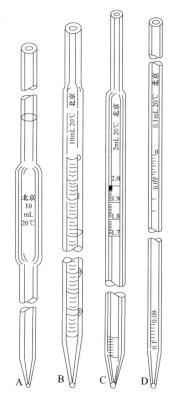

图 1.1　各种分度吸管（引自王秀奇等，2000）

表 1.1　各种吸管的标度方式（引自王秀奇等，2000）

标称容量/mL	色标	标注方式	标称容量/mL	色标	标注方式
0.10	红	单	2.00	黑	单
0.20	黑	单	5.00	红	单
0.25	白	双	10.00	橘红	单
0.50	红	双	25.00	白	单
1.00	黄	单	50.00	黑	单

　　不完全流出式在单环或双环上方再加印一条宽 1～1.5mm 的同颜色彩环以与完全流出式分度吸管相区别。

　　使用注意事项：

　　（1）应根据不同的需要选用大小合适的吸管，如欲量取 1.5mL 的溶液，显然选用 2.0mL 吸管要比选用 1.0mL 或 5.0mL 吸管误差小。

　　（2）吸取溶液时要把吸管插入溶液深处，避免吸入空气而使溶液从上端溢出。

　　（3）吸管从液体中移出后必须用滤纸将管的外壁擦干，再行放液。

　　2）滴定管　　可以准确量取不固定量的溶液或用于容量分析。常用的常量滴定管有 25.00mL 及 50.00mL 两种，其最小刻度单位是 0.10mL，滴定后读数时可以估计到小数点后 2 位数字。在生物化学工作中常使用 2.00mL 及 5.00mL 半微量滴定管，这种滴定管内径狭窄，尖端流出的液滴也小，最小刻度单位是 0.01～0.02mL，读数可到小数点后第 3 位数字。在读数以前要多等候一段时间，以便让溶液缓慢流下。

3）量筒　　量筒不是吸管或滴定管的代用品。在准确度要求不高的情况下，量筒可以被用来量取相对大量的液体。不需加热促进溶解的定性试剂可直接在具有玻璃塞的量筒中配制。

4）容量瓶　　容量瓶具有狭窄的颈部和环形的刻度。其是在一定温度下（通常为 20℃）检定的，含有准确体积的容器。使用前应检查容量瓶的瓶塞是否漏水，合格的瓶塞应系在瓶颈上，不得任意更换。容量瓶刻度以上的内壁挂有水珠会影响准确度，所以应该洗得很干净。所称量的任何固体物质必须先在小烧杯中溶解或加热溶解，冷却至室温后才能转移到容量瓶中。容量瓶绝不能加热或烘干。

3. 离心机

离心机是利用离心力把相对密度不同的固体或液体分开的装置。离心技术广泛应用于工业、农业、医药、生物等科学研究领域中。根据转速的不同，可分为低速、高速和超速等不同类型。化学实验室经常使用的是低速电动离心机，它们的最高转速是 4000r/min。

1）使用方法

（1）检查离心机调速旋钮是否处在零位，外套管是否完整无损和垫有橡皮垫。

（2）离心前，先将离心的物质转移入合适的离心管中，其量以距离心管口 1～2cm 为宜，以免在离心时甩出。将离心管放入外套管中，在外套管与离心管间注入缓冲水，使离心管不易破损。

（3）取一对外套管（内已有离心管）放在台秤上平衡。如不平衡，可调整缓冲用水或离心物质的量。将平衡好的套管放在离心机十字转头的对称位置上。把不用的套管取出，并盖好离心机盖。

（4）接通电源，开启开关。

（5）平稳、缓慢地移动调速手柄（需 1～2min）至所需转速，待转速稳定后再开始计时。

（6）离心完毕，将手柄慢慢地调回零位。关闭开关，切断电源。

（7）待离心机自行停止转动后，才可打开机盖，取出离心样品。

（8）将外套管、橡胶垫冲洗干净，倒置干燥备用。

2）注意事项

（1）离心机要放在平坦和结实的地面或实验台上，不允许倾斜。

（2）离心机应接地线，以确保安全。

（3）离心机启动后，如有不正常的噪声及振动时，可能是离心管破碎或相对位置上的两管重量不平衡，应立即关机处理。

（4）须平稳、缓慢地增减转速。关闭电源后，要等候离心机自动停止。不允许用手或其他物件迫使离心机停转。

（5）一年检查一次电动机的电刷及轴承磨损情况，必要时更换电刷或轴承。注意电刷型号必须相同。更换时要清洗刷盒及整流子表面污物。新电刷要自由落入刷盒内。要求电刷与整流子外缘吻合。轴承缺油或有污物时，应清洗、加油，轴承采用二硫化钼锂基脂润滑。加量一般为轴承空隙的 1/2。

4. 干燥箱和恒温箱

干燥箱用于物品的干燥和干热灭菌，恒温箱用于微生物和生物材料的培养。这两种仪器的结构和使用方法相似，干燥箱的使用温度为 50～250℃，常用鼓风式电热箱以加速升温。恒温箱的最高工作温度为 60℃。

1）使用方法

（1）将温度计插入座内（在箱顶放气调节器中部）。

（2）把电源插头插入电源插座。

（3）将电热丝分组开关转到 1 或 2 位置上（视所需温度而定），此时可开启鼓风机促使热空气对流。电热丝分组开关开启后，红色指示灯亮。

（4）注意观察温度计。当温度计温度将要达到所需温度时，调节自动控温旋钮，使绿色指示灯正好发亮，10min 后再观察温度计和指示灯，如果温度计上所指温度超过需要，而红色指示灯仍亮，则将自动控温旋钮略向反时针方向旋转，直调到温度恒定在要求的数值上，指示灯轮番显示红色和绿色为止。自动恒温器旋钮在箱体正面左上方。它的刻度板不能作为温度标准指示，只能作为调节用的标记。

（5）在恒温过程中，如不需要三组电热丝同时发热时，可仅开启一组电热丝。开启组数越多，温度上升越快。

（6）工作一定时间后，可开启顶部中央的放气调节器将潮气排出，也可以开启鼓风机。

（7）使用完毕后将电热丝分组开关全部关闭，并将自动恒温器的旋钮沿反时针方向旋至零位。

（8）将电源插头拔下。

2）注意事项

（1）使用前检查电源，要有良好的地线。

（2）干燥箱无防爆设备，切勿将易燃易爆物品及挥发性物品放入箱内加热。箱体附近不可放置易燃易爆物品。

（3）箱内应保持清洁，放物网不得有锈，否则会影响玻璃器皿的洁度。

（4）使用时应定时查看，以免温度升降影响使用效果或发生事故。

（5）鼓风机的电动机轴承应每半年加油一次。

（6）切勿拧动箱内的感温器，放物品时也要避免碰撞感温器，否则温度不稳定。

（7）检修时应切断电源。

5. 箱式电阻炉的使用安全注意事项

（1）必须放在稳固的水泥台或特制的铁架上，周围不要存放化学试剂及易燃易爆物品。

（2）在炉内进行熔融或灼烧时，必须严格控制操作条件、升温速度和最终温度，以免样品飞溅、腐蚀和黏结炉膛。如灼烧有机物、滤纸等，必须预先炭化。保持炉膛内干净平整，以防坩埚与炉膛黏结。

（3）使用时，操作人员须加强监管，防止温控系统失灵，造成事故。晚间无人时，切勿使用箱式电阻炉。

（4）灼烧完毕，应先切断电源，通常将炉门先开一条小缝，让其降温。待温度降至 200℃以下时，方可打开炉门，用长柄坩埚钳取出试品。

6. 管式电阻炉的使用安全注意事项

（1）含有水分的气体需先经过干燥处理后，才能进入炉内，以防炉膛破裂。

（2）因导线与加热棒的接头处易接触不良而产生火花，务必经常检查以保持接触良好。

7. 电热恒温水浴的使用安全注意事项

电热恒温水浴用于恒温加热和蒸发，最高工作温度为 100℃，此仪器利用控温器控制温度，所以工作原理和使用方法与干燥箱相似。但应注意使用前在水浴槽内加足量的水，以避免电热管烧坏。如较长时间不使用，必须放尽水槽内的水。

8. 冰箱

冰箱是一种小型制冷设备，主要用于药品、试剂和生物材料的保存。

根据箱内容积大小，目前有 70L、100L、160L 和 200L 等规格的全封闭型冰箱。制冷剂一般用二氯二氟甲烷（CF_2Cl_2）（简称 F-12）。

1）使用方法

（1）冰箱应放在空气流通、干燥、不受阳光直晒、不靠近热源的地方。冰箱箱体要离墙 10cm 以上，便于空气流通。放置要平稳。

（2）使用电源要符合冰箱铭牌规定，电源用线在 5A 以上，并要装有 2A 额定保险线。要有良好的地线，接地电阻不大于 5Ω。

（3）温度控制器上的数字，是调节时的记号，不是箱内的真实温度，故应在箱内放置温度计。温度控制器旋钮上的数字越大，温度就越低。旋到"停"字时，机器停车。调节温度时，箱内的温度是逐渐下降和升高的，每调整一次，必须经过多次自停、自开后温度才能稳定。如仍达不到要求，可做 2～3 次调整。

（4）托架上切勿摆满存放的物品。应留有空隙，以便空气流通，保持箱内温度均匀。

（5）热物品应冷却到室温后再放入冰箱内。

（6）冰箱上部温度低，下部温度高，放入物品时要注意根据所需温度存放。盛水溶液的玻璃瓶或怕冻物品，应距蒸发仪稍远些，以免因结冰冻破瓶子。

（7）所存放的物品必须注明物品名称、存放日期、存放人。有特殊气味的物品应严加包装，以防污染。

2）维护

（1）使用时，开冰箱门的次数要尽量少，关门要快、要严，以减少侵入冰箱内的热量。

（2）冰箱内不宜放置强酸、强碱和其他腐蚀性物品。

（3）蒸发仪上的冰霜太厚时（2cm 左右）会影响制冷效果，此时应化霜。将温度控制器旋至"化霜"点即可化霜，霜化完后再回复到原位。切忌用金属器件撬冰或敲打，化霜时注意接霜水。

（4）搬动冰箱时要轻，不要倾斜，不要倒置。

（5）应保持冰箱的清洁，箱内外每月要用肥皂水冲洗一次。至少每半年彻底清扫一次箱体后面冷凝器上的灰尘。因灰尘太厚时隔热，会使冰箱的制冷效率降低。

（6）要定期检查启动继电器（一般可半年检查一次）。因启动接点一天开几十次（正常时每小时启停 6 次），启动接点的开停会产生火花，使得接点面被烧得凹凸不平，导致启动过长或损坏冰箱。如接点有损坏，用零零号细砂纸磨光，即可保证接点启动良好。

（7）冰箱临时不用时，不用拔下电源插头，但应注意把温度控制器旋至"停"位。

四、实验室常用试剂及相关知识

（一）常用的试剂

1. 常用的酸碱试剂

食品理化检验使用的试剂除特别注明外，一般为分析纯试剂。乙醇除特别注明外，是指95%的乙醇。实验用水除特别注明外，均为蒸馏水或去离子水。常用的酸碱试剂有盐酸、硫酸、硝酸、磷酸及氨水等，如果没有指明浓度，即为市售的浓盐酸、浓硫酸、浓硝酸、浓磷酸及浓氨水等。常用的市售酸碱试剂见表1.2。

表 1.2　常用的市售酸碱试剂（引自高向阳和宋莲军，2013）

试剂名称	分子式	相对分子质量（M_r）	密度（ρ）/(g/mL)	质量分数（ω）/%	物质的量浓度（c_B）/(mol/L)
硫酸	H_2SO_4	98.07	1.83～1.84	95～98	17.8～18.4
盐酸	HCl	36.46	1.18～1.19	35～38	11.6～12.4
硝酸	HNO_3	63.01	1.39～1.40	65～68	14.4～15.2
磷酸	H_3PO_4	98.00	1.69	85	14.6
冰醋酸	CH_3COOH	60.05	1.05	99	17.4
乙酸	CH_3COOH	60.05	1.04	36	6.3
高氯酸	$HClO_4$	100.5	1.68	70～72	11.7～12.0
氨水	$NH_3 \cdot H_2O$	17.03	0.88～0.90	25～28	13.3～14.8

2. 食品分析中常用试剂的分类

化学试剂在瓶签上注明的等级、标志、符号及瓶签颜色都是国家统一标准规定的。

（1）基准试剂（JZ）：是一类用于标定容量、分析标准溶液的标准参考物质，可精确称量后直接配制标准溶液，主要成分含量一般为99.95%～100.05%，杂质含量略低于一级品或与其相当。

（2）一级品为优级纯（优质纯），代号为GR（guaranteed reagent），标签为绿色。其又称保证试剂，成分高、杂质含量低，主要用于精密的科学研究和测定工作。食品分析实验中作为标定标准浓度溶液用的试剂纯度应为优级纯，和基准试剂作用差不多。

（3）分析纯：为二级品，质量略低于优级纯，杂质含量略高，用于一般的科研和重要测定工作。在食品分析中应用最普遍。配制微量物质的标准溶液时，所用试剂纯度应在分析纯及以上。代号为AR（analytical reagent），标签为红色。

（4）化学纯：为三级品，质量较分析纯差，但高于实验试剂，用于工厂、教学实验的一般分析。如配制普通溶液或一般提取用的溶剂，可用化学纯。代号为CP（chemical pure），标签为蓝色。

（5）实验试剂：为四级品，杂质含量更多，但比工业品纯度高，主要用于普通的实验或研究，分析中很少使用。代号为LR（laboratory reagent），标签为棕色或其他颜色。

（6）生物试剂：代号为BR（biological reagent），标签为黄色或其他颜色。

除上述规格外，还有所谓的"高纯试剂"，包括超纯、特纯、高纯、光谱纯及色谱纯或色谱标准物质等试剂，这一类化学试剂主要成分含量可达四个9（99.99%）到五六个9。光谱纯试剂的杂质含量用光谱分析法已测不出或低于某一限度。色谱纯或色谱标准物质是指用于色谱分析的标准物质，其杂质含量用色谱分析法测不出或低于某一限度。

3. 食品分析中常用试剂的包装

我国规定化学试剂以下列 5 类包装单位包装。

第一类：0.1g、0.25g、0.5g、1g、5g。

第二类：5g、10g、25g。

第三类：25g、50g、100g 或 25mL、50mL、100mL。

第四类：100g、250g、500g 或 100mL、250mL、500mL。

第五类：500g、1~5kg（每 0.5kg 为一间隔）或 500mL、1L、2.5L、5L。

一般无机盐类采用 500g 包装的较多；而一些指示剂、有机试剂多采用小包装如 5g、10g、25g 等；高纯试剂、贵金属、稀有元素也多采用小包装。

4. 食品分析中常用试剂标签的标注

在瓶子标签上有时还注明"符合 GB"或"符合 HG"，这些符号表示该化学试剂的技术条件（或杂质最高含量）符合某种标准的规定。"GB"为国家标准，"HG"为化工行业标准，在这些符号后还有该化学试剂的统一编号。例如，GB/T 625—2007 是硫酸的国家标准代号，HG/T 2967—2000 是工业无水亚硫酸钠的化工行业标准代号。

（二）物质浓度的表示方法

混合物中或溶液中某物质的含量通常有以下几种表示方法，可用于试剂的浓度或分析结果的表达。

（1）质量分数（ω，%）：指被测组分的质量与样品或试液的质量之比，可用符号 ω_B 表示，B 代表溶质。例如，$\omega_{HCl}=37\%$，表示 100g 溶液中含有 37g 氯化氢。如果分子和分母的质量单位不同，则质量分数应加上单位，如 mg/kg、mg/g、μg/g 等。

（2）体积分数（φ，%）：指在相同的温度和压力下，溶质的体积与溶液的体积之比，可用符号 φ_B 表示，B 代表溶质。例如，$\varphi_{CH_3CH_2OH}=80\%$，表示 100mL 溶液中含有 80mL 无水乙醇。

（3）质量浓度（ρ，g/L）：指溶质的质量与溶液的体积之比，可用符号 ρ_B 表示，B 代表溶质。例如，$\rho_{NaOH}=10g/L$，表示 1L 溶液中含有 10g 氢氧化钠。$\rho_{NaOH}=10g/100mL$，表示 100mL 溶液中含有 10g 氢氧化钠。当浓度很稀时，可用 mg/L、μg/L、ng/L 等表示。

（4）物质的量浓度（c，mol/L）：指溶质的物质的量与溶液的体积之比，可用符号 c（B）表示，B 代表溶质。例如，$c(H_2SO_4)=1mol/L$，表示 1L 溶液中含有 1mol 的 H_2SO_4。

（5）比例浓度：指溶液中各组分的体积比。例如，正丁醇＋氨水＋无水乙醇（7：1：2），表示 7 倍体积的正丁醇、1 倍体积的氨水和 2 倍体积的无水乙醇混合而成的溶液。

（6）滴定度（T，g/mL）：指 1mL 标准溶液相当于被测物的质量，可用 $T_{S/X}$ 表示，S 代表滴定剂（标准溶液）的化学式，X 代表被测物质的化学式。例如，$T_{HCl/Na_2CO_3}=0.005\,316g/mL$，表示 1mL 盐酸标准溶液相当于 0.005 316g 碳酸钠。

《中华人民共和国计量法》规定，国家采用国际单位制。国家计量局（现国家市场监督管理总局计量司）于 1984 年 6 月 9 日颁布了《中华人民共和国法定计量单位使用方法》。食品分析中所用的计量单位均采用中华人民共和国法定计量单位法定的名称及其符号。分析检测中常用的量及其单位的名称和符号见表 1.3。

表 1.3 分析检测中常用的量及其单位的名称和符号（引自高向阳和宋莲军，2013）

量的名称	量的符号	单位名称	单位符号	倍数与分数单位
物质的量	n_B	摩［尔］	mol	mmol 等
质量	m	千克	kg	g、mg、μg 等
体积	V	立方米	m^3	L（dm^3）、mL 等
摩尔质量	M_B	千克每摩［尔］	kg/mol	g/mol 等
摩尔体积	V_B	立方米每摩［尔］	m^3/mol	L/mol 等
［物质的量］浓度	c（B）	摩［尔］每立方米	mol/m^3	mol/L 等
质量分数	ω	—	%	—
质量浓度	ρ_B	千克每立方米	kg/m^3	g/L、g/mL 等
体积分数	φ_B	—	%	—
滴定度	$T_{S/X}$, T_S	克每毫升	g/mL	—
密度	ρ	千克每立方米	kg/m^3	g/mL、g/m^3
相对原子质量	A_r	—	—	—
相对分子质量	M_r	—	—	—

（三）几种常用试剂的配制与标定

1. 盐酸标准溶液的配制与标定

1）配制

（1）1mol/L、0.5mol/L、0.1mol/L 盐酸溶液：分别量取 90mL、45mL、9mL 盐酸加水稀释至 1L。

（2）盐酸溶液 [c(HCl)≤0.02mol/L]：临用前将浓度高的标准溶液用煮沸并冷却的水稀释，必要时重新标定。

（3）溴甲酚绿-甲基红混合指示剂：量取 30mL 溴甲酚绿的乙醇溶液（2g/L），加入 20mL 甲基红的乙醇溶液（1g/L），混匀。

2）标定 准确称取于 270～300℃高温炉中灼烧至恒重的基准试剂无水碳酸钠，标定 1mol/L 盐酸溶液称取 1.9g，标定 0.5mol/L 盐酸溶液称取 0.95g，标定 0.1mol/L 盐酸溶液称取 0.2g（称准至 0.0001g），溶于 50mL 水中，加 10 滴溴甲酚绿-甲基红混合指示剂，用配制好的盐酸溶液滴定至溶液由绿色变为暗红色，煮沸 2min，冷却后继续滴定至溶液再呈暗红色。同时做空白实验。

盐酸标准溶液的浓度 [c(HCl)](mol/L) 用下式计算。

$$c(\text{HCl}) = \frac{m \times 1000}{(V_1 - V_2) M\left(\frac{1}{2}\text{Na}_2\text{CO}_3\right)}$$

式中，m 为无水碳酸钠的质量，g；V_1 为样品消耗盐酸标准溶液的体积，mL；V_2 为空白消耗盐酸标准溶液的体积，mL；$M\left(\frac{1}{2}\text{Na}_2\text{CO}_3\right)$ 为无水碳酸钠的基本计算单元，g/mol，$M\left(\frac{1}{2}\text{Na}_2\text{CO}_3\right)=$

52.994g/mol。

2. 硫酸标准溶液的配制与标定

1）配制

（1）硫酸溶液 $\left[c\left(\dfrac{1}{2}H_2SO_4\right)=1mol/L\right]$：量取 30mL 硫酸，缓缓注入适量水中，冷却至室温后用水稀释至 1L，混匀。

（2）硫酸溶液 $\left[c\left(\dfrac{1}{2}H_2SO_4\right)=0.5mol/L\right]$：量取 15mL 硫酸，同步骤（1）的操作。

（3）硫酸溶液 $\left[c\left(\dfrac{1}{2}H_2SO_4\right)=0.1mol/L\right]$：量取 3mL 硫酸，同步骤（1）的操作。

2）标定　用基准试剂无水碳酸钠标定，操作步骤及计算同盐酸标准溶液的标定。

3. 氢氧化钠标准溶液的配制与标定

1）配制

（1）氢氧化钠饱和溶液的配制：称取 110g 氢氧化钠，溶于 100mL 无二氧化碳的水中，摇匀，注入聚乙烯容器中，密闭放置至溶液清亮。

（2）氢氧化钠溶液 [c(NaOH)=1mol/L]：用塑料管量取 54mL 上层澄清的氢氧化钠饱和溶液，用无二氧化碳的水稀释至 1L，摇匀。

（3）氢氧化钠溶液 [c(NaOH)=0.5mol/L]：用塑料管量取 27mL 上层澄清的氢氧化钠饱和溶液，用无二氧化碳的水稀释至 1L，摇匀。

（4）氢氧化钠溶液 [c(NaOH)=0.1mol/L]：用塑料管量取 5.4mL 上层澄清的氢氧化钠饱和溶液，用无二氧化碳的水稀释至 1L，摇匀。

（5）酚酞指示剂（10g/L）：称取酚酞 1g 溶于适量乙醇中，再用乙醇稀释至 100mL。

2）标定　标定时用在 105～110℃电烘箱中干燥至恒重的基准邻苯二甲酸氢钾，标定 1mol/L 氢氧化钠溶液准确称取 7.5000g，标定 0.5mol/L 氢氧化钠溶液准确称取 3.8000g，标定 0.1mol/L 氢氧化钠溶液准确称取 0.7500g（精确至 0.0001g），加无二氧化碳的水溶解（标定 1mol/L、0.5mol/L 的氢氧化钠溶液加水 80mL，标定 0.1mol/L 氢氧化钠溶液加水 50mL），加 2 滴酚酞指示剂，用配制好的氢氧化钠溶液滴定至溶液呈粉红色，保持 30s。同时做空白实验。

氢氧化钠标准溶液的浓度 c(NaOH)(mol/L) 按下式计算。

$$c(\text{NaOH})=\frac{m\times1000}{(V_1-V_2)M}$$

式中，m 为基准邻苯二甲酸氢钾的质量，g；V_1 为氢氧化钠标准溶液的用量，mL；V_2 为空白实验中氢氧化钠标准溶液的用量，mL；M 为邻苯二甲酸氢钾的基本计算单元，g/mol，$M(\text{KHC}_8\text{H}_4\text{O}_4)=204.22\text{g/mol}$。

4. 高锰酸钾标准溶液 $\left[c\left(\dfrac{1}{5}KMnO_4\right)=0.1mol/L\right]$ 的配制与标定

1）配制　称取 3.3g 高锰酸钾，溶于 1050mL 水中，缓缓煮沸 15min，冷却，于暗处放置两周，用已处理过的 4 号玻璃滤埚过滤，储存于棕色瓶中。玻璃滤埚的处理方法为将其在同样浓度的高锰酸钾溶液中缓缓煮沸 5min。

2）标定　称取 0.25g 于 105～110℃电烘箱中干燥至恒重的基准草酸钠，溶于 100mL 硫酸溶液（8：92）中，用配制好的高锰酸钾溶液滴定，近终点时加热至 65℃，继续滴定至溶液呈粉红色，保持 30s 不退色。同时做空白实验。

高锰酸钾标准溶液的浓度 $\left[c\left(\frac{1}{5}KMnO_4\right)\right]$ (mol/L) 按下式计算。

$$c\left(\frac{1}{5}KMnO_4\right) = \frac{m \times 1000}{(V_1 - V_2)M\left(\frac{1}{2}Na_2C_2O_4\right)}$$

式中，m 为基准草酸钠的质量，g；V_1 为高锰酸钾标准溶液消耗的体积，mL；V_2 为空白消耗高锰酸钾标准溶液的体积，mL；$M\left(\frac{1}{2}Na_2C_2O_4\right)$ 为草酸钠的基本计算单元，g/mol，$M\left(\frac{1}{2}Na_2C_2O_4\right)$=66.999g/mol。

5. 草酸标准溶液 $\left[c\left(\frac{1}{2}H_2C_2O_4\right) = 0.1mol/L\right]$ 的配制与标定

1）配制　称取 6.4g 二水草酸（$H_2C_2O_4 \cdot 2H_2O$），加适量的水使之溶解并稀释至 1000mL，混匀。

2）标定　准确吸取 35.00～40.00mL 配制好的草酸标准溶液，加 100mL 硫酸溶液（8∶92），用高锰酸钾 $\left[c\left(\frac{1}{5}KMnO_4\right) = 0.1mol/L\right]$ 滴定，近终点时加热至 65℃，继续滴定至溶液呈粉红色，并保持 30s 不退色。同时做空白实验。

草酸标准溶液的浓度 $\left[c\left(\frac{1}{2}H_2C_2O_4\right)\right]$ (mol/L) 按下式计算。

$$c\left(\frac{1}{2}H_2C_2O_4\right) = \frac{(V_1 - V_2) \times c_1}{V}$$

式中，V_1 为高锰酸钾标准溶液的用量，mL；V_2 为空白实验中高锰酸钾标准溶液的用量，mL；c_1 为高锰酸钾标准溶液的浓度 $\left[c\left(\frac{1}{5}KMnO_4\right)\right]$，mol/L；$V$ 为草酸标准溶液的用量，mL。

6. 硫代硫酸钠标准溶液的配制与标定

1）配制

（1）0.1mol/L 硫代硫酸钠标准溶液：称取 26g 五水硫代硫酸钠（$Na_2S_2O_3 \cdot 5H_2O$）（或 16g 无水硫代硫酸钠），加 0.2g 无水碳酸钠，溶于 1L 水中，缓缓煮沸 10min，冷却。放置两周后过滤，保存在棕色瓶中备用。

（2）0.02mol/L、0.01mol/L 的硫代硫酸钠标准溶液：临用前取 0.1mol/L 硫代硫酸钠标准溶液，加新煮沸过的冷水稀释制成。

2）标定　准确称取 0.18g 于（120±2）℃干燥至恒重的基准重铬酸钾，置于碘量瓶中，加入 25mL 水使之溶解。加入 2g 碘化钾固体及 20mL 硫酸溶液（20%），摇匀，于暗处放置 10min。加 150mL 水（15～20℃），用配制好的硫代硫酸钠溶液滴定，近终点时加 2mL 淀粉指示液（10g/L），继续滴定至溶液由蓝色变为亮绿色。同时做空白实验。

硫代硫酸钠标准溶液的浓度 $[c(Na_2S_2O_3)]$(mol/L) 按下式计算。

$$c(Na_2S_2O_3) = \frac{m \times 1000}{(V_1 - V_2)M\left(\frac{1}{6}K_2Cr_2O_7\right)}$$

式中，m 为基准重铬酸钾的质量，g；V_1 为硫代硫酸钠标准溶液的用量，mL；V_2 为空白实验中硫代硫酸钠标准溶液的用量，mL；$M\left(\dfrac{1}{6}K_2Cr_2O_7\right)$ 为重铬酸钾的基本计算单元，g/mol，$M\left(\dfrac{1}{6}K_2Cr_2O_7\right)$=49.031g/mol。

7. 碘标准溶液$\left[c\left(\dfrac{1}{2}I_2\right)=0.1mol/L\right]$的配制与标定

1）配制

（1）$c\left(\dfrac{1}{2}I_2\right)$=0.1mol/L 碘标准溶液：称取 13g 碘及 35g 碘化钾，溶于 100mL 水中，稀释至 1L，摇匀，储存于棕色瓶中。

（2）$c\left(\dfrac{1}{2}I_2\right)$=0.02mol/L 碘标准溶液：临用前取 0.1mol/L 的碘标准溶液稀释制成。

2）标定　　量取 35.00～40.00mL 配制好的碘溶液，置于碘量瓶中，加 150mL 水（15～20℃），用 0.1mol/L 硫代硫酸钠标准溶液滴定，近终点时加 2mL 淀粉指示液（10g/L），继续滴定至溶液蓝色消失。

同时用水做空白实验：取 250mL 水（15～20℃），加 0.05～0.20mL 配制好的碘溶液及 2mL 淀粉指示液（10g/L），用 0.1mol/L 硫代硫酸钠标准溶液滴定至溶液蓝色消失。

碘标准溶液的浓度$\left[c\left(\dfrac{1}{2}I_2\right)\right]$(mol/L) 按下式计算。

$$c\left(\frac{1}{2}I_2\right)=\frac{(V_1-V_2)\times c_1}{V_3-V_4}$$

式中，V_1 为硫代硫酸钠标准溶液的用量，mL；V_2 为空白实验消耗硫代硫酸钠标准溶液的体积，mL；c_1 为硫代硫酸钠标准溶液的浓度，mol/L；V_3 为碘溶液的体积，mL；V_4 为空白实验中加入的碘溶液的体积，mL。

8. 乙二胺四乙酸二钠标准溶液的配制与标定

1）配制

（1）0.1mol/L 乙二胺四乙酸二钠（EDTA-Na$_2$）标准溶液：称取 40g 水合乙二胺四乙酸二钠（$C_{10}H_{14}N_2O_8Na_2 \cdot 2H_2O$），加入 1L 水，加热使之溶解，冷却后摇匀。置于玻璃瓶中，注意避免与橡皮塞、橡皮管接触。

（2）0.05mol/L、0.02mol/L 乙二胺四乙酸二钠标准溶液：分别称取 20g、8g 乙二胺四乙酸二钠进行配制，操作同上一步骤。

2）标定

（1）0.1mol/L、0.05mol/L 乙二胺四乙酸二钠标准溶液：准确称取于（800±50）℃高温炉中灼烧至恒重的基准试剂氧化锌（分别称 0.3000g、0.1500g，精确至 0.0001g），用少量水湿润，加 2mL 盐酸溶液（20%）溶解，加 100mL 水，用氨水溶液（10%）调节溶液 pH 至 7～8，加 10mL pH≈10 的氨-氯化铵缓冲液及 5 滴铬黑 T 指示液（5g/L），用配制好的乙二胺四乙酸二钠溶液滴定至溶液由紫色变为纯蓝色。同时做空白实验。

乙二胺四乙酸二钠标准溶液浓度 [c(EDTA-Na$_2$)](mol/L) 按下式计算。

$$c(\text{EDTA-Na}_2)=\frac{m\times 1000}{(V_1-V_2)M(\text{ZnO})}$$

式中，m 为用于滴定的基准氧化锌的质量，g；V_1 为乙二胺四乙酸二钠标准溶液的用量，mL；V_2 为空白实验中乙二胺四乙酸二钠标准溶液的用量，mL；$M(ZnO)$ 为氧化锌基本计算单元，g/mol，$M(ZnO)=81.39g/mol$。

（2）0.02mol/L 乙二胺四乙酸二钠标准溶液：准确称取约 0.4200g 于（800±50）℃高温炉中灼烧至恒重的基准试剂氧化锌，用少量水湿润，加 3mL 盐酸溶液（20%）溶解，移入 250mL 容量瓶中，加水稀释至刻度，摇匀。吸取 35.00～40.00mL，加 70mL 水，用氨水溶液（10%）调节溶液 pH 至 7～8，再加 10mL pH≈10 的氨-氯化铵缓冲液及 5 滴铬黑 T 指示液（5g/L），用配制好的乙二胺四乙酸二钠溶液滴定至溶液由紫色变为纯蓝色。同时做空白实验。

乙二胺四乙酸二钠标准溶液的浓度 $[c(\text{EDTA-Na}_2)]$(mol/L) 按下式计算。

$$c(\text{EDTA-Na}_2) = \frac{m \times \dfrac{V_1}{250} \times 1000}{(V_2 - V_3)M(\text{ZnO})}$$

式中，m 为用于滴定的基准氧化锌的质量，g；V_1 为吸取氧化锌溶液的量，mL；V_2 为乙二胺四乙酸二钠标准溶液的用量，mL；V_3 为空白实验中乙二胺四乙酸二钠标准溶液的用量，mL；$M(ZnO)$ 为氧化锌的基本计算单元，g/mol，$M(ZnO)=81.39g/mol$。

9. 氢氧化钾-乙醇标准溶液 [$c(\text{KOH})$=0.1mol/L] 的配制与标定

1）配制　　称取 8g 氢氧化钾，置于聚乙烯容器中，加少量水（约 5mL）溶解，用乙醇（95%）稀释至 1L，密闭放置 24h。用塑料管虹吸上层清液至另一聚乙烯容器中。

2）标定　　称取 0.75g 于 105～110℃电烘箱中干燥至恒重的基准邻苯二甲酸氢钾，溶于 50mL 无二氧化碳的水中，加 2 滴酚酞指示液（10g/L），用配制好的氢氧化钾-乙醇标准溶液滴定至溶液呈粉红色，同时做空白实验。临用前标定。

氢氧化钾-乙醇标准溶液的浓度 $[c(\text{KOH})]$(mol/L) 按下式计算。

$$c(\text{KOH}) = \frac{m \times 1000}{(V_1 - V_2)M(\text{KHC}_8\text{H}_4\text{O}_4)}$$

式中，m 为基准邻苯二甲酸氢钾的质量，g；V_1 为氢氧化钾-乙醇标准溶液的用量，mL；V_2 为空白实验中氢氧化钾-乙醇标准溶液的用量，mL；$M(\text{KHC}_8\text{H}_4\text{O}_4)$ 为邻苯二甲酸氢钾的基本计算单元，g/mol，$M(\text{KHC}_8\text{H}_4\text{O}_4)=204.22g/mol$。

（四）常用洗涤液的配制和使用方法

（1）合成洗涤剂：主要是洗衣粉、洗洁精等，主要用于油脂和某些有机物的洗涤。

（2）铬酸洗液（100g/L），即重铬酸钾-浓硫酸洗液：称取化学纯重铬酸钾 100g 于烧杯中，加入 100mL 水，微加热使其溶解，冷却，缓缓加入化学纯硫酸，边加边用玻璃棒搅动，防止硫酸溅出，开始有红色晶体析出，硫酸加到一定量晶体可溶解，加硫酸至溶液总体积为 1L。

该洗液是强氧化剂，用于洗涤油污及有机物，但氧化作用比较慢，直接接触器皿数分钟至数小时才有作用。使用时防止被水稀释，用后倒回原瓶内，可反复使用，直至溶液变为绿色。

（3）氢氧化钾-乙醇洗液（100g/L）：取 100g 氢氧化钾，用 50mL 水溶解后，加工业乙醇至 1L。碱性乙醇洗液可用于洗涤油污、树脂等。

（4）酸性草酸或酸性羟胺洗液：称取 10g 草酸或 1g 盐酸羟胺，溶于 10mL 盐酸（1:4）中，该洗液可洗涤氧化性物质。对沾污在器皿上的氧化剂，酸性草酸作用较慢，羟胺作用快且易洗净。

（5）硝酸洗液：常用浓度（浓硝酸:水，$V:V$）为 1:9 或 1:4，主要用于浸泡清洗测定金属离子时的器皿。一般浸泡过夜，取出用自来水冲洗，再用去离子水或亚沸水冲洗。注意洗涤后的玻璃仪器应防止二次污染。

五、实验废弃物处理

食品理化检验中产生的废弃物，大多数都是有毒、有害物质，有些还是剧毒或致癌物质，如果不经处理而直接排放就会污染环境，损害人体健康。实验废弃物必须在排放前先经处理。能回收利用的则回收，减少排放量；不能回收利用的经处理达到排放标准再排放，可保护实验人员的身体健康，减少环境污染。

（一）各种废弃物的处理方法

实验室常见的废弃物包括废气、废液和废渣。

1. 有毒气体的排放与处理

对于产生少量有毒气体的实验，可在通风橱内进行，通过排风设备将少量有毒气体排到室外，以免污染室内空气。对于产生毒气量较大的实验，必须备有毒气吸收或处理装置。例如，二氧化氮、二氧化硫、氯气、硫化氢、氟化氢等可用碱溶液吸收，一氧化碳可直接点燃使其转化为二氧化碳。

2. 废渣的处理

实验过程中产生的废渣，如达到排放标准，可直接处理或与煤渣、煤粉一起焙烧后填埋（应有固定地点）。如是可回收的则应分门别类存放，对于不溶固体物质严禁倒入水池，以防堵塞下水管道。

3. 常见废液的处理方法

1）无机酸类废液　　实验产生的废液中量较大的是废酸液，可收集于陶瓷或塑料桶中，然后用耐酸塑料网纱或玻璃纤维过滤，滤液再用石灰或废碱中和，调 pH 至 6～8 后，用大量水稀释后排放。少量的滤渣可埋于地下。

2）氢氧化钠、氨水等废碱液　　可用稀废酸中和至 pH 为 6～8 后，再用大量水稀释后排放。

3）含砷废液　　含砷废液可加入氧化钙，调节 pH 为 8 左右，使生成砷酸钙和亚砷酸钙沉淀。也可调节废液 pH 至 10 以上，然后加入适量的硫化钠，与砷反应生成难溶、低毒的硫化物沉淀。

4）含铬废液　　实验中含铬量较大的是废弃的铬酸洗液，铬酸洗液如失效变绿，可用高锰酸钾氧化法使其再生，继续使用。方法为：先在 110～130℃条件下不断搅拌加热浓缩，除去水分后，冷却至室温，缓缓加入高锰酸钾粉末，每升洗液中加 10g 左右，直至溶液呈深褐色或微紫色（注意不要加过量），边加边搅拌，直接加热至有红色三氧化铬出现，停止加热。稍冷，通过玻璃砂芯漏斗过滤，除去沉淀，冷却后析出三氧化铬沉淀，再加适量硫酸使其溶解即可使用。失效的少量废铬酸洗液或其他含铬废液可用废铁屑还原残留的六价铬为三价铬，再用废碱液或石灰中和使生成低毒的氢氧化铬沉淀。将废渣埋于地下。

5）含氰废液　　氰化物是剧毒物质，含氰废液必须认真处理，切记不可与酸混合。少量的含氰废液可先加氢氧化钠调 pH 至大于 10，再加少量高锰酸钾使 CN^- 氧化分解。量大的含氰废液可用碱性氯化法处理。方法为：先用碱调 pH 至大于 10，再加入漂白粉，使 CN^- 氧化成氰酸盐，并进一步分解为 CO_2 和 N_2。

6）含氟废液　　在废液中加入消化石灰乳，至废液充分呈碱性为止，并加以充分搅拌，放置一夜后进行过滤。滤液作含碱废液处理。此法不能把氟含量降到 8mg/L 以下，当要进一步降低氟的浓度时，须用阴离子交换树脂进行处理。

7）含汞废液　　含汞盐废液应先调 pH 至 8～9 后，加入适当过量的硫化钠，生成硫化汞沉淀，同时加入共沉淀剂硫酸亚铁，生成硫化亚铁沉淀，从而吸附硫化汞使其沉淀下来。静置后分离，再离心过滤，清液中的含汞量降到 0.02mg/L 以下时，可直接排放。少量残渣可埋于地下，大量残渣需用焙烧法回收汞或再制成汞溶液，但要注意，一定要在通风橱内进行。

8）含铅、镉等重金属离子的废液　　含重金属离子的废液，最有效和经济的处理方法是加碱或硫化钠使铅、镉等重金属离子变成难溶性的氢氧化物或硫化物而沉积下来，再过滤分离，少量残渣可埋于地下。

9）油脂类废液　　此类废液包括含灯油、轻油、松节油、油漆、重油、杂酚油、锭子油、绝缘油（脂）（不含多氯联苯）、润滑油、切削油、冷却油及动植物油（脂）等物质的废液。

对可燃性物质，用焚烧法处理。对难以燃烧的物质及低浓度的废液，则用溶剂萃取法或吸附法处理。

10）含氮、硫及卤素类的有机废液　　此类废液包含的物质为吡啶、喹啉、甲基吡啶、氨基酸、酰胺、二甲基甲酰胺、二硫化碳、硫醇、烷基硫、硫脲、硫酰胺、噻吩、二甲亚砜、三氯甲烷（氯仿）、四氯化碳、氯乙烯类、氯苯类、酰卤化物和含氮、硫、卤素的染料、农药、颜料及其中间体等。

对可燃性物质，用焚烧法处理。但必须采取措施除去由燃烧而产生的有害气体（如 SO_2、HCl、NO_2 等）。对多氯联苯之类的物质，因其难以燃烧而有一部分直接被排出，故要加以注意。

对难以燃烧的物质及低浓度的废液，用溶剂萃取法、吸附法及水解法进行处理。但对氨基酸等易被微生物分解的物质，经用水稀释后，即可排放。

11）含酚类物质的废液　　此类废液包含的物质为苯酚、甲酚、萘酚等。对其浓度大的可燃性物质，可用焚烧法处理。而浓度低的废液，则用吸附法、溶剂萃取法或氧化分解法处理。

12）含有机磷的废液　　此类废液包括含磷酸、亚磷酸、硫代磷酸及膦酸酯类、磷化氢类及磷系农药等物质的废液。对其浓度高的废液进行焚烧处理（因含难以燃烧的物质较多，故可与可燃性物质混合进行焚烧）；对浓度低的废液，经水解或溶剂萃取后，用吸附法进行处理。

13）混合废液的处理　　混合废液先用酸调节 pH 至 3～4，加入铁粉，搅拌 0.5h，再用碱调 pH 至 9 左右，搅拌 10min 后加入高分子混凝剂，进行混凝沉淀，清液可排放，沉淀物作废渣处理。

（二）有机溶剂的回收与净化

实验用过的有机溶剂，可以回收再利用的回收有机溶剂，先洗涤后再利用蒸馏装置提纯。回收后的有机溶剂使用前应经过空白或标准显色实验，效果良好的才能使用。

1. 四氯化碳的回收与净化

含双硫腙的四氯化碳，用硫酸洗1次，再用水洗2次，除去水层，用无水氯化钙干燥，过滤后蒸馏，收集76～78℃馏出液；含有铜试剂的四氯化碳用水洗2次后，用无水氯化钙干燥，过滤后蒸馏；含碘的四氯化碳，先用活性炭吸附，使无色，抽滤后再洗涤。

2. 乙醚的回收与净化

废乙醚用水洗涤，中和后（用石蕊试纸检查）用5g/L高锰酸钾溶液洗至紫色不退，用体积分数为0.5%～1.0%的硫酸亚铁铵溶液洗涤，除去过氧化物，用水洗2次，将洗好的乙醚用无水氯化钙干燥，过夜。过滤后在45℃水浴中加热蒸馏，收集33.5～34.5℃的馏出液，蒸馏瓶中的残液量不得少于60mL。所得乙醚如果纯度不够，可重新蒸馏1次。

3. 三氯甲烷的回收与净化

将三氯甲烷废液依次用水、浓硫酸（废液量的1/10）、水、体积分数为0.5%的盐酸羟胺溶液洗涤，再用重蒸水洗2或3次后用无水氯化钙或无水碳酸钾脱水，蒸馏，收集60～62℃的馏出液。对于用蒸馏法仍不能除去的有机杂质可用活性炭吸附纯化。如果含杂质多，可用水洗后预蒸馏1次以除去大部分杂质，再按上述方法处理。

4. 石油醚的回收与提纯

先用体积分数为10%的氢氧化钠溶液洗涤1次，再用纯水洗涤2次，除去水层后用无水氯化钙干燥，过滤后蒸馏，收集60℃以上的馏出液保存备用。

5. 含硝酸的甲醇的回收与净化

以工业用氢氧化钠中和硝酸后在64℃水浴上蒸馏出甲醇，因1次蒸馏水分很多，所以必须进行多次蒸馏，再测定其相对密度（0.791）。

6. 二甲苯的回收与净化

用无水氯化钙干燥后直接蒸馏，收集136～141℃的馏出液。

（三）废液的贮存容器及标识

1. 贮存容器的选择

1）容器材质　　容器（包括封盖）上任何与废液接触的部分，需能承受废液的化学等各类作用，其材料不能因与废液发生接触而产生危险物或减弱容器的牢固性（如酸液不能用铁容器，碱液不能用玻璃容器）。

2）容器体积　　容器应便于送贮，体积不宜过大。

3）容器完好性　　在每次使用容器前，应先检查容器内外，以确保容器完好无损。所有盛放化学废液的容器都应妥当地盖好或者密封，正确地放置及保持容器清洁；必要时，可将装有化学废液的容器放置在较大的其他容器内，以避免由废液泄漏发生反应而引发的各类事故。

2. 废液的标识

装载废液的容器外须贴上标识，标明所盛放废液的名称、重量、成分、产生日期及危险特性等，所标明的内容应清晰易读。标识粘贴在容器的醒目位置，以便于观察，不易被流出的废液所损坏。

3. 废液收贮的注意事项

废液应及时清理，避免大量囤积，收贮时，应注意以下 6 点。

（1）在混合后可能产生危险后果的不同类别或不同来源的化学废液，不能存放在同一容器内，以免发生剧烈的化学反应而造成事故。

（2）处理化学废液时，必须穿戴合适的个人防护用品（如防护眼镜、手套和实验服），不得穿拖鞋、短衣短裤等。

（3）倾倒大量液体废物到化学废物容器中时，应使用漏斗以防止漏出。

（4）搬运化学品或将化学品转移到废弃物容器中时，必须轻拿轻放，避免剧烈碰撞。

（5）为防止蒸气逸出，应及时盖好容器。

（6）在使用容器储备液体化学废物时，容器内要留有足够间隙，不宜过满，只可装载至总容量的 70%～80%。

【复习与思考题】

1. 简述急性中毒的现场抢救原则。
2. 以误服强酸、强碱为例简述口服中毒的应急处理方法。
3. 酸碱溶液溅入眼内，该如何处理？
4. 简述触电事故伤员的现场抢救步骤。
5. 简述烧伤的应急处理方法。
6. 简述冻伤的应急处理方法。
7. 简述割伤的应急处理方法。
8. 简述搅拌的目的和意义。
9. 哪些化合物不可以研磨？
10. 冰箱的安全使用要点是什么？
11. 在实验室使用电炉时应注意哪些方面？
12. 质量浓度与密度有什么区别？
13. 标准溶液配制与标定的意义是什么？

本章主要参考文献

冯建跃 . 2013. 高校实验室化学安全与防护［M］. 杭州：浙江大学出版社

高向阳，宋莲军 . 2013. 现代食品分析实验［M］. 北京：科学出版社

王秀奇，秦淑媛，高天慧，等 . 2000. 基础生物化学实验［M］. 北京：高等教育出版社

郑春龙 . 2013. 高校实验室生物安全技术与管理［M］. 杭州：浙江大学出版社

第二章 食品基本理化特性分析与检验

实验 1 食品色泽的测定

色泽、风味和质地是食品验收的三个主要方面。如果一种产品连外观都不好，消费者就可能永远也不会有机会去评价其另外两个方面。尽管色泽只是许多表观形态（如色泽、粒子大小、物理状态、照度等）中的一种，但它可能是其中最重要的。此外，色泽也是反映一种食品品质好坏的重要指标之一，食品色泽的测定对食品的加工及品质控制具有重要意义。

现在食品中色泽的测定已是一门成熟的科学，我们能够方便地测定几乎任何一种物体的色泽。本部分将对几种常用的色泽测定的方法进行介绍。

1.1 动植物油脂罗维朋色泽的测定

1.1.1 实验目的

（1）了解食品色泽测定的意义和原理。

（2）掌握罗维朋色泽测定的方法。

1.1.2 实验原理

色泽是动植物油脂的重要质量指标。动植物油脂具有各种不同的色泽，其色泽除了与其本身颜色有关外，还与加工工艺及精炼程度有关。油脂品质变劣和油脂酸败会导致油色变深。测定油脂的色泽，可了解油脂的纯净程度、加工工艺和精炼程度，判断油脂是否变质。

罗维朋色泽的测定是指在同一光源下，将透过已知光程的液态油脂样品光的颜色与透过标准玻璃色片光的颜色进行匹配，用罗维朋色值表示其测定结果。

1.1.3 仪器

罗维朋比色计由观测系统、滤色片组和滤色片支架、光源、样品池、玻璃比色皿及一些附件组成。滤色片组由红、黄、蓝、中性色的 4 种标准颜色玻璃片组成，其中红、黄、蓝三色玻璃片各分为三组，红、黄色号码由 0.1～0.9、1.0～9.0、10.0～70.0 组成；蓝色号码由 0.1～0.9、1.0～9.0、10.0～40.0 组成；中性色玻璃片分为两组，号码由 0.1～0.9、1.0～3.0 组成。玻璃比色皿应具有良好的加工精度，具有如下光程：1.6mm、3.2mm、6.4mm、12.7mm、25.4mm、76.2mm、133.4mm。

1.1.4　实验步骤

1.1.4.1　样品处理

将液态样品直接倒入玻璃比色皿中。如果样品在室温下不完全是液态，可将样品进行加热，使其温度超过 10℃。玻璃比色皿必须保持洁净和干燥，测定前可预热玻璃比色皿，以确保测定过程中样品无结晶析出。

1.1.4.2　测定

把装有油样的玻璃比色皿放在照明室内，使其靠近观察筒。关闭照明室的盖子，立刻利用滤色片支架测定样品的色泽值。为得到一个近似的匹配，开始使用黄色片与红色片的罗维朋色值比为 10：1，然后进行校正，测定过程中不必总是保持上述比值，必要时可使用最小值的蓝色片或中性色片（不能同时使用），直至得到精确的颜色匹配。使用中，蓝色值不应超过 9.0，中性色值不应超过 3.0。

1.1.4.3　结果表示

测定结果采用下列术语表达。

（1）红值、黄值，若匹配需要，还可使用蓝值或中性色值。

（2）所使用玻璃比色皿的光程。只能使用标准玻璃比色皿的尺寸，不能用某一尺寸的玻璃比色皿测得的数据计算其他尺寸玻璃比色皿的颜色值。

两次实验结果允许误差不超过 0.2，以实验结果高的作为测定结果。

1.1.5　注意事项

（1）用棉球蘸含有清洁剂的温水清理标准颜色玻璃片，然后用棉纱擦干，使其保持清洁、无油污，不能使用各种溶剂进行清洁。

（2）操作者要有良好的颜色识别能力，不能佩戴有色、光敏或者隐形眼镜。

（3）为避免眼睛疲劳，每观察比色 30s 后，操作者的眼睛必须离开目镜。

（4）在做固体或胶体样品的色泽测定时，样品应分别放在粉末样品盘或胶体样品盘内操作。

1.2　全自动色差计测定食品的色泽

1.2.1　实验目的

（1）了解食品色泽测定的意义和原理。

（2）掌握全自动色差计测定食品色泽的方法及全自动色差计的使用方法。

1.2.2　实验原理

光经过物体反射或透射刺激人眼，人眼的感光系统产生了此物体的光亮度和颜色的感觉信息，并将信息传至大脑中枢，在大脑中将感觉信息进行处理，于是形成了颜色知觉，人们就可认出物体的明暗程度、颜色类别、颜色纯净程度。

色度学是研究颜色度量和评价方法的一门学科，是以光学、光化学、视觉生理、视觉心理等为基础的综合性科学。色差计就是根据色度学原理设计的，用光学模拟方式完成对物体颜色三刺激值的测定，并给出计算后的三维坐标 $L*$、$a*$、$b*$ 值和色差值，以及其他色度学参数。

1.2.3　样品与仪器

1.2.3.1　样品

以苹果汁、面粉等为例介绍全自动色差计的应用。苹果经榨汁后过滤，取清液进行测定。面粉等粉末类样品采用恒压压样器和粉体样品盒制作。

1.2.3.2　仪器

以 SC-80C 色差计为例，其结构如图 2.1 所示。

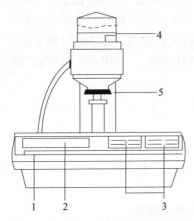

图 2.1　SC-80C 色差计结构图（引自
高向阳和宋莲军，2013）

1. 主机部分；2. 液晶显示器；3. 操作键盘；4. 光学测试头；5. 反射样品测试台

1.2.4　实验步骤

1.2.4.1　透射样品（苹果汁）的测量操作

1）测量前的准备工作

（1）开机：仪器开机 5s 后，自动进入 10min 倒计时预热时间，预热结束后，仪器发出蜂鸣声，进入调零状态。

（2）设定标准值：按"编辑"键，仪器进入输入状态。按"下页"键，仪器的液晶显示器出现已记入的原标准三刺激值。设定参数 X（+080.55）、Y（+081.26）和 Z（+079.72），其中 X 的十位值闪烁，提示您可以在此位设定新值。按"+"键或"–"键，设置标准值。标准值应设纯水的三刺激值：$X=94.81$、$Y=100.00$、$Z=107.32$。

（3）输入内部目标样色差值：按"下页"键，输入比较色差为内部目标方式时目标样品的 $L*$、$a*$、$b*$ 值，方法同上。设定参数 $L*$（+080.55）、$a*$（+081.26）和 $b*$（+079.92）。如果为两个样品比较色差方式，可不输入此项。

（4）设定输出格式：按"下页"键，设定用户需要输出的参数。仪器显示：

> XYZ 开　Yxy 开　L*a*b* 开　Lab 开
> L*CH 开　Wg 开　Wr 开　YI 关

参数右边显示"开"为输出该参数，显示"关"为不输出，可按"+"或"–"键改变设定。

（5）设定测量方式：按"下页"键，选择测量模式为"透射"即透射测量方式，"反射"即反射测量方式。可按"+"或"–"键改变设定。

（6）设定比较色差模式：按"下页"键，设定比较色差方式为"样品"即两样品比较方式，"目标"即与内部目标样品比较方式。可按"+"或"–"键改变设定。

（7）记入编辑信息：设定完毕后，按"下页"键检查是否有误后，按"编辑"键使设定的信息记入仪器内，仪器自动转向调零状态。

2）测量操作　　测量操作分为两个样品比较色差方式和内部目标样品比较色差方式两种。

A. 两个样品比较色差方式。

在使用此种模式时，请设定仪器输入的色差模式为"样品"状态。

（1）调零操作：当仪器液晶显示器显示"调零"并且调零指示灯亮时，可进行调零操作。先将仪器探头上的透射样品架从探头中抽出，把透射调零挡光片放在架上的样品槽内，然后放回透射样品架，按"执行"键，仪器开始调零，调零结束后进入调白操作。

（2）调白操作：调零结束，仪器显示"调白"并且标准灯亮，提示可进行校对标准（调白）操作。这时将透射样品架从探头中抽出，拿掉透射调零挡光片，换上擦净后盛满纯水的透射液体槽，放回透射样品架。按"执行"键，仪器开始调白。仪器调白结束，进入允许测试状态。

（3）测量样品：调白结束后，仪器显示"测量样品"同时样品灯亮，提示可进行样品测量。换掉盛满纯水的透射液体槽，将作为标准的目标样品放入洗净擦干的透射液体槽内，然后将透射液体槽小心地夹到透射样品架上，再放入探头中，按下"执行"键后，仪器显示"测量"表明进行第一次测量，当蜂鸣器响时，指示测试结束。如果再次按"执行"键，则仪器再次进行测试，显示的测量次数为"2"，以此类推，最多可测定 9 次。其测试的结果将与上几次测试的结果做算术平均值运算，直到按下"显示"键显示测定结果，这个测定结果为所测次数的总平均数。连续按"显示"键可显示所有各组数据。所测定的样品即为目标样品。

（4）比较色差：取出透射液体槽，盛以苹果汁，放入透射液体槽内，然后将透射液体槽小心地放到透射样品架上，再放入探头中。按"样品"键，再按"执行"键即可测定被测样品颜色数据及被测样品与目标样品的色差值。然后按"显示"键显示测定结果。

（5）多个待测样品测量和比较色差时，只需重复上一步骤。

（6）仪器使用完毕，取出玻璃样品池，关闭仪器电源。

B. 内部目标样品比较色差方式。

在使用此种模式时，请设定仪器输入的色差模式为"目标"状态。

（1）调零操作：同两个样品比较色差方式。

（2）调白操作：同两个样品比较色差方式。

（3）测量样品：调白结束后，进入样品测量状态。

（4）比较色差：取出玻璃样品池，准备好待测苹果汁溶液，放入样品夹槽内，调节侧面的拉杆使玻璃样品池置于测量光孔中心，盖好仪器盖。按"执行"键测定每个样品颜色数据，都是与之前所输入的目标样品直接进行比较的色差值。按"复位"键，可继续测量其他样品。

（5）多个待测样品测量和比较色差时，只需重复上一步骤。

（6）仪器使用完毕，取出玻璃样品池，关闭仪器电源。

1.2.4.2　反射样品（面粉）的测量操作

反射样品的测量操作与透射样品一样，其区别在于以下两点。

（1）在设定标准值时需要从随机附件中找到标准白板，在标准白板证书上找到对应 0/d 条件 10° 视场的 X、Y、Z 三刺激值的数据。按"编辑"键，把标准白板上 X、Y、Z 的数据都输入仪器内。另外，在设定测量方式时为"反射"模式。

（2）在调零与调白操作中使用黑筒与标准白板。

1.2.5　注意事项

（1）仪器应置于恒温、干燥、无振动处。避免高温、高湿和灰尘，否则会引起仪器内部机件损坏。为避免电网电压的波动而引起的测试误差，最好配置交流稳压器。

（2）通风孔是用来防止温度不正常上升的，不要堵塞通风孔，特别是不要用布和纸之类的材料遮住这些孔。另外，要避免在直射阳光下操作，因为那样会影响结果的精度。

（3）用干净的布清理仪器。不要用挥发性的药品，或用化学抹布擦拭仪器的表面。在测量如食盐类带有腐蚀性的物品之后，一定要及时将仪器及附件清扫干净。特别要避免将试样弄到仪器内部，否则可能引起仪器的机件损坏。

（4）若有任何固体或液体进入仪器内部，应立即切断仪器电源，不要试图打开仪器的机壳。仪器发生故障时，必须请有资格的技术人员检修。

（5）为保证测量结果正确，测试前要先准备好被测样品。样品的面积一定要大于探测头的出光孔径，表面一定要平整。在测量过程中，如果发现数据偏差大，应重新调零或调白。

【复习与思考题】

1. 描述食品颜色的方法有哪些？
2. 透射样品与反射样品测量操作的区别是什么？

【实验结果】

_____

_____

_____

_____

【实验关键点】

_____

_____

_____

_____

【素质拓展资料】

Calculation of CIE Color Specifications from Reflectance or Transmittance Spectra

扫码见内容

实验 2　液态食品相对密度值的测定

正常的液态食品，其相对密度都在一定的范围内，当液体组成成分或浓度发生改变时（掺杂、变质），其相对密度往往也随之改变。因此，测定液态食品的相对密度可以检验食品的纯度或浓度，从而判断食品的质量。另外，还可通过测定相对密度来测定其固形物含量。

食品密度是工业生产中产品质量的控制指标之一。常用的测定方法有密度瓶法、密度计法、天平法和便携式密度计等。

2.1　密度瓶法

2.1.1　实验目的

（1）学习密度瓶法的测定原理。

（2）掌握密度瓶法的测定方法，了解其意义。

2.1.2　实验原理

密度是物质的一种物理指标，它可帮助人们了解物质的纯度、掺杂情况等。在制糖工业中，以溶液的密度近似地测定溶液中可溶性固形物含量的方法，得到了普遍的应用。用密度瓶法得到的橘子汁和葡萄汁含糖浓度，分别乘以系数 0.970 和 0.957 即为橘子汁和葡萄汁可溶性固形物的含量。

对于番茄制品等，已制成密度与固形物关系表，据其即可查出固形物的含量。乙醇含量与密度和蔗糖水溶液浓度与密度的对应关系已被制成表格，只要测得密度就可以由专门的表格查出其对应浓度。

密度又是某些食品质量的指标，青豌豆的成熟度、山核桃的成熟度及葡萄干的质量好坏，均可根据其密度进行鉴别。油脂的密度与其组分有密切关系。通常与所含脂肪酸的不饱和程度和含量成正比，与分子质量成反比。也就是说，甘油酯分子中不饱和脂肪酸和羟酸的含量越高时，密度就越大；分子质量越大，密度越小。游离脂肪酸含量增加时，将使密度降低，酸败的油脂将使密度增加。

某一液体在 20℃时的质量与同体积纯水在 4℃时的质量之比，称为真密度，以符号 d_4^{20} 表示。但在普通的密度瓶法或密度计法中，以测定溶液对同温度水的密度比较方便，以 d_t^t 表示，称为视密度。d_{20}^{20} 表示某一液体在 20℃时对水在 20℃时的密度。对同一溶液来说，视密度总是比真密度大，即 $d_{20}^{20} > d_4^{20}$，这是因为水在 4℃时的密度比在 20℃时为大。若测定温度不在 20℃，而在 t℃时 d_t^{20} 可换算成 d_4^{20} 的数据。

$$d_4^{20} = d_t^{20} \times d_t$$

式中，d_t 为 t℃时水的密度。

密度瓶法是利用已知容积的同一密度瓶，在一定温度下，分别称取等体积的样品试液与蒸馏水的质量，两者的质量比就是该样品试液的密度。密度瓶见图 2.2。

2.1.3　仪器与材料

（1）仪器：密度瓶〔由瓶体、温度计（精度 0.1℃）、支管、磨口、支管磨口帽、出气孔组成〕。

（2）材料：液态食品、蒸馏水等。

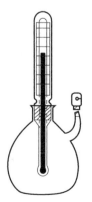

图 2.2　密度瓶
（引自吴谋成，
2002）

2.1.4　实验步骤

（1）密度瓶质量的测定：首先将全套的仪器洗净并烘干，冷却至室温，用万分之一的天平准确称量得 m_1（带温度计的塞子不要烘烤）。

（2）水容量的测定：将煮沸 30min 的蒸馏水冷却到 16～18℃，然后装满密度瓶，装上温度计（瓶中不能有气泡），立即将瓶子浸入（20±0.1）℃的恒温水浴中。当瓶内的温度计指示达 20℃保持 20min 不变后，取出密度瓶，用滤纸擦去溢出支管外的水，立刻盖上小帽。擦干密度瓶外的水，称出的质量为 m_2。

（3）样品密度的测定：倒出蒸馏水，密度瓶先用少量的乙醇和乙醚洗涤数次，烘干冷却。按上面的方法测定出密度瓶加被测液体的质量 m_3。

样品密度（d_{20}^{20}）按下式计算。

$$d_{20}^{20} = \frac{(m_3 - m_1) \times 0.998\,23}{m_2 - m_1}$$

式中，m_1 为密度瓶的质量，g；m_2 为密度瓶及水的质量，g；m_3 为密度瓶及样品的质量，g；0.998 23 为水在 20℃时的密度。

如果使用普通的密度瓶（图 2.3），则需在水浴中另插入温度计，其他操作和计算与上相同。

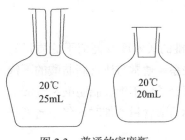

图 2.3　普通的密度瓶
（引自吴谋成，2002）

2.2　密度计法

2.2.1　实验目的

（1）学习密度计法的测定原理。

（2）掌握密度计法的测定方法，了解其意义。

2.2.2　实验原理

密度计是根据阿基米德原理制成的，即浸在液体里的物体受到向上的浮力，浮力大小等于物质排开液体的质量。密度计的质量是一定的，而液体的密度越大，密度计就浮得越高。因此，从密度计上的刻度可以直接读取相对密度的数值或某种溶质的质量分数。

密度计的种类很多，但结构和形式基本相同，都是由玻璃外壳制成的，头部呈球形或圆锥形，里面灌有铅珠、水银或其他重金属，使其能立于溶液中，中部是胖肚空腔，内有空气，因此能浮起，尾部是一细长管，内附有刻度标记，刻度是利用各种不同密度的液体标度的。食品检验中常用的密度计按其标度方法的不同，可分为普通密度计、锤度密度计、乳稠计、波美密度计等。

2.2.3　仪器与材料

（1）仪器：相对密度计、专用相对密度计（图 2.4）［如波美密度计、锤度密度计、乳稠计、酒精计、量筒、温度计等］。

（2）材料：糖浆溶液、乙醇溶液、牛奶等。

2.2.4　实验步骤

将被测试样沿筒壁缓缓注入量筒中，注意避免起泡，用温度计测量样液的温度。将所选用的相对密度计（或专用相对密度计）洗净擦干，缓缓放入盛有待测液体试样的量筒中，勿

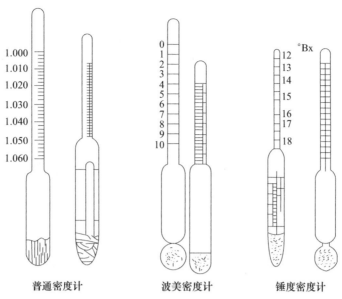

图 2.4　几种常见的密度计（引自张国文和胡秋辉，2017）

碰及容器四周及底部，保持试样温度在 20℃，待其静止后，再轻轻按下少许，然后使其自然上升，静止至无气泡冒出后，从水平位置观察与液面相交处的刻度（或专用相对密度计读数），即为试样的相对密度。如果测得温度不是 20℃，应对测得值加以校正。

2.2.5　结果计算

根据测定的密度计读数和溶液的温度，换算为相应的相对密度或溶质的质量分数。用乳稠计测定牛乳密度时，乳稠计按其标度方法不同分为两种：一种是按 20°/4° 标定的，另一种是按 15°/15° 标定的。两者的关系是：后者读数是前者读数加 0.002，即 $d_{15}^{15}=d_4^{20}+0.002$。对于 20°/4° 乳稠计，在 10～25℃，温度每升高 1℃，乳稠计读数平均下降 0.2°，即相当于相对密度值平均减小 0.0002。因此，当乳温高于标准温度 20℃时，每高 1℃应在得出的乳稠计读数上加 0.2°，乳温低于 20℃时，每低 1℃应减去 0.2°。

例 2-1　16℃时 20°/4° 乳稠计读数为 31°，换算为 20℃应为

$$31°-(20-16)\times 0.2°=31°-0.8°=30.2°$$

即牛乳的相对密度 $d_4^{20}=1.0302$，而 $d_{15}^{15}=1.0302+0.002=1.0322$。

例 2-2　25℃时 20°/4° 乳稠计读数为 29.8°，换算为 20℃应为

$$29.8°+(25-20)\times 0.2°=29.8°+1.0°=30.8°$$

即牛乳的相对密度 $d_4^{20}=1.0308$，而 $d_{15}^{15}=1.0308+0.002=1.0328$。

2.2.6　注意事项

（1）应根据被测试样的相对密度大小选用合适刻度范围的相对密度计，量筒的选取要根据密度计的长度确定。

（2）量筒应放在水平台面上，操作时应注意不要让密度计接触量筒壁及底部，待测液中不得有气泡。

（3）读数时应以密度计与液体形成的弯月面下缘为准。若液体颜色较深，不易看清弯月

面下缘时，则以弯月面上缘为准。

（4）锤度密度计的读数是溶液中溶质的质量分数的近似值。酒精度是 100mL 乙醇中含有无水乙醇的毫升数。

（5）取密度计时要轻拿轻放，非垂直状态下或倒立时不能手持尾部，以免折断密度计。

（6）该法操作简便迅速，但准确性较差，需要试液量多，且不适用于极易挥发的试液。

2.3　天平法

2.3.1　实验目的

（1）学习天平法的测定原理。

（2）掌握天平法测定的步骤及影响因素。

2.3.2　实验原理

20℃时，分别测定玻锤在水及试样中的浮力，由于玻锤所排开的水的体积与排开的试样的体积相同，根据玻锤在水中与试样中的浮力可计算试样的密度，试样密度与水密度比值为试样的相对密度。

2.3.3　仪器与设备

韦氏相对密度天平，如图 2.5 所示；分析天平，感量 1mg；恒温水浴锅等。

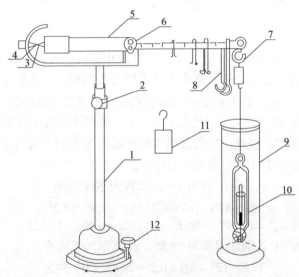

图 2.5　韦氏相对密度天平（引自国标 GB 5009.2—2016）

1. 支架；2. 升降旋钮；3、4. 指针；5. 横梁；6. 刀口；7. 挂钩；8. 游码；9. 玻璃圆筒；
10. 玻锤；11. 砝码；12. 调零旋钮

2.3.4　实验步骤

测定时将支架置于平面桌上，横梁架于刀口处，挂钩处挂上砝码，调节升降旋钮至适宜高度，旋转调零旋钮，使两指针吻合。然后取下砝码，挂上玻锤，将玻璃圆筒内加水至 4/5 处，使玻锤沉于玻璃圆筒内，调节水温至 20℃（即玻锤内温度计指示温度），试放 4 种游码，主横梁上两指针吻合，读数为 P_1，然后将玻锤取出擦干，加欲测试样于干净圆筒中，使玻锤浸入至与以前相同的深度，保持试样温度在 20℃，试放 4 种游码，至横梁上两指针吻合，记录读数为 P_2。玻锤放入圆筒内时，勿使其碰及圆筒四周及底部。

2.3.5　实验结果

试样的相对密度按下式计算。

$$d = \frac{P_2}{P_1}$$

式中，d 为试样的相对密度；P_1 为浮锤浸入水中时游码的读数，g；P_2 为浮锤浸入试样中时游码的读数，g。

计算结果表示到韦氏相对密度天平精度的有效位数（精确到 0.001）。

2.3.6　注意事项

精密度，在重复性条件下获得的两次独立测定结果的绝对差值不得超过算术平均值的 5%。

2.4　便携式密度计的使用

2.4.1　实验目的

（1）了解便携式密度计。
（2）掌握便携式密度计的原理及使用方法。

2.4.2　实验原理

密度或相对密度的测量：可取代液体玻璃浮计法（如密度计、石油计、酒精计、糖量计、玻璃石油密度计等）、密度瓶法和天平法。直接数字显示密度 $[g/cm^3，lb^{①}/gal(US)^{②}，lb/gal(IP)]$、相对密度（$t/t$）、温度补偿后的密度、温度补偿后的相对密度和样品的温度值。利用 U 形管振荡方式，适用于各种液体试样。

2.4.3　仪器

便携式密度计如图 2.6 所示。

2.4.4　实验步骤

2.4.4.1　准备

准备工作为：① 确定干电池放入主机中；② 确定取样管装入主机；③ 打开电源开关，按"On/Off"键超过 2s。

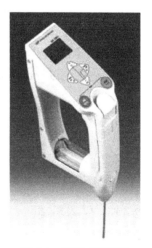

图 2.6　便携式密度计

---

① 1lb=0.453 592kg
② 1gal(US)=3.785 43L

2.4.4.2　校正

（1）按"Esc"和"Ok"键，显示在"Measure Unit"，按"Ok"，由"+""–"键选择至"Density"，按"Ok"，由"+""–"键选择至"g/cm³"，按"Esc"键。

（2）将取样管置于装有洗净溶剂的烧杯中，用食指按压吸入洗净溶剂，洗净溶剂流过测定槽，再将取样管置于废液烧杯中，用拇指按压排出洗净溶剂，重复此步骤数次。

（3）将取样管置于装有纯水的烧杯中，食指按压吸入纯水，纯水流过测定槽，再将取样管置于废液烧杯中，拇指按压排出纯水，重复此步骤数次。

（4）将取样管置于装有纯水的烧杯中，食指按压吸入纯水，纯水流过测定槽，按"Cal."键超过2s，显示"CALIB（Water）"，过一段时间，发出电子音，校正完毕，若显示值在±0.001g/cm³之内，由"+""–"键选择至"Yes"再按"Ok"，新的校正值存入（若显示值在±0.001g/cm³之外，由"+""–"键选择至"No"再按"Ok"，校正值不存入）。

（5）将取样管置于废液烧杯中，拇指按压排出纯水。

（6）日常测定时，仅需以纯水测定，检查密度值结果是否在±0.001g/cm³之内，如超过规范，请清洗测定槽并重新校正。

2.4.4.3　设定

（1）按"Esc"和"Ok"键，显示在"Measure Unit"，按"Ok"，由"+""–"键选择至欲测定的方法——Density（密度）、Comp. Density（温度补偿密度值）、SG（t/t）（相对密度）、SG（温度补偿相对密度值）、API（美国石油协会值）、Brix（糖度）、Alcohol（酒精度）、H₂SO₄（硫酸浓度）、Baume（波美度）、Plato（柏拉图度）、Proof（酒类强度）、Conc.（浓度），按"Ok"和"Esc"键，至"Function"（功能）。

（2）由"+""–"键选择功能——"Measure Unit"（测定方法）、"Temp. Unit"（测定温度单位选择）、"Measure Mode"（样品名称及测定型式）、"Calib. Mode"（校正方式）、"Interface"（界面参数设定）、"Beep"（电子音设定）、"LCD Contrast"（LCD亮度设定）、"Power"（电源自动关闭设定）、"Version No."（序号及版本）。

2.4.4.4　测定

将取样管置于装有样品的烧杯中，食指按压吸入样品，样品流过测定槽，按"Ok"键即开始测定，过一段时间，显示"×.××××"，即为测定结果。

2.4.5　注意事项

（1）测定时，请检查测定槽是否有气泡。

（2）测定完毕，请洗净测定槽，再关机。

（3）长时间不使用时，请取出电池。

2.4.6　仪器特点

（1）便携式密度计具有数字液晶屏和多样化的显示内容。

（2）测量范围广，操作简单，测定精度高，测试速度快。

（3）内置纯水密度表，校正容易，可执行空气或标准物质校正。

（4）可输入10组温度补偿值，自动执行密度或相对密度补偿。

（5）试样需求量少，只需单手便可控制采样体积和采样速度。

（6）便携式密度计内置吸液泵，可抽取约 2000mPa · s 的液体。

（7）存储 1～100 组测量结果，可输出至选配打印机或计算机。

（8）便携式密度计内置红外线输出装置，具有数据收集软件。

【复习与思考题】

1. 测定密度的意义是什么?
2. 视密度与真密度的区别有哪些?

【实验结果】

_____

_____

_____

_____

【实验关键点】

_____

_____

_____

_____

【素质拓展资料】

A Method to Determine the Density of Foods Using X-ray Imaging

扫码见内容

实验 3 折光法在食品分析中的应用

折光法对于快速计算生产中的物料平衡、实行工艺监督等方面具有重要意义。通过测定食品中可溶性固形物的含量可以鉴别物质的组成，确定物质的纯度、浓度及判断物质的品质。食品中的固形物含量是食品行业一个常用的技术参数，指液体或流体食品中可溶解于水的化合物的总称。通过测定固形物含量可以判断食品的品质及其稳定性，固形物含量也是判断食品品质的指标之一。常用的测定仪器有手持式折光仪和阿贝折光仪。

3.1 果汁等折光率的测定

3.1.1 实验目的

（1）学习并掌握测定物质折光率的方法。

（2）正确掌握手持式折光仪和阿贝折光仪的使用方法。

3.1.2 实验原理

均一物质的折光率是其特征常数，其大小取决于入射光的波长、介质的温度及溶质的浓度。对于同一种物质，浓度不同时折光率也不相同。因此，测定样品的折光率，可以确定物质的浓度，判断其均一程度和纯度。

折光仪是利用临界角原理测定物质折光率的仪器。光线从光疏介质射向光密介质，当发生全反射时，所有的入射光全部折射在临界角以内，临界角以外无光线，致使临界线左边明亮，右边完全黑暗，形成明显的黑白分界。利用这一原理，由实验可测出临界角，求出被检液的折光率。

3.1.3 试剂与仪器

3.1.3.1 试剂

葡萄糖溶液、果汁饮料、罐头、油脂等；乙醚、乙醇、脱脂棉、纱布等。

3.1.3.2 仪器

手持式折光仪、阿贝折光仪、组织捣碎机、小烧杯、玻璃棒（一头烧成圆形）或滴管、布氏漏斗等。

3.1.4 实验步骤

3.1.4.1 样品处理

（1）透明的液体制品：将试样充分混匀，直接测定。

（2）半黏稠制品（果浆、菜浆类制品）：将试样充分混匀，用4层纱布挤出滤液，弃去最初几滴，收集滤液供测试用。

（3）固相和液相分开的制品：按固液相的比例，将样品用组织捣碎机捣碎后，用4层纱布挤出滤液用于测定。

（4）黏稠制品（果酱、果冻等）：称取适量（40g以下，精确到0.01g）的待测样品至已称量的烧杯中，加入100～150mL蒸馏水，用玻璃棒搅拌，并缓和煮沸2～3min，冷却并充分混匀。20min后称量，精确到0.01g，然后用槽纹漏斗或布氏漏斗过滤至干燥容器内，取滤液用于测定。

3.1.4.2 测定

1）手持式折光仪　　测定前，先使标准液（蒸馏水）、仪器及待测液体处于同一温度。使用时先打开照明棱镜盖板，用水洗净进光棱镜和折光棱镜，用脱脂棉或软布擦拭干净。取蒸馏水1～2滴，滴在折光棱镜上，轻轻合上盖板，使溶液均匀分布于棱镜表面，并将仪器进光板对准光源或明亮处，眼睛通过接目镜观察视场，如果视场明暗分界线不清楚，则旋转视度调节圈（接目镜）使视场清晰，再旋转校零螺钉，使明暗分界线置于零位。然后擦净蒸馏水，换上测试溶液，读取明暗分界线处的刻度值，即为所测试溶液的含糖浓度（质量分数）。

2）阿贝折光仪

（1）仪器校正：使用前首先要对仪器进行校正。通常用测定蒸馏水折光率的方法进行校正，20℃时纯水的折光率为1.332 99，或可溶性固形物含量为0。若校正时温度不是20℃，应查出该温度下水的折光率值再进行校正（表2.1）。若温度不是整数，则用内插法求对应温度下的折光率。校正时，放平仪器，打开两棱镜，用脱脂棉蘸乙醚擦净上下棱镜，待乙醚挥干后，滴1～2滴蒸馏水于进光棱镜中央，闭合棱镜并锁紧后，调节反光镜，使两镜筒内视野最亮。由目镜观察，转动棱镜旋钮，使视野出现明暗两部分。转动色散补偿器，使视野中只有黑白两色。转动棱镜旋钮，使明暗分界线刚好在十字线交叉点上。从读数镜筒中读取折光率，若示值不符，则用附件方孔调节扳手转动示值调节螺钉，把示值旋至纯水折光率数值处，校正完毕后，在以后的测定过程中螺钉不允许再动。

表 2.1　蒸馏水在 10～30℃的折光率（引自高向阳和宋莲军，2013）

温度/℃	纯水折光率	温度/℃	纯水折光率	温度/℃	纯水折光率
10	1.333 71	17	1.333 24	24	1.332 63
11	1.333 63	18	1.333 16	25	1.332 53
12	1.333 59	19	1.333 07	26	1.332 42
13	1.333 53	20	1.332 99	27	1.332 31
14	1.333 46	21	1.332 90	28	1.332 20
15	1.333 39	22	1.332 81	29	1.332 08
16	1.333 32	23	1.332 72	30	1.331 96

对于高刻度值部分，用具有一定折光率的标准玻璃块（仪器附件，上面刻有固定的折光率）校准。将标准玻璃块的抛光面加一滴溴代萘，贴在折射棱镜的抛光面上，注意棱镜与标准玻璃块之间不得有气泡，同上方法调节读数镜内刻度等于玻璃块上的刻度值。

（2）样品测定：测量前必须将进光棱镜和折射棱镜擦洗干净，若用脱脂棉球蘸取乙醇（或乙醚）清洗时必须干后再滴加被测液体进行清洗。加 1～2 滴样液于进光棱镜的磨砂面上，迅速闭合两棱镜，静置 1min，要求液体均匀无气泡并充满视场。调节两反射镜使两镜筒视场明亮。旋转棱镜转动手轮使棱镜组转动，在望远镜中观察明暗分界线上下移动，同时旋转阿米西棱镜手轮使视场中除黑白二色外无其他颜色。当视场中无其他颜色且分界线在十字线中心时，观察读数镜视场所指示刻度值，即为样液的折光率或糖溶液的糖浓度，并记录棱镜温度。测定后用软布擦拭棱镜表面并使其干燥，垫上一层镜头纸，盖好镜头，放入盒子内保存。若为油类样，用乙醇或乙醚擦拭。

3.1.5　实验结果

3.1.5.1　折光率

折光率通常规定在 20℃时测定。如测定温度不在 20℃时，必须按下式换算为 20℃时的折光率（n^{20}）。

$$n^{20} = n^t + 0.000\,38 \times (t - 20)$$

式中，n^{20} 为样品温度为 20℃时的折光率；n^t 为样品温度为 t℃时测得的折光率；t 为测定折光率时的样品温度，℃；0.000 38 为样品温度在 10～30℃时每差 1℃时折光率的校正系数。

3.1.5.2　可溶性固形物

如折光计标尺刻度为百分数，则读数即为可溶性固形物的百分率，按可溶性固形物对温度校正表（表 2.2）换算成 20℃标准的可溶性固形物百分率。例如，测量温度为 30℃，测得固形物含量为 15%。由表 2.2 中查得 30℃时的修正值为 0.78，则糖成分的准确读数为：15%+0.78%=15.78%。

表 2.2　不同温度下可溶性固形物含量校正值（引自高向阳和宋莲军，2013）

温度 /℃	可溶性固形物含量 /%														
	0	5	10	15	20	25	30	35	40	45	50	55	60	65	70
	应减去之校正值														
10	0.50	0.54	0.58	0.61	0.64	0.66	0.68	0.70	0.72	0.73	0.74	0.75	0.76	0.78	0.79
11	0.46	0.49	0.53	0.55	0.58	0.60	0.62	0.64	0.65	0.66	0.67	0.68	0.69	0.70	0.71
12	0.42	0.45	0.48	0.50	0.52	0.54	0.56	0.57	0.58	0.59	0.60	0.61	0.61	0.63	0.63
13	0.37	0.40	0.42	0.44	0.46	0.48	0.49	0.50	0.51	0.52	0.53	0.54	0.54	0.55	0.55
14	0.33	0.35	0.37	0.39	0.40	0.41	0.42	0.43	0.44	0.45	0.45	0.46	0.46	0.47	0.48
15	0.27	0.29	0.31	0.33	0.34	0.34	0.35	0.36	0.37	0.37	0.38	0.39	0.39	0.40	0.40
16	0.22	0.24	0.25	0.26	0.27	0.28	0.28	0.29	0.30	0.30	0.30	0.31	0.31	0.32	0.32
17	0.17	0.18	0.19	0.20	0.21	0.21	0.21	0.22	0.22	0.23	0.23	0.23	0.23	0.24	0.24
18	0.12	0.13	0.13	0.14	0.14	0.14	0.14	0.15	0.15	0.15	0.15	0.16	0.16	0.16	0.16
19	0.06	0.06	0.06	0.07	0.07	0.07	0.07	0.08	0.08	0.08	0.08	0.08	0.08	0.08	0.08

温度 /℃	可溶性固形物含量 /%														
	0	5	10	15	20	25	30	35	40	45	50	55	60	65	70
	应加上之校正值														
21	0.06	0.07	0.07	0.07	0.07	0.08	0.08	0.08	0.08	0.08	0.08	0.08	0.08	0.08	0.08
22	0.13	0.13	0.14	0.14	0.15	0.15	0.15	0.15	0.15	0.16	0.16	0.16	0.16	0.16	0.16
23	0.19	0.20	0.21	0.22	0.22	0.23	0.23	0.23	0.23	0.24	0.24	0.24	0.24	0.24	0.24
24	0.26	0.27	0.28	0.29	0.30	0.30	0.31	0.31	0.31	0.31	0.31	0.32	0.32	0.32	0.32
25	0.33	0.35	0.36	0.37	0.38	0.38	0.39	0.40	0.40	0.40	0.40	0.40	0.40	0.40	0.40
26	0.40	0.42	0.43	0.44	0.45	0.46	0.47	0.48	0.48	0.48	0.48	0.48	0.48	0.48	0.48
27	0.48	0.50	0.52	0.53	0.54	0.55	0.56	0.56	0.56	0.56	0.56	0.56	0.56	0.56	0.56
28	0.56	0.57	0.60	0.61	0.62	0.63	0.63	0.64	0.64	0.64	0.64	0.64	0.64	0.64	0.64
29	0.64	0.66	0.68	0.69	0.71	0.72	0.72	0.73	0.73	0.73	0.73	0.73	0.73	0.73	0.73
30	0.72	0.74	0.77	0.78	0.79	0.80	0.80	0.81	0.81	0.81	0.81	0.81	0.81	0.81	0.81

如折光计读数标尺刻度为折光率，折光率与可溶性固形物（或以质量计的蔗糖百分率）的关系可查表（对于透明液体、半黏稠、含悬浮物的饮料制品的换算可查表 2.3），按表 2.3 先查出可溶性固形物，再按可溶性固形物对温度校正表（表 2.2）换算成 20℃标准的可溶性固形物含量。

表 2.3　20℃时折光率与可溶性固形物含量换算表（引自高向阳和宋莲军，2013）

折光率	可溶性固形物含量 /%	折光率	可溶性固形物含量 /%	折光率	可溶性固形物含量 /%	折光率	可溶性固形物含量 /%	折光率	可溶性固形物含量 /%	折光率	可溶性固形物含量 /%
1.3330	0.0	1.3549	14.5	1.3793	29.0	1.4066	43.5	1.4373	58.0	1.4713	72.5
1.3337	0.5	1.3557	15.0	1.3802	29.5	1.4076	44.0	1.4385	58.5	1.4725	73.0
1.3344	1.0	1.3565	15.5	1.3811	30.0	1.4086	44.5	1.4396	59.0	1.4737	73.5
1.3351	1.5	1.3573	16.0	1.3820	30.5	1.4096	45.0	1.4407	59.5	1.4749	74.0
1.3359	2.0	1.3582	16.5	1.3829	31.0	1.4107	45.0	1.4418	60.0	1.4762	74.5
1.3367	2.5	1.3590	17.0	1.3838	31.5	1.4117	46.0	1.4429	60.5	1.4774	75.0
1.3374	3.0	1.3598	17.5	1.3847	32.0	1.4127	46.5	1.4441	61.0	1.4787	75.5
1.3381	3.5	1.3606	18.0	1.3856	32.5	1.4137	47.0	1.4453	61.5	1.4799	76.0
1.3388	4.0	1.3614	18.5	1.3865	33.0	1.4147	47.5	1.4464	62.0	1.4812	76.5
1.3395	4.5	1.3622	19.0	1.3874	33.5	1.4158	48.0	1.4475	62.5	1.4825	77.0
1.3403	5.0	1.3631	19.5	1.3883	34.0	1.4269	48.5	1.4486	63.0	1.4838	77.5
1.3411	5.5	1.3639	20.0	1.3893	34.5	1.4279	49.0	1.4497	63.5	1.4850	78.0
1.3418	6.0	1.3647	20.5	1.3902	35.0	1.4289	49.5	1.4509	64.0	1.4863	78.5
1.3425	6.5	1.3655	21.0	1.3911	35.5	1.4200	50.0	1.4521	64.5	1.4876	79.0
1.3433	7.0	1.3663	21.5	1.3920	36.0	1.4211	50.5	1.4532	65.0	1.4888	79.5
1.3441	7.5	1.3672	22.0	1.3929	36.5	1.4221	51.0	1.4544	65.5	1.4901	80.0
1.3448	8.0	1.3681	22.5	1.3939	37.0	1.4231	51.5	1.4555	66.0	1.4914	80.5
1.3456	8.5	1.3689	23.0	1.3949	37.5	1.4242	52.0	1.4570	66.5	1.4927	81.0
1.3464	9.0	1.3698	23.5	1.3958	38.0	1.4253	52.5	1.4581	67.0	1.4941	81.5
1.3471	9.5	1.3706	24.0	1.3968	38.5	1.4264	53.0	1.4593	67.5	1.4954	82.0
1.3479	10.0	1.3715	24.5	1.3978	39.0	1.4275	53.5	1.4605	68.0	1.4967	82.5
1.3487	10.5	1.3723	25.0	1.3987	39.5	1.4285	54.0	1.4616	68.5	1.4980	83.0
1.3494	11.0	1.3731	25.5	1.3997	4 0.0	1.4296	54.5	1.4628	69.0	1.4993	83.5
1.3502	11.5	1.3740	26.0	1.4007	40.5	1.4307	55.0	1.4639	69.5	1.5007	84.0
1.3510	12.0	1.3749	26.5	1.4016	41.0	1.4318	55.5	1.4651	70.0	1.5020	84.5
1.3518	12.5	1.3758	27.0	1.4026	41.5	1.4329	56.0	1.4663	70.5	1.5033	85.0
1.3526	13.0	1.3767	27.5	1.4036	42.0	1.4340	56.5	1.4676	71.0		
1.3533	13.5	1.3775	28.0	1.4046	42.5	1.4351	57.0	1.4688	71.5		
1.3541	14.0	1.3784	28.5	1.4056	43.0	1.4362	57.5	1.4700	72.0		

同一样品两次测定值之差，不应大于 0.5%。可取两次测定的算术平均值作为结果，精确到小数点后一位。

如果是未稀释透明液体或半黏稠制品或固、液相分开的制品，可溶性固形物含量与折光计上所读得的数值相等。如果是稀释的黏稠制品，可溶性固形物含量按下式计算。

$$X = \frac{w \times m_1}{m_0}$$

式中，X 为可溶性固形物含量，%；w 为稀释溶液里可溶性固形物的质量分数，%；m_1 为稀释后的样品质量，g；m_0 为稀释前的样品质量，g。

3.1.6　注意事项

（1）操作仪器时，要轻拿轻放，切忌用力过猛而损坏仪器。手上沾有被测液体时不要触摸折光仪各部件，以免不好清洗。

（2）折光棱镜为软质玻璃，注意防止刮花。

（3）对颜色深的样品宜用阿贝折光仪的反射光进行测定，以减少误差。方法是调整反光镜，使无光线从进光棱镜射入，同时揭开折射棱镜的旁盖，使光线由折射棱镜的侧孔射入。

（4）通常规定在 20℃时测定样品，如测定温度不是 20℃，可按实际的测定温度，查温度校正表进行校正。若室温在 10℃以下或 30℃以上时，一般不宜查表校正，可在棱镜周围通以恒温水流，使试样达到规定温度后再测定。

（5）滴在进光棱镜面上的液体要均匀分布在棱镜面上，并保持水平状态合上两棱镜，保证棱镜缝隙中充满液体。

（6）仪器使用前后及更换样品时，必须先清洗干净折射棱镜系统的工作表面，严禁直接放入水中清洗，应用干净柔软的绒布蘸水或脱脂棉蘸乙醇擦拭干净。

（7）被测试液不能含有固体杂质，测试固体样品时应防止折射棱镜的工作表面拉毛或产生压痕，严禁测试腐蚀性较强的样品。

（8）仪器应存放于干燥、无尘、无油污和无腐蚀气体的地方，以免光学器件腐蚀或生霉。

（9）使用手持式折光仪时，换挡旋钮应旋到位，以免影响读数。

（10）要对仪器进行校正才能得到正确的结果。

3.2　植物油折光率的测定

3.2.1　实验目的

（1）掌握油脂折光率的测定方法。

（2）熟悉折光仪的使用。

3.2.2　实验原理

油脂的折光率又称折光指数，在规定的温度下，用折光仪可直接测定液态试样的折光指数，本法适用于植物油脂折光率的测定。

3.2.3　试剂与仪器

3.2.3.1　试剂

（1）己烷或其他合适的溶剂，如石油醚、丙酮或甲苯：用于清洗折光仪棱镜。

（2）样品：植物油。

3.2.3.2　仪器

（1）阿贝折光仪或其他折光仪：折光指数 n_D=1.330～1.700，折光指数可读至 ±0.0001。

（2）超级恒温槽或恒温水浴：控温精度至少为 ±0.1℃。

3.2.4　实验步骤

3.2.4.1　试样处理

1）混合及过滤

（1）澄清、无沉淀的样品：振摇装有实验室样品的密闭容器，使样品尽可能均匀。

（2）浑浊或有沉淀物的液态样品：将装有实验样品的容器置于50℃的干燥箱内，当样品温度达到50℃后，振摇装有实验样品的密闭容器，使样品尽可能均匀。如果加热混合后样品没有完全澄清，可在50℃恒温干燥箱内将油脂过滤或用热过滤漏斗过滤。为避免脂肪物质因氧化或聚合而发生变化，样品在干燥箱内放置的时间不宜太长。过滤后的样品应完全澄清。

2）干燥　　将充分混合的样品按10g样品加1～2g的比例加入无水硫酸钠，然后置于高于熔点10℃的干燥箱中，干燥时间应尽可能短，最好在氮气流保护下干燥。将热样品与无水硫酸钠充分搅拌后，过滤。

3.2.4.2　测定步骤

Ⅰ. 折光仪校正：同果汁可溶性固形物含量测定中的步骤。

Ⅱ. 折光仪棱镜温度的调控：加热超级恒温槽中的循环水，使水温达到高于样品的熔点并且接近规定的参考温度后，调节温控仪使其保持恒温，将该温水循环通过折光仪，数分钟后，用精密温度计测量折光仪流出水的温度（即实际测定温度），如该温度 t_1 与参照温度 t 之间的差异等于或小于3℃，就可开始样品测定，否则，重新调整超级恒温槽中的循环水温使其达到该要求。

参考温度如下。

（1）20℃：适用于该温度条件下完全液态的油脂。

（2）40℃：适用于20℃条件下不能完全熔化，40℃条件下能完全熔化的油脂。

Ⅲ. 样品测定：先用软布，再用己烷湿润的棉球擦净进光棱镜和折射棱镜，让其自然干燥。其余步骤同果汁可溶性固形物含量测定中的步骤。

Ⅳ. 测定结束后，立即用软布，再用己烷湿润的棉球擦净棱镜表面，让其自然干燥。

3.2.5　实验结果

如果测定温度 t_1 与参照温度 t 之间差异小于3℃，则按下式计算在参照温度 t 下的折光指数 n_D^t。

$$n_D^t = n_D^{t_1} + (t_1 - t)F$$

式中，t_1 为测定温度，℃；t 为参照温度，℃；F 为校正系数（当 t=20℃时，F=0.000 35；

当 t=40℃时，F=0.00036）。

如果测定温度 t_1 与参照温度 t 之间的差异等于或大于 3℃时，重新进行测定。测定结果取至小数点后第 4 位。

3.2.6 注意事项

用玻璃棒向棱镜上滴加样液时勿使玻璃棒触及棱镜，以防损伤棱镜表面。

【复习与思考题】

1. 测定食品折光率的意义是什么？
2. 手持式折光仪和阿贝折光仪各有何注意事项？
3. 总固形物和可溶性固形物有何区别？

【实验结果】

_____

_____

_____

_____

【实验关键点】

_____

_____

_____

_____

【素质拓展资料】

扫码见内容 1　　扫码见内容 2

WAY 阿贝折光仪使用说明书（内容 1）

Index of Refraction of Oils and Fats（内容 2）

实验 4　旋光法在食品分析中的应用

淀粉、蔗糖、葡萄糖、乳酸、味精等是光学活性物质，当偏振光通过光学活性溶液时，偏振面发生旋转。利用专门的仪器——旋光仪可以测定各种光学活性物质偏振面的旋转方向和旋转角度的大小，即所谓的各种光学活性物质的旋光度。然后根据比旋光度的公式计算光学活性物质的浓度。旋光度的大小随光源的波长，液层厚度，光学活性物质的种类、浓度，溶剂性质及温度而异。在一定条件（温度、浓度、溶剂、波长）下，每一种具有旋光性的物质都具有一定的比旋光度。比旋光度是每一种光学活性物质的特征常数，可从有关手册上查得。比旋光度 $[\alpha]_D^t$ 即表示 100mL 中含 100g 溶质的溶液在 1dm 的液层厚度时所测得的旋光角度。在一定温度和一定光源下，当溶液浓度为 1mL 中含光学活性物质 1g、液层厚度为 1dm 时，偏振面所选择的角度，叫作该物质的比旋光度。

4.1　旋光法测定谷物淀粉的含量

4.1.1　实验目的

（1）了解旋光法测定谷物淀粉含量的原理和方法。
（2）了解旋光仪的构造和工作原理。

4.1.2　实验原理

在加热及酸作用下，淀粉水解转入溶液，以亚铁氰化钾和乙酸锌沉淀蛋白质。澄清后用旋光仪测定溶液的旋光度，在特定条件下，淀粉的比旋光度确定，可测出谷物种子中淀粉的含量。测定时先将部分样品用稀盐酸水解，澄清和过滤后用旋光法测定；另一部分样品用体积分数为 40% 的乙醇溶液萃取出可溶性糖和相对分子质量低的多糖后，再用盐酸水解测定旋光度。

4.1.3　试剂与仪器

4.1.3.1　试剂

除非另有规定，本方法中所用试剂均为分析纯。
（1）0.309mol/L 盐酸溶液：用水将 9.5mL 盐酸（1.19g/mL）稀释至 1L。
（2）7.7mol/L 盐酸溶液：用水将 236mL 盐酸（1.19g/mL）稀释至 1L。
（3）体积分数为 40% 的乙醇溶液。
（4）10.6g/100mL 亚铁氰化钾溶液：10.6g 三水亚铁氰化钾 $[K_4Fe(CN)_6 \cdot 3H_2O]$ 溶于水，稀释至 100mL。
（5）21.9g/100mL 乙酸锌溶液：21.9g 二水乙酸锌 $[Zn(CH_3COO)_2 \cdot 2H_2O]$ 溶于水中，加入 3g 冰醋酸，用水稀释至 100mL。
（6）辛醇。

4.1.3.2　仪器

WZZ-2B 型自动旋光仪、天平、沸水浴设备等。

4.1.3.3　样品

玉米淀粉或面粉等。

4.1.4　实验步骤

4.1.4.1　样品处理

（1）如果实验样品粒度超过 0.5mm，可将样品磨碎并用 0.5mm 孔径的筛子过筛，混匀后准确称取 2.5g 样品，置于烧杯中，加入 0.309mol/L 盐酸溶液 25mL，搅拌分散均匀，再加入 0.309mol/L 盐酸溶液 25mL。
（2）将烧杯盖上表面皿，置于沸水浴中并不停振摇或者放入装有磁力搅拌器的沸水浴中低速搅拌，防止样品黏附在烧杯壁上，若泡沫过多，可加入 1~2 滴辛醇消泡。在沸水浴中准确加热 15min 后，取出，迅速加入 30mL 冷水，用流水快速冷却至 20℃。

（3）加入亚铁氰化钾溶液和乙酸锌溶液各 5mL，振摇 1min，转移至 100mL 容量瓶中并定容至刻度，然后过滤取滤液。

4.1.4.2 样品总旋光度的测定

将滤液装入 200mm 的旋光管中，用 WZZ-2B 型自动旋光仪测定溶液的旋光度 α_1。

4.1.4.3 可溶性物质旋光度的测定

（1）准确称取样品 5.0g，置于 250mL 具塞锥形瓶中，加入约 80mL 乙醇溶液，室温下放置 1h，在其间剧烈摇动 6 次，以保证样品与乙醇充分混合，并注意放气以防止冲开瓶塞。然后用乙醇溶液定容至 100mL，摇匀后过滤。

（2）吸取 50mL 滤液（相当于 2.5g 样品）放入 250mL 回流烧瓶中，加 7.7mol/L 盐酸溶液 2.1mL，剧烈摇动。接上回流冷凝管，置于沸水浴中准确加热 15min，取出冷却至 20℃。

（3）加入亚铁氰化钾溶液和乙酸锌溶液各 5mL，振摇 1min，转移至 100mL 容量瓶中并定容，然后过滤取滤液。

（4）将滤液装入 200mm 的旋光管中，用旋光仪测定溶液的旋光度 α_2。

4.1.5　结果计算

谷物中淀粉的含量按下式计算。

$$\omega = \frac{2000}{\alpha_D^{20}} \times \left[\frac{2.5\alpha_1}{m_1} - \frac{5\alpha_2}{m_2} \right] \times \frac{100}{100 - \omega_0}$$

式中，ω 为干样品中淀粉的质量分数，%；α_1 为测得的总旋光度，(°)；α_2 为测得的醇溶物质的旋光度，(°)；m_1 为测定总旋光度时样品的质量，g；m_2 为测定醇溶物质旋光度时样品的质量，g；ω_0 为样品中水的质量分数，%；α_D^{20} 为纯淀粉在 589.3nm 波长下的比旋光度（表 2.4）。

表 2.4　不同淀粉在 20℃时的比旋光度（引自高向阳和宋莲军，2013）

淀粉类型	比旋光度 / (°)
大米淀粉	+185.9
马铃薯淀粉	+185.7
玉米淀粉	+184.6
小麦淀粉	+182.7
大麦淀粉	+181.5
燕麦淀粉	+181.3
其他淀粉和淀粉混合物	+184.0

4.1.6　注意事项

（1）本方法适用于原淀粉中淀粉含量的测定，不适用于直链淀粉含量高的原淀粉、变性淀粉和预糊化淀粉含量的测定。

（2）温度对旋光度有很大影响，如测定时样品溶液的温度不是 20℃，应进行校正。

4.2　旋光法测定味精的纯度

4.2.1　实验目的

（1）了解味精纯度测定的原理。

（2）掌握自动旋光仪的使用方法。

4.2.2　实验原理

味精在 2mol/L 盐酸溶液中以谷氨酸形式存在，谷氨酸含有不对称碳原子，具有旋光性，可用旋光仪测定其旋光度。在 20℃时纯谷氨酸的比旋光度 $[\alpha]_D^{20} = +32$。在一定温度下测定样品的旋光度，与该温度下纯 L- 谷氨酸的比旋光度比较，即可计算出味精的纯度。

4.2.3　试剂与仪器

WZZ-2B 型自动旋光仪、100mL 容量瓶，味精、2mol/L 盐酸溶液等。

4.2.4　实验步骤

4.2.4.1　样品溶液的配制

准确称取味精样品 10.00g，加 40～50mL 蒸馏水溶解。在搅拌状态下加入盐酸 16mL，使味精全部溶解。冷却至室温，全部转入 100mL 容量瓶中，定容至刻度。

4.2.4.2　调试旋光仪

打开旋光仪电源开关，经预热后，使钠光灯发出稳定的光。取 16mL 盐酸，用蒸馏水定容至 100mL。装满旋光管，放进样品室，调零。

4.2.4.3　样品溶液的测定

用样品溶液润洗旋光管三次，装满样品溶液后放进样品室，记录旋光仪的读数，并记录测定时刻该样品溶液的温度。

4.2.5　结果计算

（1）根据测定的旋光度 α，用下式计算出样品溶液中 L- 谷氨酸的浓度 ρ。

$$\rho = \frac{\alpha \times 100}{L \times [\alpha]_D^t}$$

式中，ρ 为谷氨酸质量浓度，g/100mL；α 为测得的旋光度；L 为旋光管的长度，dm；$[\alpha]_D^t$ 为测定温度为 t℃时，L-谷氨酸的比旋光度。

$$[\alpha]_D^t = 32 + 0.06 \times (20 - t)$$

（2）根据样品中 L- 谷氨酸的浓度，计算样品中味精的纯度（以谷氨酸钠计）。

样品中味精的浓度（$\rho_味$）用下式计算。

$$\rho_味 = \rho \times \frac{187.13}{147.13}$$

味精的纯度（ω）用下式计算。

$$\omega = \frac{V \times \rho_味}{m} = \frac{V \times \alpha \times 100 \times \dfrac{187.13}{147.13}}{L \times [32 + 0.06(20 - t)] \times m}$$

式中，V 为味精溶液的体积，mL；m 为样品的质量，g；187.13 为含 1 分子结晶水的谷氨酸钠的相对分子质量；147.13 为谷氨酸的相对分子质量。

4.2.6　WZZ-2B型自动旋光仪的操作方法

（1）接通电源，要求使用交流电子稳压器（1kV·A）。

（2）打开电源，钠光灯在交流工作状态下起辉，经 5min 钠光灯激活后，才能稳定发光。

（3）打开光源开关，若光源开关打开，钠光灯熄灭，则将光源开关重复扳动，使钠光灯在直流电下点亮，仪器预热 20min。

（4）按"测量"键，液晶屏上应有数字显示。开机后"测量"键只需按一次，如果误按该键，则仪器停止测量，液晶屏无显示。可再次按"测量"键重新显示，但需要重新调零。

（5）将装有蒸馏水或者其他空白试剂的旋光管放入样品室，盖上箱盖，待读数稳定后，按"清零"键。

（6）取出管子，将待测样品注入旋光管，按照相同的位置和方向放入样品室，盖好箱盖，仪器显示该样品的旋光度，此时指示灯"1"点亮，按"复测"键一次，指示灯"2"点亮，表示仪器显示第一次复测结果，再次按"复测"键，指示灯"3"点亮，表示仪器显示第二次复测结果。按"123"键，可切换显示各次测定的旋光度。按"平均"键，显示平均值，指示灯"AV"点亮。

（7）如果样品超过测量范围，仪器在 ±45° 处来回振荡。此时，取出旋光管，将试液稀释 1 倍再测。

（8）仪器使用完毕后，应依次关闭光源、电源开关。

4.2.7　注意事项

（1）旋光管中若有气泡，应先让气泡浮在凸颈处。管两端的螺帽不宜旋得过紧，以免产生应力，影响读数。

（2）旋光管注入试液时应先用试液冲洗 3～5 次。通光面两端的雾状水滴应用软布拭干，旋光管放置时应标记位置和方向。

（3）钠光灯在直流供电系统出现故障不能点亮时，也可在交流供电的情况下测试，但仪器的性能可能略有降低。

4.3　旋光法测定蔗糖转化速率常数

4.3.1　实验目的

（1）了解蔗糖转化速率常数测定的意义。
（2）掌握旋光法测定蔗糖转化速率常数的原理和测定方法。

4.3.2　实验原理

在酸性条件下，蔗糖在水中转化为葡萄糖和果糖。

$$C_{12}H_{22}O_{11}(蔗糖) + H_2O \xrightarrow{H^+} C_6H_{12}O_6(葡萄糖) + C_6H_{12}O_6(果糖)$$

这是一个二级反应，但在 H^+ 浓度和水量保持不变时，反应可视为一级反应，反应速率方程式可表示为$-\dfrac{dc}{dt}=kc$，积分后可得$\ln\dfrac{c}{c_0}=-kt$。因此，在不同时间测定反应物的相对浓度（c），c_0为反应物初始浓度，t为反应时间，并以$\ln c$对t作图，可得一直线，由直线斜率即可求得反应速率常数k。

本实验中的反应物及产物均有旋光性，且旋光能力不同，在溶剂性质、溶液浓度、样品管长度及温度等条件均固定时，旋光度与反应物浓度呈线性关系。

$$\alpha_0 = k_{蔗糖}c_0$$

$$\alpha_t = k_{蔗糖}c_t + (k_{葡萄糖} + k_{果糖})(c_0 - c_t)$$

$$\alpha_\infty = (k_{葡萄糖} + k_{果糖})c_0$$

联立上述三式并代入积分式，可得

$$\ln(\alpha_t - \alpha_\infty) = -kt + \ln(\alpha_0 - \alpha_\infty)$$

以$\ln(\alpha_0 - \alpha_\infty)$对$t$作图可得一直线，从直线斜率可得反应速率常数$k$。

4.3.3　试剂与仪器

4.3.3.1　试剂

① 水——蒸馏水或去离子水；② 盐酸（4mol/L），准确移取50mL AR级盐酸于200mL烧杯中，加水至600mL；③ 蔗糖，AR级。

4.3.3.2　仪器

① WZZ-2B型自动旋光仪或者圆盘旋光仪；② 超级恒温槽；③ 天平，感量为0.01g；④ 其他，如具塞大试管（50mL）4支、移液管（25mL）2支、具塞锥形瓶（150mL）1个等。

4.3.4　实验步骤

（1）将超级恒温槽调节到（50.0±0.1）℃，以保持恒温。

（2）旋光仪先预热20min。

（3）旋光仪零点的校正：旋光管注入蒸馏水，无气泡，旋紧，擦净。调节圆盘旋光仪目镜使视野清晰，旋转检偏镜至观察到的三分视野暗度相等为止，记下检偏镜的旋转角α，即为旋光仪的零点。WZZ-2B型自动旋光仪则"清零"即可。

（4）蔗糖水解过程中的测定：称取10g蔗糖，加入50mL蒸馏水配成溶液（若溶液浑浊，应过滤）。用移液管取25mL蔗糖溶液置于100mL锥形瓶中。移取25mL盐酸溶液（4mol/L）于另一100mL烧杯中。将盐酸溶液迅速倒入蔗糖中，充分混合，同时开始计时。将混合液装满旋光管（长度为20cm），测量不同时间t时溶液的旋光度。测定时要迅速准确，当将三分视野暗度调节相同后，先记下时间，再读取旋光度。每隔一定时间，读取一次旋光度，开始时，可每分钟读一次，15min后（读取15个数值），改为每2min读一次，再读取15个数值（30min）。共测定45min，获得30个数值。

（5）旋光度的测定：将上述蔗糖盐酸混合液转入一洁净具塞锥形瓶中，加塞后置于近50℃的水浴中，恒温30min以加速反应，然后冷却至室温，按上述操作，测定其旋光度，持续约5min，若旋光度不发生变化，可以认为反应完全，此值即可认为是最终结果。若旋光度一直在变化，则还没有反应完全，应重新加热继续反应。

4.3.5　结果计算

（1）将实验数据记录于表 2.5。

表 2.5　实验数据　　　　室温：　　℃；盐酸浓度：2mol/L

反应时间	α_t	$\alpha_t - \alpha_\infty$	$\ln(\alpha_t - \alpha_\infty)$

（2）以对 t 作图，由所得直线的斜率求出反应速率常数 k。

4.3.6　注意事项

（1）装样品时，速度要快，才能保证初始旋光度在 14°～12.9°（从理论上推算，浓度为 10g/100mL 的蔗糖溶液的旋光度为 13.32°）。旋光管管盖旋至不漏液体即可，不要用力过猛，以免压碎玻璃片。

（2）实验前，盐酸溶液与蔗糖溶液都要预恒温至实验温度。

（3）在测定时，通过加热使反应速度加快转化，但加热温度不要超过 60℃，以减少副反应。

（4）酸对仪器有腐蚀，应避免酸液滴漏到仪器上。实验结束后必须将旋光管洗净。

（5）旋光仪中钠光灯（波长 589.3nm）不宜长时间开启，测量间隔较长时应将其熄灭，以免损坏。连续开启不宜超过 4h，若时间较长时，应停用 10～15min，使钠光灯冷却后，再重新开启使用。

【复习与思考题】

1. 旋光法在食品分析中的应用有哪些？
2. 简述旋光法测定谷物淀粉含量的原理。
3. 简述旋光法测定味精纯度的方法。
4. 蔗糖转化反应过程中，所测的旋光度是否需要零点校正？为什么？
5. 实验中为什么用蒸馏水来校正旋光仪零点？

【实验结果】

_____

_____

_____

_____

【实验关键点】

_____

_____

_____

【素质拓展资料】

Determination of Starch Polarimetric Method

扫码见内容

实验 5　液态食品黏度的测定

　　食品流变学是研究食品原材料、半成品、成品在加工、操作处理及消费过程中产生的变形与流动的科学，是在流变学基础上发展起来的，它以弹性力学和流体力学为基础，研究食品在小变形范围内的黏弹性质及其变化规律，测量食品在特定形变情况下具有明确物理意义的流变响应。流体分牛顿流体和非牛顿流体两类，食品加工及处理过程涉及的液体多为非牛顿流体，其表观黏度随时间、剪切应力、剪切速率的变化而变化，黏稠性不仅是液态食品的感官评价指标，而且影响食品风味的接受性。

　　流体在流动时，相邻流体层间存在着相对运动，该两流体层间会产生摩擦阻力，称为黏滞力。黏度是用来衡量黏滞力大小的一种物理性质，其大小由物质种类、温度、浓度等因素决定。

5.1　旋转黏度计法

5.1.1　实验目的

　　（1）学习旋转黏度计法测定液态食品黏度的原理。

　　（2）掌握旋转黏度计法测定液态食品黏度的实验技术。

5.1.2　实验原理

　　旋转黏度计是以步进电机带动传感器指针，再通过游丝和转轴带动转子转动。如果转子未受到液体的阻力，游丝传感器指针与步进电机的传感器指针在同一位置。反之，如果转子受到液体的黏滞阻力，游丝产生扭矩与黏滞阻力抗衡，直至达到平衡。这时分别通过光电传感器输出信号给计算机处理器进行数据处理，最后在液晶屏幕上显示液态的黏度值。图 2.7 为旋转黏度计原理结构图。

5.1.3　仪器

　　NDJ 系列数字黏度计等。

5.1.4　实验步骤

5.1.4.1　安装主机

　　（1）取出座脚、升降架、保护框架等。将升降架装入座脚圆孔中，保持座脚开口方向面向操作者、升降架上齿条向后，将螺母旋紧。转动升降架上的旋钮，检查升降夹头的灵活性和自锁性，使之能上下升降，以偏紧为宜，以防装上黏度计后产生自动坠落的情况。

　　（2）把黏度计主机固定到升降架上，将仪器下方连接螺杆的保护盖帽取下，放好备用。

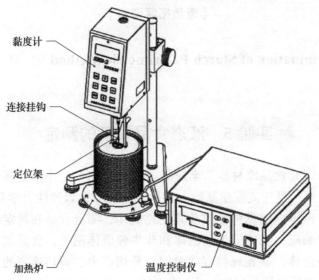

图 2.7　旋转黏度计原理结构图（引自何晋浙，2014）

（3）调节两个水平调节脚，直至黏度计顶部的水泡在中央位置。

（4）如有 RTD 温度探头，请安装到接口。

（5）确定黏度计的电源开关置于"OFF"状态，接通电源。

5.1.4.2　安装转子

先将转子保护框架装在黏度计上，再将选用的转子小心旋入连接螺杆（向左旋入装上，向右旋出卸下）。

5.1.4.3　已知黏度范围样品的测量

（1）开机，显示屏亮，但电机不工作。估算待测样品的黏度，选择转子号与转速。

（2）旋动升降架旋钮，使黏度计缓慢地下降，转子逐渐浸入被测液体当中，直至转子上的标记与液面相平为止。

（3）按"测量"键，步进电机开始工作，适当时间后即可同时测得当前转子、转速下的黏度值和百分计标度（扭矩）。

（4）测量过程如果需要更换转子，可直接按"复位"键，更换转子后即可继续进行测量。

5.1.4.4　未知黏度范围样品的测量

（1）测量一般原则：高黏度的样品选用小体积（3、4号）转子和慢的转速，低黏度的样品选用大体积（1、2号）转子和快的转速。每次测量的百分计标度在 20%～90% 为正常值，在此范围内测得的黏度值为正确值。

（2）先大约估计被测样品的黏度范围，然后根据高黏度的样品选用小体积的转子和慢的转速，低黏度样品选用大体积的转子和快的转速。一般先选择转子，然后再选择合适的转速。例如，转子型号（SP）为1号时，转速为60r/min，屏幕直接显示满量程为100mPa·s，当转速改为6r/min时，满量程为1000mPa·s。

（3）当估计不出被测样品的大致黏度时，应先设定为较高的黏度。试用从小体积到大体积的转子和由慢到快的转速。然后每一次测量根据百分计标度的正常值来判断转子和转速选择得是否合理，若不在此范围内，应更换转速和转子。

5.1.5 结果记录

根据屏幕显示记录结果并分析。黏度转化系数及黏度最大量程如表 2.6 和表 2.7 所示。

表 2.6 黏度转化系数（引自高向阳和宋莲军，2013）

转子代号	转速/(r/min)			
	60	30	12	6
0	0.1	0.2	0.5	1
1	1	2	5	10
2	5	10	25	50
3	20	40	100	200
4	100	200	500	1000

表 2.7 黏度最大量程（引自高向阳和宋莲军，2013）

转子代号	转速 /(r/min)			
	60	30	12	6
0	10	20	50	100
1	100	200	500	1 000
2	500	1 000	2 500	5 000
3	2 000	4 000	10 000	20 000
4	10 000	20 000	50 000	100 000

5.1.6 注意事项

（1）装卸转子时应小心操作，装卸时应将连接螺杆微微抬起进行操作，不要用力过大，不要使转子横向受力，以免转子弯曲。

（2）不要把已装上转子的黏度计侧放或倒放。

（3）连接螺杆与转子连接端面及螺纹处保持清洁，否则会影响转子的晃动度。

（4）黏度计升降时应用手托住，防止黏度计因自重下落。

（5）调换转子后，请及时输入新的转子号。每次使用后对换下来的转子应及时清洁（擦干净）并放回到转子架中，不要把转子在仪器上进行清洁。

（6）当调换被测液体时，及时清洁（擦干净）转子和转子保护框架，避免由被测液体相混淆而引起的测量误差。

（7）仪器与转子为一对一匹配，不要把不同仪器及转子相混淆。

（8）不要随意拆卸和调整仪器零件，不要自行加注润滑油。

（9）搬动及运输仪器时，应将米黄色盖帽盖在连接螺杆处后，将仪器放入箱中。

（10）装上转子后，不要在无液体的情况下长时间旋转，以免损坏轴尖。

（11）悬浊液、乳浊液、高聚物及其他高黏度液体中有许多属于"非牛顿流体"，其黏度值随切变速度和时间等条件的变化而变化，因此在不同转子、转速和时间下测定的结果不一致属正常情况，并非仪器误差。对非牛顿流体的测定一般应规定转子、转速和时间。

（12）做到下列各点将有助于测得更精确的数值：① 精确控制被测液体的温度；② 将转

子以足够长的时间浸于被测液体中，使两者温度一致；③ 保持液体的均匀性；④ 测定时将转子置于容器中心，并一定要装上转子保护框架；⑤ 保证转子的清洁和晃动度；⑥ 当高转速测定立即变为低转速时，应关机一次，或在低转速的测定时间掌握得稍长一点，以克服由液体旋转惯性造成的误差；⑦ 测定低黏度时选用 1 号转子，测定高黏度时选用 4 号转子；⑧ 低速测定黏度时，测定时间要相对长些；⑨ 测定过程中由于调换转子或被测液体，旋动升降夹头变动过黏度计位置后，应及时查看并调整黏度计的水平状况。

5.2 恩格勒黏度测定法

5.2.1 实验目的

（1）学习恩格勒（Engler）黏度测定法的原理。

（2）掌握恩格勒黏度测定法的实验技术。

5.2.2 实验原理

某些食品黏度的测定（如油脂等），是采用特制黏度计进行的。一般常采用恩格勒黏度计进行。这种方法测得的黏度称为条件黏度。所谓条件黏度，是指在指定温度下，在指定黏度中，一定量液体流出的时间，以 s 为单位，或此时间与指定温度下同体积水流出的时间之比。恩格勒黏度属于条件黏度。液体试样在规定温度下流出 200mL 所需时间（秒数），与 20℃水流出同体积所需时间（秒数）的比值，称为恩格勒黏度。

5.2.3 仪器

恩格勒黏度计的构造示意图见图 2.8。

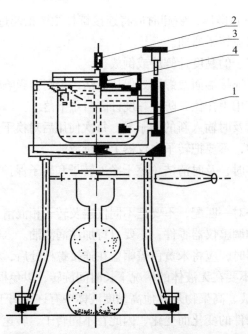

图 2.8　恩格勒黏度计构造示意图（引自黄晓钰和刘邻渭，2002）

1. 内容器；2. 封闭杆；3. 搅拌器；4. 温度计孔

（1）双层金属锅加热装置：内层锅用来装待测定液体，内壁上有"L"形铜钉3个，用作液体定量和校正仪器水平。锅底中心有液体流出孔1个。内层锅盖上有两个孔，中间孔用长锥体木塞插至流出孔，另一孔为温度计插孔。外层锅是水浴锅，附有搅拌器和自动控制的温度计，底部装有电热器。

（2）三足支架：安装双层金属锅用。

（3）200mL专用量筒：承接和定量流出液体用。

5.2.4 实验步骤

（1）测定水的流出时间：用水或乙醇洗净内层锅和量筒，取20℃水注入内层锅中，使水面稍高出3个钉头。在外层锅内注入20℃的自来水，通过电热器加热，使内、外锅中的水温稳定在20℃。经10min后，提动木塞将水面调至与3个钉头相平，加盖，置量筒于流出孔正下方。测试时提起木塞，同时开动秒表，待流出的水量达到200mL的刻度时，立即停止秒表，记下流出时间（s）。再复测一次。以双实验差不超过0.5s，取其平均值作为水的流出时间［恩格勒黏度计水的流出时间应在（51±1）s，否则要进行修理］。

（2）测定试样滤液流出时间：将外层锅中的水加热至50℃，然后把内层锅中的水放净，倾入热至50℃的滤液，使液面与3个钉夹相平，加盖。置量筒于流出孔的正下方，待滤液温度到达50℃并稳定5min后，测定滤液流出时间（s）。

5.2.5 结果计算

恩格勒黏度按下列公式计算。

$$恩格勒黏度\left(E_{20}^{50}\right)=\frac{t_1}{t_2}$$

式中，t_1 为滤液流出时间，s；t_2 为水流出时间，s。

双试验结果允许误差：流出时间在250s以下不超过1s；251～500s不超过3s；501～1000s不超过5s，求其平均数，即为测定结果。

5.3 毛细管法

5.3.1 实验目的

（1）学习毛细管法测定液态食品黏度的原理。

（2）掌握毛细管法测定液态食品黏度的实验技术。

5.3.2 仪器

（1）恒温水浴装置：由玻璃缸（直径约35cm，高约40cm）、25W电动搅拌器、控温用电子继电器（触点容量不低于5A）、1kW U形电热管及管架板、电接点温度计（20～50℃或100℃）、精密温度计（刻度0.1℃）及铁架、架夹等组成，控温精度可达0.1℃。

（2）毛细管黏度计（图2.9）：常用孔径有0.8mm、1.0mm、1.2mm、1.5mm 4种，出厂时附有黏度计常数检

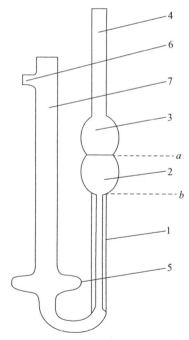

图2.9 毛细管黏度计（引自黄晓钰和刘邻渭，2002）

1. 毛细管；2，3，5. 扩张部分；4，7. 管身；6. 支管；a，b. 标线

定证书。如购置的毛细管黏度计没有标定常数或需校正时，可按下法进行标定或校正。

标定方法：取纯净的 20 号或 30 号机器润滑油，用已知常数的毛细管黏度计在 (50 ± 0.1)℃的水浴中测定其运动黏度（5 次测定结果的偏差应少于 0.05cSt*），再用该批机油测定未标定毛细管黏度计的流速，测定 5 次，求平均值，计算毛细管黏度计的常数。毛细管黏度计常数按下列公式计算。

$$毛细管黏度计常数(C) = \upsilon / \tau_t$$

式中，υ 为机油运动黏度，cSt；τ_t 为流出时间，s。

黏度计常数也可直接用已知黏度的标准样品进行标定。

5.3.3　实验步骤

（1）将样品溶液迅速吸入或倒入干净的毛细管黏度计中，吸入方法：在黏度计口 6 接上乳胶管后，将黏度管口 4 没入样品溶液，采用吸耳球自口 6 的乳胶管吸气，使样品溶液缓慢吸入毛细管黏度计中，至样品溶液上升至蓄液球为止。

（2）立即将黏度计垂直置于 (50 ± 0.1)℃恒温水浴中，并使黏度计上、下刻度的两球全部浸入水面下，把乳胶管自口 6 移接在口 4 上。

（3）恒温 10～12min 后用吸耳球自口 4 将样品溶液吸起吹下搅匀，然后吸起样品溶液使充满黏度计上球，再让样品溶液自由落下。

（4）15min 后开始测定，测定时将样品溶液充满上球（不能有气泡），停止吸气，待样品溶液自由流下至两球间的上刻度 a 时，开始计时，在流下至下球的刻度 b 时，按下秒表停止计时，记录样品溶液流经上下刻度的时间（s）。然后同上操作连续测定 2～3 次，流速测定结果取其平均值。

毛细管黏度计孔径的选择，以测定样品溶液流速在 150～200s 为宜，不要超过 300s 或低于 60s。

5.3.4　结果计算

$$\upsilon = \tau_t \times C$$

式中，υ 为运动黏度，cSt；τ_t 为试样流出时间，s；C 为黏度计常数，cSt/s。

双样品平行试验结果允许误差如下。

黏度平均值在 3.0cSt 以下，不超过 0.2cSt。

黏度平均值在 3.1～6.0cSt，不超过 0.5cSt。

黏度平均值在 6.1～10.0cSt，不超过 0.8cSt。

黏度平均值在 10.1cSt 及以上，不超过 1.0cSt。

如不符合上述要求，应再测定两份样品溶液，将符合上述要求的测定结果加以平均，平均值取小数点后一位。

【复习与思考题】

1. 对液态食品的黏度进行测定的意义是什么？

---

* $\upsilon = \eta / \rho \times 1000$；式中，$\upsilon$ 为运动黏度，cSt；η 为动力黏度，cp；ρ 为密度，kg/m³

2. 温度对液态食品黏度测定有什么影响，应注意哪些事项？

3. 如何维护和保养旋转黏度计？

【实验结果】

_____

_____

_____

_____

【实验关键点】

_____

_____

_____

_____

_____

【素质拓展资料】

Viscosity Measurement Using a Brookfield Viscometer

扫码见内容

实验 6　食品中水分含量的测定

水分是食品分析的重要项目之一。水分测定在计算生产中的物料平衡、实行工艺监督等方面均具有很重要的意义。控制食品中的水分含量，关系到食品品质的保持和食品稳定性的提高。例如，脱水果蔬的非酶褐变可随水分含量的增加而增加，某些食品的水分减少到一定程度时将引起水分和食品中其他组分平衡关系的破坏，于是导致蛋白质的变性、糖和盐的结晶，对食品的复水性、保藏性及组织形态等产生不利影响。食品的变质甚至腐败还起因于微生物的生长，这与食品的水分含量也有直接关系。

对于果汁、番茄酱、糖水、糖浆等食品及其辅料，质量标准中常列入固形物的含量。所谓固形物，是指食品内将水分排除以后的全部残留物，其组分有蛋白质、脂肪、粗纤维、无氮抽出物和灰分等。直接测定固形物的方法，也就是间接测定水分的方法，反之也一样，即

$$固形物含量（\%）=100\%-水分含量（\%）$$

水分测定法通常可分为直接法和间接法两类。利用水分本身的物理性质和化学性质测定水分的方法，叫作直接法，如重量法、蒸馏法和卡尔·费歇尔滴定法；利用食品的相对密度、折光率、电导、介电常数等物理性质测定水分的方法，叫作间接法。测定水分的方法要根据食品性质和测定目的来选定。

6.1　直接干燥法

6.1.1　实验目的

（1）学习直接干燥法测定水分含量的原理。

（2）掌握直接干燥法测定水分含量的实验技术。

6.1.2　实验原理

食品中的水分在（100±5）℃的条件下受热蒸发，从而可根据干燥前后的质量差来确定其水分含量。

6.1.3　试剂与仪器

1）试剂　　6mol/L 盐酸、6mol/L 氢氧化钠、海砂等。

2）仪器　　铝制或玻璃制的扁形称量瓶、蒸发皿、干燥器、电热恒温干燥箱等。

6.1.4　实验步骤

（1）样品预处理：固体样品必须粉碎，经 20～40 目筛处理后混匀。在粉碎处理过程中，要防止样品中水分含量的变化。通常水分含量在 14% 以下时称为安全水分，即在实验室条件下进行粉碎及过筛处理时，水分含量一般不会发生变化。但要求操作迅速，制备好的样品置于干燥洁净的磨口瓶中保存。

称量瓶的处理与称重：取洁净铝制或玻璃制的扁形称量瓶，置于（100±5）℃干燥箱中，瓶盖斜支于瓶边，加热 0.5～1h，加盖取出，转入干燥器内冷却 0.5h 后称重，重复干燥至恒重。

（2）精密称取 5.00～10.00g 样品，置于已干燥至恒重的蒸发皿中，用小玻璃棒搅匀后放在沸水浴中蒸干，并随时搅拌。

（3）擦去蒸发皿底部的水，然后置于（100±5）℃干燥箱中干燥 4h，加盖取出，转入干燥器内冷却 0.5h 后称重。

（4）将蒸发皿再次放入（100±5）℃干燥箱中干燥 1h 左右，冷却 0.5h 后称量，至前后两次质量差不超过 2mg 即为恒重。

6.1.5　结果计算

（1）对于水分含量低于 16% 的固体样品或液体样品，其水分含量计算如下。

$$X = \frac{m_1 - m_2}{m_1 - m_3} \times 100\%$$

式中，X 为样品中水分的质量分数；m_1 为称量瓶和样品的质量，g；m_2 为称量瓶和样品干燥后的质量，g；m_3 为称量瓶的质量，g。

（2）对于水分含量在 16% 以上的固体样品，其水分含量计算如下。

$$X = \frac{m_1 - m_2 + m_2 \times \left(\dfrac{m_3 - m_4}{m_4 - m_5} \right)}{m_1} \times 100\%$$

式中，X 为样品中水分的质量分数；m_1 为新鲜样品的总质量，g；m_2 为风干后样品的总质量，g；m_3 为称量瓶和样品干燥前的质量，g；m_4 为称量瓶和样品干燥后的质量，g；m_5 为称量瓶的质量，g。

6.1.6　产生误差的原因及其防止方法

（1）烘干过程中，由于水分扩散不平衡，特别是当外扩散大于内扩散时，妨碍水分从食品内部扩散到它的表层，样品易出现物理栅。例如，在干燥糖浆、富含糖分的果蔬及淀粉等样品中，样品表层可能结成硬膜，应将样品加以稀释，或加入干燥助剂如海砂、河砂等，一般每 3g 样品加入 20～30g 的海砂就可以使其充分地分散。

（2）面包、馒头等水分质量分数在 16% 以上的谷类食品，可采用二步干燥法测定。先将样品称出总质量，再切成厚 2～3mm 的薄片，在自然条件下风干 15～20h，使其与大气湿度大致平衡，然后再次称量，并将样品粉碎、过筛、混匀，放于洁净干燥的称量瓶中，测量时按上述固体样品的操作程序进行，所用计算公式为水分含量在 16% 以上的固体样品所用公式。

6.2　蒸馏法

蒸馏法出现在 20 世纪初，它采用沸腾的有机液体，将样品中水分分离而出。从所得水分的容量，求得样品中水分的百分含量。美国分析化学家协会（AOAC）规定蒸馏法用于饲料、啤酒花、调味品的水分测定，特别是对于香料，蒸馏法是唯一的、公认的水分检验方法。

6.2.1　实验目的

（1）学习蒸馏法测定水分含量的原理。
（2）掌握蒸馏法测定水分含量的实验技术。

6.2.2　实验原理

蒸馏法采用了一种有效的热交换方式，水分可被迅速移去，食品组分所发生的化学变化，诸如氧化、分解等作用，都较常压烘箱干燥法小。这种方法最初是作为水分测定的快速分析法被提出来的，设备简单、经济，管理方便，准确度能满足常规分析的要求。对于谷类、干果、油类、香料等样品，分析结果准确。

蒸馏法有多种，应用最广的蒸馏法叫作共沸蒸馏法。其是加入与水互不溶解的有机溶剂（有的可与水形成共沸混合物），蒸馏出的蒸汽被冷凝、收集于标有刻度的承接管中，冷凝的溶剂回流到蒸馏瓶中而和水分分离，蒸馏器装置见图 2.10。

有机溶剂的选择：有机溶剂种类很多，最常用的是甲苯、二甲苯、苯，表 2.8 中列举了一些有机溶剂的物理常数，供选用时参考。

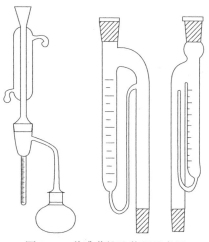

图 2.10　共沸蒸馏法装置示意图
（引自吴谋成，2002）

表 2.8　蒸馏法常用有机溶剂的物理常数（引自高向阳，2006）

有机溶剂	沸点 /℃	相对密度（25℃）	共沸混合物		水在有机溶剂中的溶解度 /（g/100g）
			沸点/℃	水分/%	
苯	80.2	0.88	69.25	8.8	0.05
甲苯	110.7	0.86	84.1	19.6	0.05
二甲苯	140	0.86			0.04
四氯化碳	76.8	1.59	66.0	4.1	0.01
四氯（代）乙烯	120.8	1.63			0.03
偏四氯乙烷	146.4	1.60			0.11

通常按照下列因素选择溶剂，如能否完全润湿样品、适当的热导率、化学惰性、可燃性及样品的性质等，样品性质是选择溶剂的重要依据。对热不稳定的食品，一般不采用二甲苯，因它的沸点高，常选用低沸点的，如苯、甲苯或甲苯 - 二甲苯的混合液；对于一些含有糖分、可分解释出水分的样品，如脱水洋葱和脱水大蒜，宜选择苯作为溶剂。表 2.8 中所列有机溶剂分为轻于水和重于水两组。对于重于水的溶剂，优点是样品浮在上面，不易过热、炭化，又安全防火。可是这种方法也存在一些缺点。例如，这种溶剂被馏出冷凝后，将穿过水面进入承接管下方，增加了形成乳浊液的机会等。

6.2.3　试剂与仪器

1）试剂　　甲苯等。

2）仪器　　水分蒸馏仪、橡胶管、玻璃棒、水浴锅、组织粉碎机、电热套等。

6.2.4　实验步骤

（1）精确称取 2～5g 样品（固体样品粉碎）置于 250mL 水分蒸馏仪的烧瓶中，加入 50～70mL 甲苯使样品浸没。

（2）连接蒸馏装置，再从冷凝管顶端加入试剂以使之装满水分接收管为止；徐徐加热蒸馏，至水分大部分蒸出后，再加快蒸馏速度，直至接收管刻度的水量不再增加为止。

（3）关闭热源，从冷凝管顶端加入少量甲苯洗涤蒸馏装置，直至水分蒸馏仪和冷凝管壁上不再发现水滴为止，读取接收管水层的体积。

6.2.5　结果计算

按如下公式计算。

$$X = \frac{V}{m} \times 100\%$$

式中，X 为水分质量分数；V 为刻度管中水层的体积，mL；m 为样品的质量，g。

6.2.6　产生误差的原因及其防止方法

产生误差的原因很多。例如，样品中水分没有完全挥发出来；水分富集在冷凝器及连接管的内壁，水分溶解在有机溶剂中，生成了乳浊液，馏出了水溶性的组分等。

添加少量戊醇、异丁醇，可防止出现乳浊液；为了改善水分的馏出，对富含糖分或蛋白质的黏性试样，宜把它分散涂布于硅藻土上或可将样品放在蜡纸上，上面再覆盖一层蜡纸，卷起来后用剪刀剪成小块；对热不稳定性食品，除选用低沸点的溶剂外，也可分散涂布于硅藻土上；为了防止水分富集于蒸馏器内壁，需充分清洗仪器。

6.3　卡尔·费歇尔滴定法

卡尔·费歇尔滴定法是卡尔·费歇尔（Karl Fischer）于 1935 年提出的，是利用氧化还原滴定来分析水分含量的一种方法，其优点是快速、准确。

6.3.1　实验目的

（1）学习卡尔·费歇尔滴定法测定水分含量的原理。
（2）掌握卡尔·费歇尔滴定法测定水分含量的实验技术。

6.3.2　实验原理

卡尔·费歇尔滴定法测定水分的原理基于碘（I_2）氧化二氧化硫（SO_2）时，需要有定量的水参与氧化还原反应。卡尔·费歇尔试剂的有效浓度取决于碘的浓度。新配制的试剂，由于各种不稳定因素，其有效浓度会不断降低，这是因为试剂中各组分本身也含有水分。因此，新配制的卡尔·费歇尔试剂，混合后须放置一定的时间后才能使用，而每次使用之前都应标定。通常用纯水作为标准物标定卡尔·费歇尔试剂，以碘为自身指示剂，试液中有水分存在时，显淡黄色，随着水分的减少在接近终点时显琥珀色，当刚出现微弱的黄棕色时，即为滴定终点，棕色表示有过量的碘存在。具体反应步骤如下。

卡尔·费歇尔滴定法所用的标准滴定液称卡尔·费歇尔试剂，是碘、二氧化硫、甲醇、吡啶按一定比例配制而成的。碘在氧化二氧化硫时需要一定量的水参与反应，化学反应方程式如下。

$$I_2 + SO_2 + 2H_2O \longrightarrow 2HI + H_2SO_4$$

由于此法是测量样品中水分含量，因此需要使用一种非水物质作为溶剂，使样品溶解。通常情况下，甲醇是比较理想的溶剂。此反应是可逆反应，为了使反应向右进行，反应系统中加入了过量的 SO_2，无水甲醇可以溶解大量的 SO_2，且甲醇作溶剂还有防止副反应发生的作用，利用吡啶来吸收反应生成的 HI 和 H_2SO_4，这个反应可描述成两步。

$$I_2 + SO_2 + H_2O + 3C_5H_5N \longrightarrow 2C_5H_5NH^+I^- + C_5H_5N \cdot SO_3$$

$$C_5H_5N \cdot SO_3 + CH_3OH \longrightarrow C_5H_5N\,H^+CH_3SO_4^-$$

在第一步反应中，卡尔·费歇尔试剂与水反应生成不稳定的硫酸酐吡啶（$C_5H_5N \cdot SO_3$），此产物容易分解成吡啶和二氧化硫，作为溶剂的无水甲醇可与其反应生成稳定的甲基硫酸氢吡啶。因此，甲醇不仅作为溶剂，还参与了反应。总反应式可以写作：

$$I_2 + SO_2 + 3C_5H_5N + CH_3OH + H_2O \longrightarrow 2(C_5H_5N^+H)I^- + (C_5H_5N^+H)O^-SO_2 \cdot OCH_3$$

由总反应式可看出，1mol 的碘氧化 1mol 的二氧化硫，需要 1mol 的水，即 1mol 碘与 1mol 水的当量反应。

用卡尔·费歇尔试剂滴定水分，其终点可用试剂本身含有的碘作为指示剂，试液中有水存在时，呈淡黄色；接近终点时，呈琥珀色；当刚出现微弱的黄棕色时，说明已到滴定终点，这种确定终点的方法适用于含有 1% 水分或更多水分的样品。如测定深色样品及含微量、痕量水分的样品，常用电化学方法来指示终点，其原理是浸入溶液中的电极间加 10～25mV 电压，当溶液中含有碘化合物而无游离碘时，电极间极化无电流通过；当溶液中存在游离碘时，体系变为去极化，则溶液导电，有电流通过，微安表指针偏转至一定刻度并稳定不变，即终点。

6.3.3　试剂与仪器

1）试剂　　无水甲醇、无水吡啶、无水硫酸钠、硫酸、二氧化硫、水 - 甲醇标准溶液、卡尔·费歇尔试剂（称取 85g 碘于干燥的具塞棕色玻璃瓶中，加入 670mL 无水甲醇，盖上瓶塞，摇动直至碘全部溶解后，加入 270mL 吡啶混匀，然后置于冰水浴中冷却，通入干燥的二氧化硫气体 60～70g，通气完毕塞上瓶塞，放置暗处至少 24h 后使用，用前须标定）等。

标定：在反应瓶中加入一定体积（浸没铂电极）的甲醇，在搅拌下用卡尔·费歇尔试剂滴定至终点，加入 10mg 水，滴定至终点并记录卡尔·费歇尔试剂的用量。卡尔·费歇尔试剂的滴定度可按下式计算。

$$T = \frac{G}{V} \times 1000$$

式中，T 为卡尔·费歇尔试剂的滴定度，mg/mL；G 为水的质量，mg；V 为滴定消耗的卡尔·费歇尔试剂的体积，mL。

2）仪器　　卡尔·费歇尔水分测定仪等。

6.3.4　实验步骤

（1）样品的处理：固体样品须事先粉碎至 40 目。

（2）准确称取 0.3～0.5g 样品置于称样瓶中。

（3）在水分测定仪反应器中加入 50mL 无水甲醇，使其完全淹没电极并用卡尔·费歇尔试剂滴定 50mL 甲醇中的痕量水分，滴定至微安表指针的偏转程度与标定卡尔·费歇尔试剂操作中的偏转情况相当，并保持 1min 不变。

（4）打开加料口，迅速将称好的样品加入反应器中，立即塞上橡皮塞，开动电磁搅拌器，使样品中的水分完全被甲醇萃取，用卡尔·费歇尔试剂滴定至原设定的终点，并保持 1min 不变，记录试剂的用量 V。

6.3.5　结果计算

$$X = \frac{T \times V}{m \times 1000} \times 100$$

式中，X 为样品中水分的质量分数，g/100g；T 为卡尔·费歇尔试剂的滴定度，mg/mL；V 为滴定所消耗的卡尔·费歇尔试剂的体积，mL；m 为样品的质量，g。

6.3.6　产生误差的原因及其防止方法

（1）在做分析取样时应尽量取混合均匀后的代表性样品，并应观察容器底部游离水分存在的情况。在用注射器抽取样品时，抽取速度不能太快，否则空气有可能进入注射器而形成气泡，造成进样误差。在分析前如果发现样品与容器有乳浊现象或瓶壁有微小水珠析出时，必须用乙二醇抽提法进行分析。

（2）含水量大的物质取样量小，反之取样量要大，否则将产生较大的测量误差。同时，要特别注意进样时注射器中不能存在小气泡，以防产生严重的测量误差。

（3）由于卡尔·费歇尔试剂很容易吸收水分，要求滴定剂发送系统的滴定管和滴定池（测量池）等有较好的密封系统。否则，吸湿现象会造成终点长时间不稳定和严重的误差。

6.4　低场核磁共振技术

低场核磁共振（LF-NMR）技术是近几年迅速发展起来的一种快速检测技术，具有无须预处理、快速、无损、样品需要量少、实时获得数据等特点，可用于分析食品及其水分的分布状态、不同状态水的含量及迁移过程，同时还可以进行成像分析，获取样品内部水分的空间分布信息，从而可以分析食品中水分与其他品质特性间的关系，是一种良好的水分研究方法。低场核磁共振技术以其便携、低场强、无损检测、快速等优势在食品安全分析测试领域中逐渐发挥作用。

6.4.1　实验目的

（1）学习低场核磁共振技术测定水分含量的原理。
（2）掌握低场核磁共振技术测定水分含量的实验技术。

6.4.2　实验原理

核磁共振（NMR）分为两种技术，一种是连续波 NMR 技术，即用射频场连续不断地作用于原子核系统，观察核对射频能量的吸收或核磁化强度矢量的共振感应信号，也称稳态 NMR；另一种是脉冲 NMR 技术，把射频场以窄脉冲的方式作用到核系统上，观察核系统对射频脉冲的响应信号——自由感应衰减信号，也称暂态 NMR，只有脉冲 NMR 可以用于快速和实时的测试。氢原子具有固定磁矩，而且广泛存在于脂肪、水、天然产物、碳氢化合物等食品原料及成品中，在场与交变磁场的作用下，以电磁波的形式吸收或释放能量，发生原子核的跃迁，同时产生核磁共振信号，通过得到的核磁共振谱检测食品中 ^1H 的存在状况及其量的变化，进而得到水分、脂肪或糖等分子在食品内部变化的信息，这为食品安全分析检测提供了理论依据。核磁共振技术主要对检测对象的纵向弛豫时间（T_1）、横向弛豫时间（T_2）、扩散系数（D）三个参数进行分析，主要反映分子的动态信息，弛豫时间的长短与氢质子的存在状态及所处物理化学环境有关。由于同一样品的不同组分（如蛋白质与水）间，以及不同样品的同一组分（如水）间的氢质子存在状态及所处理化环境存在较大差异而具有不同的 T_1 和 T_2，因此通过分析样品的 T_1 值或 T_2 值，就可以获得许多样品的内部信息，从而达到分析样品中目标组分的目的。

6.4.3　仪器

核磁共振仪等。

6.4.4　实验步骤

（1）测量参数为：90° 脉冲与 180° 脉冲之间的时间为 200μs，重复扫描 4 次，重复间隔时间为 1000ms。

（2）采用低场 NMR 弛豫测定凝胶样品的横向弛豫时间 T_2，测定条件：质子共振频率为

22.6MHz，测量温度为 32℃。

（3）将样品直接放入直径 25mm 的核磁管中，随后立即放入核磁共振仪中进行分析。

6.4.5　结果处理

所得脉冲序列指数衰减曲线采用仪器自带软件进行反演得到 T_2 图谱，对各峰面积进行累计积分得到峰面积，记为 P，代表样品中水的百分含量。

6.4.6　展望

低场核磁共振技术是一种非常具有潜力及优势的快速检测技术，除用于分析食品中的水分外，它在食品安全领域的研究正处于萌动发展时期。低场核磁共振技术的快速发展及低场核磁共振设备的不断成熟，对食品安全监管力度的不断加强，会吸引越来越多的科研工作者开发更多的技术与方法应用于食品安全领域。

【复习与思考题】

1. 食品中水分含量测定的意义是什么？
2. 简述食品中水分的存在形式及其特点。
3. 为什么要标定卡尔·费歇尔试剂？
4. 简述低场核磁共振技术的优点。

【实验结果】

_____

_____

_____

_____

【实验关键点】

_____

_____

_____

_____

【素质拓展资料】

Toluene Distillation

扫码见内容

实验 7　食品中水分活度的测定

为了表示食品中所含水分对于微生物化学反应和微生物生长的可用价值，人们提出了水分活度（water activity）的概念。水分活度的定义为：食品水分的饱和蒸汽压（P）与相同温度下纯水的饱和蒸汽压（P_0）之比。

$$A_w = \frac{P}{P_0}$$

式中，P 为某种食品在密闭容器中达到平衡状态时的水蒸气分压；P_0 为相同温度下纯水的饱和蒸汽压。

水分活度表示食品中水分存在的状态，反映水分与食品的结合程度或游离程度。其值越小，结合程度越高；其值越大，结合程度越低。同种食品，水分质量分数越高，其 A_w 越大，但不同种食品即使水分质量分数相同，A_w 也往往不同。因此，食品的水分活度是不能按其水分质量分数考虑的。例如，金黄色葡萄球菌生长要求的最低水分活度为 0.86，而与这个水分活度相当的水分质量分数则随不同的食品而异，如干肉为 23%，乳粉为 16%，干燥肉汁为 63%。所以，按水分质量分数难以判断食品的保存性，测定和控制水分活度，对于掌握食品品质的稳定与保藏具有重要意义。

第一，水分活度影响食品的色、香、味和组织结构等品质。食品中的各种化学、生物化学变化对水分活度都有一定的要求。例如，酶促褐变反应对食品的质量有重要影响，它是由酚氧化酶催化酚类物质形成黑色素引起的。随着水分活度的减少，酚氧化酶的活性逐步降低。例如，食品内的淀粉酶、过氧化物酶等，在水分活度低于 0.85 的环境中，催化活性明显减弱。但脂酶除外，它在 A_w 为 0.3 甚至 0.1 时还可保留活性。非酶促褐变反应——美拉德反应也与水分活度有密切关系，当水分活度为 0.6～0.7 时，反应达到最大值。维生素 B_1 的降解在中高水分活度条件下也表现出最高的反应速率。水分活度对脂肪的非酶氧化反应有较复杂的影响。

第二，水分活度影响食品的保藏稳定性。微生物的生长繁殖是导致食品腐败变质的重要因素，其生长繁殖与水分活度密不可分。酵母菌生长繁殖的 A_w 阈值是 0.87；耐盐细菌是 0.75；耐干燥霉菌是 0.65；大多数微生物当 $A_w>0.60$ 时就能生长繁殖。食品中微生物赖以生存的水分主要是自由水，其质量分数越高，水分活度越大，食品越易受微生物污染，保藏稳定性越差。控制水分活度，可提高产品质量，延长食品保藏期。所以，食品中水分活度的测定已成为食品的重要分析项目。

7.1　水分活度测定仪法

7.1.1　实验目的

（1）了解测定水分活度的原理。

（2）掌握水分活度测定仪的操作方法。

7.1.2　实验原理

利用水分活度测定仪中的传感器，根据食品中水蒸气压力的变化，从仪器的表头上可读出水分活度。在样品测定前须校正水分活度测定仪。

7.1.3　试剂与仪器

氯化钡饱和溶液、水分活度测定仪、20℃恒温箱、镊子、研钵等。

7.1.4　实验步骤

7.1.4.1　仪器校正

将两张滤纸浸入氯化钡饱和溶液中，待滤纸均匀地浸湿后，用镊子轻轻地把它放在仪器的样品盒内，然后将具有传感器装置的表头放在样品盒上，轻轻地拧紧，置于20℃恒温箱中，维持恒温3h后，用小药匙将表头上的校正螺丝拧动，使A_w为0.900。重复上述操作再校正一次。

7.1.4.2　样品测定

取试样经15~25℃恒温后，如为果蔬类样品，迅速捣碎或按比例取汤汁与固形物，如为肉和鱼等试样，需适当切细，置于仪器样品盒内，保持平整且不高出盒内垫圈底部。然后将具有传感器装置的表头置于样品盒上轻轻拧紧，置于20℃恒温箱中，维持恒温放置2h，不断从仪器表头上观察仪器指针的变化状况，待指针恒定不变时，所指示的数值即为此温度下试样的A_w。

如果不在20℃恒温测定，依据表2.9所列A_w校正值即可将非20℃时的A_w测定值校正成20℃时的数值。

表2.9　A_w的温度校正表（引自高向阳和宋莲军，2013）

温度/℃	校正值	温度/℃	校正值
15	−0.010	21	+0.002
16	−0.008	22	+0.004
17	−0.006	23	+0.006
18	−0.004	24	+0.008
19	−0.002	25	+0.010

7.1.5　注意事项

（1）要经常用氯化钡饱和溶液对仪器进行校正。

（2）测定时切勿使表头沾上样品盒内样品。

（3）温度校正示例：某样品在15℃时测得其A_w=0.930，查表2.9，对应的校正值为−0.010，因此该样品在20℃时的A_w=0.930+（−0.010）=0.920；反之，在25℃时某样品的A_w=0.940，由表2.9查得校正值为+0.010，因此该样品在20℃时的A_w=0.940+0.010=0.950。

7.2　康威微量扩散法

7.2.1　实验目的

（1）了解测定水分活度的原理。

（2）掌握康威微量扩散法测定水分活度的操作方法。

7.2.2　实验原理

用已知水分活度的饱和盐类溶液使密闭容器内的空间保持在一定的相对湿度环境中。放入试样后，待水分关系达到一定的平衡状态后，测定试样质量的增减（即当试样的水分活度高于标准试剂时，将失去水分，试样的质量减少；相反，当低于标准试剂时，试样将吸取水分，质量则增加）。以用不同标准试剂测定后的试样质量的增减为纵坐标，以各个标准试剂的水分活度为横坐标，制成坐标图。连接这些点的直线与横坐标交叉的点就是此试样的水分活度。该法适用于中间至高水分活度（A_w 在 0.5 以上）的试样。

7.2.3 试剂与仪器

1）试剂　　标准试剂如表 2.10 所示，从水分活度已知的饱和溶液中选出接近被测试样水分活度的作为标准试剂。

表 2.10　饱和溶液的水分活度（引自黄晓钰和刘邻渭，2002）

试剂	水分活度	试剂	水分活度
氯化锂	0.110	硝酸钠	0.737
乙酸镁	0.224	氯化钠	0.752
氯化镁	0.330	溴化钾	0.807
碳酸钾	0.427	氯化钾	0.842
硝酸锂	0.470	氯化钡	0.901
硝酸镁	0.528	硝酸钾	0.924
溴化钠	0.577	硫酸钾	0.969
氯化锶	0.708	重铬酸钾	0.980

2）仪器　　康威微量扩散皿等。

7.2.4 实验步骤

参考表 2.11 所示食品的水分活度，从表 2.11 中选出与试样水分活度相近的 6 种标准试剂（3 种标准试剂的水分活度高于试样，3 种标准试剂的水分活度低于试样）5～10g 结晶放入康威微量扩散皿的外室，并加少量蒸馏水使之湿润。用已知质量的直径为 25mm 的铝箔皿在天平上称取 1g 试样，放入康威微量扩散皿的内室，将康威微量扩散皿的盖子涂上凡士林，迅速密封后用金属卡子固定，于 25℃恒温静置，（2±0.5）h 后再称取试样的质量。

表 2.11　食品的水分含量及水分活度（引自黄晓钰和刘邻渭，2002）

食品	水分含量 /%	水分活度	食品	水分含量 /%	水分活度
蔬菜	90 以上	0.99～0.98	蜂蜜	16	0.75
水果	89～87	0.99～0.98	面包	约 35	0.93
鱼贝类	85～70	0.99～0.98	火腿、香肠	65～56	0.90
肉类	70 以上	0.98～0.97	小麦粉	14	0.61
蛋	75	0.97	干燥谷类	—	0.61
果汁	88～86	0.97	苏打饼干	5	0.53
果酱	—	0.94～0.82	饼干	4	0.33
果冻	21～15	0.82～0.72	西式糕点	25	0.74
果干	18	0.69～0.60	辛香料	—	0.50

食品	水分含量 /%	水分活度	食品	水分含量 /%	水分活度
糖果	—	0.65~0.57	虾干	23	0.64
速溶咖啡	—	0.30	绿茶	4	0.26
巧克力	1	0.32	脱脂奶粉	4	0.27
葡萄糖	9~10	0.48	奶酪	约40	0.96

7.2.5　结果计算

以用不同标准试剂测定后的试样质量的增减为纵坐标，以各个标准试剂的水分活度为横坐标，制成坐标图，连接这些点的直线与横坐标的交点就是此试样的水分活度。

7.2.6　注意事项

（1）每个样品测定时应做平行实验，其测定值的平行误差不得超过 0.02。

（2）取样要在同一条件下进行，操作要迅速。

（3）试样的大小和形状对测定结果影响不大。

（4）康威微量扩散皿的密封性要好。

（5）取食品的固体或液体部分，样品平衡后其结果没有差异。

（6）绝大多数样品在 2h 后测得 A_w，但米饭类、油脂类、油浸烟熏鱼类则需 4 天左右的时间才能测定。因此，需加入样品量 0.2% 的山梨酸防腐，并以山梨酸的水溶液作空白对照。

7.3　溶剂萃取法

7.3.1　实验目的

（1）了解测定水分活度的原理。

（2）掌握溶剂萃取法测定水分活度的操作方法。

7.3.2　实验原理

食品中的水可用不混溶的溶剂苯来萃取。在一定的温度下，苯所萃取出的水量与样品中水相的水分活度成正比。用卡尔·费歇尔滴定法分别测定苯从食品和纯水中萃取出的水量并求出两者的比值，即为样品的水分活度。

7.3.3　试剂与仪器

1）试剂

（1）卡尔·费歇尔试剂。

甲液：在干燥的棕色玻璃瓶中加入 100mL 无水甲醇、8.5g 无水乙酸钠（在 120℃干燥 48h 以上）、5.5g 碘化钾，充分摇匀溶解后再通入 3.0~10.0g 干燥的二氧化硫。

乙液：称取 37.65g 碘、27.8g 碘化钾及 42.25g 无水乙酸钠移入干燥的棕色瓶中，加入 500mL 无水甲醇，充分摇匀溶解后备用。

将上述甲、乙液混合，用聚乙烯薄膜套在瓶外，将瓶放在冰浴中静置一昼夜，取出后放在干燥器中，升至室温后备用。

试剂的标定：取干燥带塞的玻璃瓶称重，准确加入蒸馏水 30mg 左右，加入无水甲醇2mL，在不断振摇下，用卡尔·费歇尔试剂滴定至呈黄棕色为终点。另取无水甲醇按同法进行空白实验，按下式计算滴定度（T）。

$$T = \frac{m}{V - V_0}$$

式中，T 为卡尔·费歇尔试剂的滴定度［每毫升相当于水的质量（mg）］；m 为重蒸水的质量，mg；V 为滴定水时消耗的卡尔·费歇尔试剂的体积，mL；V_0 为空白实验时消耗的卡尔·费歇尔试剂的体积，mL。

（2）苯：光谱纯，开瓶后可覆盖氢氧化钠保存。

（3）无水甲醇。

2）仪器 卡尔·费歇尔水分测定仪等。

7.3.4 实验步骤

准确称取粉碎、均匀的样品 1.00g 置于 250mL 干燥的磨口锥形瓶中，加入苯 100mL，盖上瓶塞，然后放在摇瓶机上振摇 1h，再静置 10min，吸取此溶液 50mL 于卡尔·费歇尔水分测定仪中，并加入无水甲醇 70mL（可事先滴定以除去可能残存的水分）混合，用卡尔·费歇尔试剂滴定至产生稳定的橙红色不退为止，整个测定操作需保持在（25±1）℃条件下进行。另取 10mL 重蒸水代替样品，加苯 100mL，振摇 2min，静置 5min，然后按上述样品测定步骤进行滴定，至终点后，同样记录消耗卡尔·费歇尔试剂的体积（mL）。

7.3.5 结果计算

$$A_w = \frac{V_n}{V_0} \times 10$$

式中，V_n 为从食品中萃取的水量（用卡尔·费歇尔试剂滴定度乘以滴定样品所消耗该试剂的体积），mL；V_0 为从纯水中萃取的水量（用卡尔·费歇尔试剂滴定度乘以滴定 10mL 纯水萃取液时所消耗该试剂的体积），mL。

【复习与思考题】

1. 请阐述水分活度的概念及它在食品工业生产中的重要意义。
2. 水分活度的测定方法有哪些？分别说明其测定原理。
3. 简述康威微量扩散法测定食品水分活度的步骤。

【实验结果】

_____

_____

_____

_____

【实验关键点】

_____

_____

_____

_____

【素质拓展资料】

Determination of Water Activity Using the Decagon AquaLab Models CX-2 and Series 3

扫码见内容

实验8　食品中酸度的测定

食品中的酸不仅作为酸味成分，而且在食品的加工、储藏及品质管理等方面被认为是重要的成分，测定食品中的酸度具有十分重要的意义。应区分如下几种不同概念的酸度。

总酸度是指食品中所有酸性成分的总量。它包括未离解的酸的浓度和已离解的酸的浓度，其大小常用标准碱溶液进行滴定，并以样品中主要代表酸的百分含量来表示，故总酸度又称可滴定酸度。但是人们味觉中的酸度，各种生物化学或其他化学工艺变化的动向和速度，主要不是取决于酸的总量，而是取决于离子状态的那部分酸，所以通常用氢离子活度（pH）来表示有效酸度。

有效酸度是指被测溶液中 H^+ 的浓度，准确地说应是溶液中 H^+ 的活度，所反映的是已离解的那部分酸的浓度，常用 pH 来表示，其大小可借酸度计（即 pH 计）来测定。

挥发酸是指食品中易挥发的酸，如甲酸、乙酸及丁酸等低碳链的直链脂肪酸，其大小可通过蒸馏法分离，再借标准碱滴定来测定。总挥发酸主要是甲酸、乙酸和丁酸，它包括游离的和结合的两部分，前者在蒸馏时较易挥发，后者比较困难，用蒸汽蒸馏并加入10%磷酸，可使结合状态的挥发酸得以离析，并显著地加速挥发酸的蒸馏过程。

酸的种类和含量是判别食品质量好坏的一个重要指标。挥发酸的种类是判别某发酵制品腐败的标准，如某些发酵制品中有甲酸积累，则说明已发生细菌性腐败，挥发酸的含量也是某些发酵制品质量好坏的指标。例如，水果发酵制品中含有0.1%以上的乙酸，则说明制品腐败；牛乳及乳制品中乳酸过高时，也说明已有乳酸菌发酵而产生腐败。新鲜的油脂常常是中性的，不含游离脂肪酸。但油脂在存放过程中，本身含的解脂酶会分解油脂而产生游离脂肪酸，使油脂酸败，故测定油脂酸度（以酸价表示）可判别其新鲜程度。有效酸度也是判别食品质量的指标。例如，新鲜肉的 pH 为 5.7～6.2，如 pH＞6.7，说明肉已变质。

8.1　总酸度的测定

8.1.1　滴定法

8.1.1.1　实验目的

（1）了解食品中总酸度测定的原理。

（2）掌握总酸度的测定方法。

8.1.1.2　实验原理

总酸度是指所有酸性成分的总量，所以样品溶液用标准碱性溶液滴定时被中和生成盐类。由消耗标准碱液的量就可以求出样品中酸的质量分数。

8.1.1.3　试剂与仪器

1%酚酞乙醇溶液、0.1mol/L氢氧化钠标准溶液、滴定管等。

标定：精密称取0.4～0.6g在105～110℃干燥至恒重的基准邻苯二甲酸氢钾，加50mL新煮沸过的冷蒸馏水，振摇使之溶解。加2滴酚酞指示液，用配制的氢氧化钠标准溶液滴定至溶液呈浅粉红色30s不退色。同时做空白实验。按下式计算氢氧化钠标准溶液的浓度。

$$c = \frac{m \times 1000}{(V_1 - V_2) \times 204.2}$$

式中，c为氢氧化钠标准溶液物质的量浓度，mol/L；m为基准邻苯二甲酸氢钾的质量，g；V_1为氢氧化钠标准溶液的用量，mL；V_2为空白实验中氢氧化钠标准溶液的用量，mL；204.2为邻苯二甲酸氢钾的摩尔质量，g/mol。

8.1.1.4　实验步骤

1）试样的制备

（1）液体样品：不含二氧化碳的样品充分混匀。含二氧化碳的样品按下述方法排除二氧化碳，取至少200mL充分混匀的样品，置于500mL锥形瓶中，旋摇至基本无气泡后装上冷凝管，置于水浴锅中。待水沸腾后保持10min，取出，冷却。啤酒中的二氧化碳按GB/T 4928—2008规定的方法排除。

（2）固体样品：去除不可食部分，取有代表性的样品至少200g，置于研钵或组织捣碎机中，加入与试样等量的水，研碎或捣碎，混匀。面包应取其中心部分，充分混匀，直接供制备试液。

（3）固、液体样品：按样品的固、液体比例至少取200g，去除不可食部分，用研钵或组织捣碎机研碎或捣碎，混匀。

2）样品的测定　　取25.00～50.00mL试液置于烧杯中。用约150mL已煮沸、冷却、去除二氧化碳的蒸馏水移入250mL容量瓶中，充分振摇后加水至刻度，再摇匀。用干燥滤纸过滤。吸取滤液50mL，加入酚3～4滴，用0.1mol/L氢氧化钠标准溶液（如样品酸度较低，可用0.01mol/L或0.05mol/L氢氧化钠标准溶液）滴定至微红色30s不退色。记录消耗0.1mol/L氢氧化钠标准溶液的毫升数（V_1），用水代替试液。记录消耗0.1mol/L氢氧化钠标准溶液的毫升数（V_2）。

8.1.1.5　结果计算

总酸以每千克（或每升）样品中酸的克数表示，按下式计算。

$$X = \frac{c(V_1 - V_2) \times K \times F \times 1000}{m}$$

式中，X为每千克（或每升）样品中酸的克数，g/kg（或g/L）；c为氢氧化钠标准溶液的浓度，mol/L；V_1为滴定试液时消耗氢氧化钠标准溶液的体积，mL；V_2为空白实验时消耗氢氧化钠标准溶液的体积，mL；F为试液的稀释倍数；m为样品的质量，g；K为酸的换算系数（表2.12）。

表 2.12　换算系数的选择（引自高向阳，2006）

分析样品	主要有机酸	换算系数
葡萄及其制品	酒石酸	0.075
柑橘类及其制品	柠檬酸	0.064 或 0.070（带 1 分子结晶水）
苹果及其制品	苹果酸	0.067
乳品、肉类、水产品及其制品	乳酸	0.090
酒类、调味品	乙酸	0.060
菠菜	草酸	0.045

8.1.1.6　注意事项

（1）如果样液的颜色过深，终点颜色变化不明显，可加入等量蒸馏水稀释后再滴定，也可用活性炭脱色或者用酸度计指示终点。

（2）一般葡萄的总酸度用酒石酸表示；柑橘以柠檬酸表示；核仁、核果及浆果类以苹果酸表示；牛乳以乳酸表示。

8.1.2　电位滴定法

8.1.2.1　实验原理

本法根据酸碱中和原理，用碱试液滴定试液中的酸，根据电位的"突跃"判断滴定终点。按碱液的消耗量计算食品中的总酸含量。

8.1.2.2　试剂与仪器

1）试剂　　pH 8.0 磷酸钠缓冲溶液、0.1mol/L 盐酸标准溶液、0.1mol/L 氢氧化钠标准溶液、0.01mol/L 或 0.05mol/L 氢氧化钠标准溶液、0.05mol/L 盐酸标准溶液等。

2）仪器　　酸度计（pH 0～14，直接读数式，精度为 ±0.1）、玻璃电极和甘汞电极、电磁搅拌器等。

8.1.2.3　实验步骤

1）试样、试液的制备　　同滴定法。

2）测定

（1）果蔬制品、饮料、乳制品、酒、淀粉制品、调味品等：取 20.00～50.00mL 试液，置于 150mL 烧杯中，加 40～60mL 水。将酸度计电源接通，待指针稳定后，用 pH 8.0 的磷酸钠缓冲溶液校正酸度计。将盛有试液的烧杯放到电磁搅拌器上，再将玻璃电极及甘汞电极浸入试液的适当位置。按下 pH 读数开关，开动搅拌器，迅速用 0.1mol/L 氢氧化钠标准溶液（如样品酸度太低，可用 0.01mol/L 或 0.05mol/L 氢氧化钠标准溶液）滴定，并随时观察溶液 pH 的变化，接近终点时，应放慢滴定速度。一次滴加半滴（最多一滴），直至溶液的 pH 达到指定终点。记录消耗氢氧化钠标准溶液的毫升数（V_1）。

（2）蜂产品：称取约 10g 混合均匀的试样，精确至 0.001g，置于 150mL 烧杯中，加 80mL 水，以下按（1）操作。用 0.05mol/L 氢氧化钠标准溶液以 5.0mL/min 速度滴定。当 pH 到 8.5 时停止滴加，然后一次加入 10mL 0.05mol/L 氢氧化钠标准溶液。记录消耗氢氧化钠标准溶液的总毫升数（V_1）。

用水代替试液做空白实验，记录消耗氢氧化钠标准溶液的总毫升数（V_2）。

各种酸滴定终点的 pH：柠檬酸，8.0～8.1；苹果酸，8.0～8.1；酒石酸，8.1～8.2；乳酸，8.1～8.2；乙酸，8.0～8.1；盐酸，8.1～8.2；磷酸，8.7～8.8。

8.1.2.4　结果计算

$$X = \frac{[C_1(V_1 - V_2) - C_2 V_3] \times K \times F}{m} \times 1000$$

式中，X 为每千克（或每升）样品中酸的质量，g/kg(g/L)；C_1 为氢氧化钠标准溶液的浓度，mol/L；V_1 为滴定试液时消耗氢氧化钠标准溶液的体积，mL；V_2 为空白实验时消耗氢氧化钠标准溶液的体积，mL；V_3 为反滴定时消耗盐酸标准溶液的体积，mL；C_2 为盐酸标准溶液的浓度，moL/L；F 为试液的稀释倍数；m 为试样的质量（或体积），g（或 mL）；K 为酸的换算系数。

8.1.2.5　注意事项

（1）用磷酸钠缓冲溶液标定仪器时，要保证缓冲溶液的可靠性，不能配错缓冲溶液，否则将导致测量不准。

（2）电位滴定法必须选择使用适宜的指示电极，必须根据电极的性质进行充分的清洁处理，化学反应必须能按化学当量进行，而且进行的速度足够迅速且无副反应发生。

（3）中和滴定时常用玻璃电极作为指示电极。强酸、强碱滴定时，突跃明显、准确性高，弱酸与弱碱滴定时突跃小，离解常数越大、突跃幅度越大，终点越明显。

（4）电极应避免长期浸在蒸馏水、蛋白质溶液和酸性氟化物溶液中。

8.2　有效酸度的测定

8.2.1　酸度计（pH计）法

8.2.1.1　实验目的

（1）了解有效酸度的测定原理。

（2）掌握 pH 计的使用方法及操作技能。

8.2.1.2　实验原理

有效酸度是指试样溶液中酸性物质离解产生的氢离子活度，是试样真正的酸度，用酸度计或离子分析仪测定，以 pH 表示。仪器用 pH 玻璃电极作指示电极，用甘汞电极作参比电极，插入待测样液中，组成原有电池，该电池电动势的大小与溶液 pH 有线性关系。25℃时，待测定试液与标准溶液组成原电池的电动势每相差 59.16mV，两溶液的 pH 就相差一个单位，仪器表头上可直接读出试液的 pH。

8.2.1.3　试剂与仪器

pH 4.00 标准缓冲溶液（25℃）、pH 6.86 标准缓冲溶液（25℃）、pH 9.18 标准缓冲溶液（25℃）、酸度计（pH 计）等。

8.2.1.4　实验步骤

1）pH 计校正　　将开关置于"pH"位置。温度补偿器旋钮指示溶液的温度。选择适当 pH 的标准缓冲溶液（其 pH 与被测样液的 pH 相接近）。用标准缓冲溶液洗涤 2 次烧杯和电极，然后将标准缓冲溶液注入烧杯内，两电极浸入溶液中，使玻璃电极上的玻璃珠和参比电极上的毛细管浸入溶液，小心缓慢地摇动烧杯。调节零点调节器使指针在 pH=7 的位置上。将电极接头同仪器相连（甘汞电极接入接线柱，玻璃电极接入插孔内）。按下读数开关，调节电位调节器，使指针指示缓冲溶液的 pH。放开读数开关，指针应在 pH=7 处，如有变动，按前面步骤重复调节。校正后切不可再旋动定位调节器，否则必须重新校正。

2）样品测定　　果蔬类样品经捣碎均匀后，可在 pH 计上直接测定。肉、鱼类样品一般在中性水中浸泡（样品：水 =1：10，*m/m*），过滤，取滤液进行测定。测定时先用 pH 标准缓冲溶液进行校正。然后将电极用水冲洗，用滤纸轻轻吸干，再进行测定。样品测定完毕后，将电极取出，冲洗干净后拭干，放置在充有电极保护液的保护套内。

8.2.1.5　注意事项

（1）玻璃电极使用前，要在蒸馏水中浸泡一昼夜以上；连续使用的间歇期间也都应浸泡在蒸馏水中，长期不用时，可洗净吸干后装盒保存，再次使用时应浸泡 24h 以上。

（2）甘汞电极在使用前，应将底部和侧面加液孔上的橡皮塞取下，以保持 KCl 溶液在重力作用下慢慢渗出，保证电路畅通，不用时即把两橡皮塞塞上，以免 KCl 溶液流失，KCl 溶液不足时应及时补充，KCl 溶液中不应有气泡，以防止电路断路。溶液内应有少量 KCl 晶体，以保持溶液饱和，电位恒定，测量时应使电极内液面高出被测溶液液面，以防止被测试液向电极内扩散。

（3）玻璃电极内阻极高，对插头处绝缘要求极高，使用时不要用手接触绝缘部位。

（4）仪器定位后，不得更换电极，否则要重新定位。长期连续使用也应经常重新定位，以防仪器或电极参数发生变化。

（5）定位所用标准缓冲溶液的 pH 应与被测溶液的 pH 接近（如现成缓冲剂的 pH 为 4.00、6.86、9.18 等）。

8.2.2　比色法

8.2.2.1　实验原理

由于各种酸碱指示剂在不同的 pH 范围内显示不同的颜色，故可用不同指示剂的混合物显示不同的颜色来指示样液的 pH。

8.2.2.2　实验步骤

根据操作方法不同分为试纸法和标准管比色法。

1）试纸法（尤其适用于固体和半固体样品的 pH 测定）　　将滤纸裁成小片，放在适当的指示剂溶液中，浸渍后干燥即可，用一干净的玻璃棒蘸少量样液，滴在经过处理的试纸上（有广泛与精密试纸之分），使其显色，在 2～3s 后，与标准色相比较，以测出样液的 pH。此法简便、快速、经济，但结果不够准确，仅能粗略地估计样液的 pH。

2）标准管比色法　　用标准缓冲溶液配制不同 pH 的标准溶液，再各加适当的酸碱指示剂使其于不同 pH 条件下呈不同颜色，即形成标准色，在样液中加入与标准缓冲溶液相同的酸碱指示剂，显色后与标准色管的颜色进行比较，与样液颜色相近的比色管中缓冲溶液的 pH 即为待测样液的 pH。此法适用于色度和浑浊度甚低的样液，因其受样液颜色、浊度、胶体物和各种氧化剂与还原剂的干扰，故测定结果不甚准确，其测定仅能准确到 0.1 个 pH 单位。

8.2.2.3　注意事项

（1）用相同型号的比色管（同一套由同种材料制成的、大小形状相同的比色管），配制等体积的系列标准样品。

（2）若待测溶液与某一标准溶液颜色深度一致，则说明两者浓度相等；若待测溶液颜色介于两标准溶液之间，则取其算术平均值作为待测溶液的浓度。

（3）虽然可采用某些稳定的有色物质（如重铬酸钾、硫酸铜和硫酸钴等）配制永久性标准系列，或利用有色塑料、有色玻璃制成永久色阶，但由于它们的颜色与试液的颜色往往有差异，也需要进行校正。

8.3　挥发酸的测定

8.3.1　实验目的

（1）学习挥发酸测定的原理。
（2）掌握挥发酸测定的方法。

8.3.2　实验原理

测定挥发酸有直接法和间接法。直接法是挥发酸用水蒸气蒸馏分离，加入磷酸使结合的挥发酸离析，挥发酸经冷凝收集后，用标准碱液滴定；间接法是将挥发酸蒸发除去后，滴定不挥发残渣的酸度，由总酸度减去残渣酸度得挥发酸量。直接法较为便利。

8.3.3　试剂与仪器

1）试剂　　0.10mol/L 氢氧化钠标准溶液、1% 酚酞乙醇溶液、10% 磷酸溶液等。

2）仪器　　水蒸气蒸馏装置（图 2.11）、接收瓶等。

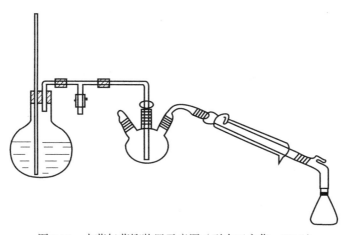

图 2.11　水蒸气蒸馏装置示意图（引自王永华，2017）

8.3.4　实验步骤

准确称取均匀样品 2.00～3.00g（挥发酸少的可酌量增加），用 50mL 煮沸过的蒸馏水洗入 250mL 烧瓶中，加 10% 磷酸 1mL，连接水蒸气蒸馏装置，加热蒸馏至馏出液 300mL 为止。在相同条件下做空白实验。

将馏出液加热至 60～65℃，加入酚酞指示剂 2～3 滴，用 0.1mol/L 氢氧化钠标准溶液滴定至微红色，以 1min 内不退色为终点。记录滴定消耗的氢氧化钠标准溶液的体积，并用与之相当的乙酸质量计算试样中的挥发酸度。

8.3.5　结果计算

按下式计算试样中的挥发酸度，结果保留到小数点后两位。

$$挥发酸度(以乙酸计, g/100g) = \frac{c \times (V_1 - V_2) \times 0.060}{m} \times 100$$

式中，c 为氢氧化钠标准溶液的物质的量浓度，mol/L；V_1 为样液滴定消耗氢氧化钠标准溶液的体积，mL；V_2 为空白滴定消耗氢氧化钠标准溶液的体积，mL；m 为样品的质量，g；0.060 为乙酸的摩尔质量，g/mmol。

8.3.6　注意事项

（1）蒸气发生瓶内的水必须预先煮沸 10min，以除去二氧化碳。

（2）蒸馏装置要保持密封良好。

（3）样品中挥发酸含量较少，或在蒸馏操作过程中馏出液有所损失或被污染，则可用间接法将挥发酸蒸发排除后，用标准碱滴定不挥发酸，最后从总酸中减去不挥发酸的量，即得挥发酸含量。

8.4　有机酸的测定

8.4.1　高效液相色谱法

8.4.1.1　实验目的

了解和掌握高效液相色谱（HPLC）分析食品中有机酸的基本原理、方法和仪器的结构、特点。

8.4.1.2　实验原理

样品经过高速离心及超滤等处理后，以磷酸二氢铵为流动相，采用紫外检测器于 210nm 波长下对样品中有机酸进行定性、定量分析。本法可适用于果蔬及其制品、各种酒类、调味品及乳和乳制品中主要有机酸的分离与测定，可同时分离、分析柠檬酸、酒石酸、苹果酸等有机酸。

8.4.1.3　试剂与仪器

1）试剂

（1）流动相为 3% CH₃OH-0.01mol/L K₂HPO₄（pH 2.55），用 0.45μm 滤膜进行抽滤，经超声波脱气 15min。

（2）有机酸标准混合液，分别准确称取草酸、酒石酸、苹果酸、乳酸、乙酸、柠檬酸和抗坏血酸（精确至 0.1mg），以流动相溶液溶解并稀释，配制成不同浓度的混合标准溶液，用 0.45μm 的滤膜过滤后，上机绘制各种有机酸的标准曲线。

（3）80% 乙醇溶液，超纯水等。

2）仪器　　高效液相色谱仪等。

8.4.1.4　实验步骤

1）样品处理

（1）固体样品：称取 5～10g（视有机酸含量而定）置于加有石英砂的研钵中研碎，用

25mL 80% 乙醇转移到 50mL 锥形瓶中，于 75℃水浴中加热浸提 15min，在 20 000r/min 条件下离心 20min，沉淀用 10mL 80% 乙醇洗涤两次，离心分离后，合并上清液并定容至 50mL。取 5mL 上清液于蒸发皿中，在 75℃水浴上蒸干，残渣加 5mL 流动相溶解，离心，上清液经 0.45μm 滤膜在真空下超滤后进样。

（2）液体样品：吸取 5mL 样液（视有机酸含量酌情增减）于蒸发皿中，在 75℃水浴上蒸干，残渣加 5mL 80% 乙醇溶解，离心，上清液用水浴蒸干，残渣加 5mL 流动相溶解，离心，上清液经 0.45μm 滤膜于真空下超滤后进样。

2）色谱分析条件　　C_{18} 色谱柱，流动相：3% CH_3OH-0.01mol/L K_2HPO_4；流速：0.5mL/min；检测器：紫外可变波长检测器；检测波长：210nm；柱温：室温。

3）标准曲线的绘制　　分别取有机酸标准混合溶液 1μL、2μL、4μL、6μL、8μL、10μL 进样分析，得出有机酸标准色谱图，以各有机酸的峰高或峰面积为纵坐标，以各有机酸含量（μg）为横坐标分别绘制各有机酸的标准曲线，或用最小二乘法原理建立各种有机酸的回归方程。取适量样品处理液进行色谱分析，得出样品色谱图。

8.4.1.5　数据处理

将同一色谱条件下得到的样品色谱图和有机酸标准溶液色谱图进行对照，根据色谱峰的保留时间定性。必要时可在样液中加入一定量的某种有机酸标准溶液以增加峰高法来进行定性。根据峰面积或峰高进行定量，再根据样品稀释倍数即可求出样品中各有机酸的含量。图 2.12 为参考色谱图。

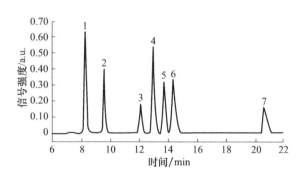

图 2.12　参考色谱图（引自高海燕等，2004）

1. 草酸；2. 酒石酸；3. 苹果酸；4. 抗坏血酸；5. 乳酸；6. 乙酸；7. 柠檬酸

8.4.1.6　注意事项

（1）流动相必须用 HPLC 级的试剂，使用前过滤除去其中的颗粒性杂质和其他物质（使用 0.45μm 或更细的膜过滤）。

（2）流动相过滤后要用超声波脱气，脱气后应该恢复到室温后再使用。

（3）不能用纯乙腈作为流动相，这样会使单向阀粘住而导致泵不进液。

（4）使用缓冲溶液时，做完样品后应立即用去离子水冲洗管路及柱子 1h，然后用甲醇（或甲醇水溶液）冲洗 40min 以上，以充分洗去离子。对于柱塞杆外部，做完样品后也必须用去离子水冲洗 20mL 以上。

（5）C_{18} 柱绝对不能进蛋白质样品、血样、生物样品。

（6）要注意柱子的 pH 范围，不得注射强酸、强碱的样品，特别是碱性样品。

8.4.2　离子色谱法

8.4.2.1　实验原理

以水溶解提取食品中柠檬酸等有机酸，其在水溶液中都是弱酸，可部分电离成阴离子，因此可在阴离子交换柱上进行交换；有效分离共存组分，抑制器的抑制反应使背景电导大大降低，结合检测器检测，提高方法的选择性、灵敏度及准确度。与标准系列溶液比较，对样品中有机酸含量进行定性、定量分析。

8.4.2.2　试剂与仪器

本方法所用水均为二次去离子水，试剂为分析纯，全部试剂贮存于聚乙烯塑料瓶中。

1）试剂　　乳酸、乙酸、丙酸、甲酸、丙酮酸、琥珀酸、草酸、柠檬酸等标准物质；超纯水等。

2）仪器　　ICS-3000 离子交换色谱（美国戴安 DIONEX）（Chromeleon 6.80 色谱工作站，EG40 淋洗液自动发生器，ASRS-ULTRA Ⅱ 4mm 阴离子抑制器，电导检测器），超纯水制备仪，样品预处理 RP 柱（美国戴安 DIONEX），水相尼龙滤膜（0.45μm）等。

8.4.2.3　实验步骤

1）标准溶液的配制　　有机酸标准储备液浓度均配制为 1000mg/L，再把乳酸、乙酸、丙酸、甲酸、丙酮酸、琥珀酸、草酸、柠檬酸配成适宜浓度的混合标准溶液；把此混合标准溶液用超纯水依次稀释不同倍数，配成系列混合标准使用液；所用溶液均用电阻率为 18.25MΩ · cm 超纯水配制。

2）样品处理　　食醋样品根据要求稀释不同倍数后定容至 50mL，过 RP 柱（RP 柱预先分别用 5mL 甲醇和 10mL 水活化，上样速度为 2～3mL/min，并弃去前 3mL）后进样。

3）色谱工作参考条件　　色谱柱：IonPac AS11-HC 型分离柱（250mm×4mm），IonPac AG11-HC 型保护柱（50mm×4mm），EG40 淋洗液自动发生器产生的梯度淋洗液浓度见表 2.13；流速：1.0mL/min；抑制器再生模式：外加水电抑制；进样量：25μL。

表 2.13　梯度淋洗（引自王贵双等，2010）

梯度时间/min	淋洗液 KOH 浓度/（mmol/L）	梯度时间/min	淋洗液 KOH 浓度/（mmol/L）
0.00	0.80	16.00	0.80
29.00	16.50	35.00	20.00
39.00	35.00	45.00	35.00
45.10	50.00	47.10	50.00
47.20	0.80	59.00	0.80

4）有机酸定性定量方法　　按离子色谱操作规程开机并稳定系统，待基线稳定后，分别对单个的标准溶液进样分析。确定保留时间、峰高、峰面积，并记录相应的峰高、峰面积数据。对经过前处理的样品进样测定，由色谱峰的保留时间定性，峰高和峰面积与标准样品对照进行定量。

5）离子色谱操作步骤

（1）根据不同样品和色谱柱的条件来配制所需淋洗液。

（2）打开计算机和离子色谱主机电源，启动计算机色谱工作站，打开氮气气体阀门调节压力至所需数值。

（3）设置仪器分析工作参数，如流速、抑制器电流、柱温、电导池温度。

（4）打开色谱工作站，查看基线，等基线稳定后即可分析待测样品。

（5）用微量注射器或者自动进样器取各个阴离子标准样品分别进样，以确定不同被测离子的准确保留时间，以此用于定性。

（6）取各个浓度的混合标准样品进行进样分析。分析结束后，计算标准样品中各阴离子的保留时间、峰高及峰面积，并将相关数据储存在计算机中。

（7）取未知样品进样，由色谱峰的保留时间定性，将峰高和峰面积与标准样品进行对照来定量。

（8）按开机顺序逆次序关机。

8.4.2.4　数据处理

将同一色谱条件下得到的样品色谱图和有机酸标准溶液色谱图进行对照，根据色谱峰的保留时间进行定性。根据峰面积或峰高进行定量，再根据样品稀释倍数即可求出样品中各有机酸的含量。图 2.13 为参考色谱图。

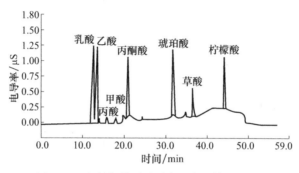

图 2.13　参考色谱图（引自王贵双等，2010）

8.4.2.5　注意事项

（1）阴离子淋洗储备液（Na_2CO_3、$NaHCO_3$）必须经过 0.45μm 以下孔径的微孔滤膜过滤，否则易出现泵进液管滤头堵塞、色谱柱堵塞、影响峰形等故障。

（2）对具体情况不了解的样品应高倍稀释后进样，对于具体成分不清楚的洁净样品，有时可能含有重金属或个别离子浓度较高，应大倍数稀释后进样，通常至少稀释 100 倍，然后视结果决定稀释倍数。

（3）未经处理的不洁样品不能直接进样。

（4）分析阴离子时高硬度样品不宜直接进样，钙、镁离子易与阴离子淋洗液形成沉淀，堵塞色谱，进样前应在样品中加入淋洗液，0.22μm 滤膜过滤后进样。

【复习与思考题】

1. 测定酸度时，如何消除二氧化碳对测定的影响？

2. 测定食品中总酸度时应注意哪些问题？

3. 电位法测定溶液 pH 的根据是什么？操作时应注意哪些问题？

4. 总挥发酸包括哪两部分？要测定结合态挥发酸，应如何处理？

5. 高效液相色谱法测定有机酸如何定性和定量?

6. 离子色谱的特点有哪些? 离子色谱的基本组成是什么?

【实验结果】

_____

_____

_____

_____

【实验关键点】

_____

_____

_____

_____

【素质拓展资料】

Titratable Acidity and pH

扫码见内容

实验 9　食品中还原糖含量的测定

还原糖是指具有还原性的糖类。在糖类中,分子中含有游离醛基或酮基的单糖和含有游离醛基的双糖都具有还原性。葡萄糖分子中含有游离的醛基,果糖分子中含有游离的酮基,乳糖和麦芽糖分子中含有游离的醛基,故它们都是还原糖。其他双糖(如蔗糖)、三糖乃至多糖(如糊精、淀粉等)本身不具有还原性,属于非还原性糖,但都可以通过水解而生成相应的还原性单糖,测定水解液的还原糖含量就可以求得样品中相应糖类的含量。因此,还原糖的测定是一般糖类定量的基础。

9.1　直接滴定法

9.1.1　实验目的

(1)掌握直接滴定法测定食品中还原糖的原理和方法。

(2)了解食品样品预处理的方法及影响滴定结果的因素。

9.1.2　实验原理

将等量的碱性酒石酸铜甲液、乙液混合时,生成天蓝色的氢氧化铜沉淀,沉淀立即与酒石酸钾钠反应,生成深蓝色的可溶性酒石酸钾钠铜配合物。此配合物与还原糖共热时,二价铜被还原糖还原为一价的氧化亚铜沉淀,氧化亚铜与亚铁氰化钾反应,生成可溶性化合物。到达终点时,稍微过量的还原糖将蓝色的次甲基蓝还原为无色,溶液呈淡黄色而指示滴定终点。根据测定时样品液所消耗的体积,可以计算还原糖含量。

9.1.3　试剂与仪器

9.1.3.1　试剂及其配制

盐酸、硫酸铜、亚甲蓝、酒石酸钾钠、氢氧化钠、乙酸锌、冰醋酸、亚铁氰化钾等。

试剂配制方法如下。① 盐酸溶液（1：1，V/V）：量取盐酸 50mL，加水 50mL 混匀。② 碱性酒石酸铜甲液：称取硫酸铜 15g 和亚甲蓝 0.05g，溶于水中，并稀释至 1000mL。③ 碱性酒石酸铜乙液：称取酒石酸钾钠 50g 和氢氧化钠 75g，溶解于水中，再加入亚铁氰化钾 4g，完全溶解后，用水定容至 1000mL，贮存于橡胶塞玻璃瓶中。④ 乙酸锌溶液：称取乙酸锌 21.9g，加冰醋酸 3mL，加水溶解并定容至 100mL。⑤ 亚铁氰化钾溶液（106g/L）：称取亚铁氰化钾 10.6g，加水溶解并定容至 100mL。⑥ 氢氧化钠溶液（40g/L）：称取氢氧化钠 4g，加水溶解后，放冷，并定容至 100mL。

9.1.3.2　标准品及其标准溶液配制

具体配制方法如下。① 葡萄糖（$C_6H_{12}O_6$），CAS：50-99-7，纯度≥99%。葡萄糖标准溶液（1.0mg/mL）：准确称取在 98～100℃烘箱中干燥 2h 后的葡萄糖 1.0000g，加水溶解后加入盐酸溶液 5mL，并用水定容至 1000mL。此溶液每毫升相当于 1.0mg 葡萄糖。② 果糖（$C_6H_{12}O_6$），CAS：57-48-7，纯度≥99%。果糖标准溶液（1.0mg/mL）：准确称取在 98～100℃烘箱中干燥 2h 的果糖 1.0000g，加水溶解后加入盐酸溶液 5mL，并用水定容至 1000mL。此溶液每毫升相当于 1.0mg 果糖。③ 乳糖（含水）（$C_6H_{12}O_6 \cdot H_2O$），CAS：5989-81-1，纯度≥99%。乳糖标准溶液（1.0mg/mL）：准确称取在 94～98℃烘箱中干燥 2h 的乳糖（含水）1.0000g，加水溶解后加入盐酸溶液 5mL，并用水定容至 1000mL。此溶液每毫升相当于 1.0mg 乳糖（含水）。④ 蔗糖（$C_{12}H_{22}O_{11}$），CAS：57-50-1，纯度≥99%。转化糖标准溶液（1.0mg/mL）：准确称取 1.0526g 蔗糖，用 100mL 水溶解，置具塞锥形瓶中，加盐酸溶液 5mL，在 68～70℃水浴中加热 15min，放置至室温，转移至 1000mL 容量瓶中并加水定容至 1000mL，每毫升标准溶液相当于 1.0mg 转化糖。

9.1.3.3　仪器

仪器：① 天平，感量为 0.1mg；② 水浴锅；③ 可调温电炉；④ 酸式滴定管，25mL。

9.1.4　实验步骤

9.1.4.1　样品处理

（1）含淀粉的食品：称取粉碎或混匀后的试样 10.0000～20.0000g（精确至 0.0001g），置 250mL 容量瓶中，加水 200mL，在 45℃水浴中加热 1h，并时时振摇，冷却后加水至刻度，混匀，静置，沉淀。吸取 200.0mL 上清液置于另一 250mL 容量瓶中，缓慢加入乙酸锌溶液 5mL 和亚铁氰化钾溶液 5mL，加水至刻度，混匀，静置 30min，用干燥滤纸过滤，弃去初滤液，取后续滤液备用。

（2）乙醇饮料：称取混匀后的试样 100.00g（精确至 0.01g），置于蒸发皿中，用氢氧化钠溶液中和至中性，在水浴上蒸发至原体积的 1/4 后，移入 250mL 容量瓶中，缓慢加入乙酸锌溶液 5mL 和亚铁氰化钾溶液 5mL，加水至刻度，混匀，静置 30min，用干燥滤纸过滤，弃去初滤液，取后续滤液备用。

（3）碳酸饮料：称取混匀后的试样 100.00g（精确至 0.01g）于蒸发皿中，在水浴上微热搅拌除去二氧化碳后，移入 250mL 容量瓶中，用水洗涤蒸发皿，洗液并入容量瓶，加水至刻度，混匀后备用。

（4）其他食品：称取粉碎后的固体试样 2.500～5.000g（精确至 0.001g）或混匀后的液体试样 5.000～25.000g（精确至 0.001g），置 250mL 容量瓶中，加 50mL 水，缓慢加入乙酸锌溶液 5mL 和亚铁氰化钾溶液 5mL，加水至刻度，混匀，静置 30min，用干燥滤纸过滤，弃去初滤液，取后续滤液备用。

9.1.4.2 标定碱性酒石酸铜溶液

吸取碱性酒石酸铜甲液、乙液各 5.00mL，置于 150mL 锥形瓶中，加 10mL 水，加入玻璃珠 2～4 粒，从滴定管滴加约 9mL 葡萄糖标准溶液或其他还原糖标准溶液，置于电炉上迅速加热至沸腾（要求控制在 2min 内沸腾），然后趁热以每两秒加 1 滴的速度继续滴加葡萄糖标准溶液或其他还原糖标准溶液，直至溶液蓝色刚好退去为终点，记录消耗的葡萄糖标准溶液或其他还原糖标准溶液的总体积。同时，平行操作 3 份，取其平均值，计算每 10mL 碱性酒石酸铜溶液（碱性酒石酸铜甲液、乙液各 5mL）相当于葡萄糖（或其他还原糖）的质量（mg）。

注：也可以按上述方法标定 4～20mL 碱性酒石酸铜溶液（甲液、乙液各半）来适应试样中还原糖的浓度变化。

9.1.4.3 样品溶液预测

吸取碱性酒石酸铜甲液及乙液各 5.00mL，置于 150mL 锥形瓶中，加水 10mL，加入玻璃珠 2～4 粒，控制在 2min 内加热至沸，趁沸以先快后慢的速度，从滴定管中滴加样品溶液，并保持溶液沸腾状态，待溶液颜色变浅时，以每两秒加 1 滴的速度滴定，直至溶液蓝色刚好退去为终点，记录消耗样液的总体积。

当试样溶液中还原糖浓度过高时应适当稀释再进行测定，使每次滴定消耗试样溶液的体积控制在与标定碱性酒石酸酮溶液时所消耗的还原糖标准溶液的体积相近，约 10mL。结果按式（2-1）计算；当浓度过低时则采取直接加入 10mL 样品溶液，免去加水 10mL，再用还原糖标准溶液滴定至终点，记录消耗的体积与标定时消耗的还原糖标准溶液体积之差相当于 10mL 试样溶液中所含还原糖的量。结果按式（2-2）计算。

9.1.4.4 样品溶液的测定

吸取碱性酒石酸铜甲液及乙液各 5.00mL，置于 150mL 锥形瓶中，加水 10mL，加入玻璃珠 2～4 粒，从滴定管中滴加比预测体积少 1mL 的样品溶液至锥形瓶中，控制在 2min 内加热至沸，然后趁沸继续以每两秒加一滴的速度滴定直至终点（蓝色刚好退去）。记录消耗样液的总体积，同法平行操作 3 份，得出平均消耗体积（V）。

9.1.5 结果计算

样品中还原糖的含量（以某种还原糖计）按式（2-1）计算。

$$X = \frac{m_1}{m \times F \times V / 250 \times 1000} \times 100 \qquad (2\text{-}1)$$

式中，X 为样品中还原糖的质量分数，g/100g；m_1 为碱性酒石酸铜溶液（甲液、乙液各半）相当于某种还原糖的质量，mg；m 为样品质量，g；F 为系数，对含淀粉类、碳酸类及其他食品为 1，乙醇饮料为 0.80；V 为测定消耗样品溶液的平均体积，mL；250 为定容体积，

mL；1000 为换算系数。

当浓度过低时，样品中还原糖的含量（以某种还原糖计）按式（2-2）计算。

$$X = \frac{m_2}{m \times F \times 10 / 250 \times 1000} \times 100 \qquad （2-2）$$

式中，X 为试样中还原糖的质量分数，g/100g；m_2 为标定时体积与加入样品后消耗的还原糖标准溶液体积之差相当于某种还原糖的质量，mg；m 为试样质量，g；F 为系数，对含淀粉类、碳酸类及其他食品为 1，酒精饮料为 0.80；10 为样液体积，mL；250 为定容体积，mL；1000 为换算系数。

还原糖含量≥10g/100g 时，计算结果保留 3 位有效数字；还原糖含量<10g/100g 时，计算结果保留两位有效数字。

9.1.6 注意事项

（1）盐酸具有腐蚀性，在配制试剂时要遵守操作规程，注意安全。

（2）在溶液沸腾状态下，滴定时要注意避免试剂溅出。

（3）经过标定的定量的碱性酒石酸铜试剂，可与定量的还原糖作用，根据样品溶液消耗体积，可计算样品中还原糖含量。

（4）次甲基蓝本身也是一种氧化剂，其氧化能力比碱性酒石酸铜试剂更弱，当还原糖与碱性酒石酸铜试剂反应时，次甲基蓝保持氧化型状态，呈蓝色；当还原糖将碱性酒石酸铜试剂消耗殆尽时，少量过剩的还原糖可将次甲基蓝还原成还原型，无色。当无色次甲基蓝与空气中的氧结合时，又变为蓝色。故滴定时不要离开热源，使溶液保持沸腾，让上升的蒸汽阻止空气侵入溶液中。

（5）在碱性酒石酸铜试剂中加入少量亚铁氰化钾，可使反应生成的红色氧化亚铜沉淀与亚铁氰化钾发生络合反应，形成可溶性络合物，清除红色沉淀对滴定终点观察的干扰，使滴定终点变色更明显。其反应式如下。

$$Cu_2O + K_4Fe(CN)_6 + H_2O \xrightarrow{\triangle} K_2CuFe(CN)_6 + 2KOH$$

碱性酒石酸铜试剂的甲液及乙液应分别配制，分别储存，临用时甲液、乙液等量混合。

（6）本方法对样品溶液中还原糖浓度有一定要求，希望每次滴定消耗样品液的体积控制在与标定碱性酒石酸铜试剂时所消耗的葡萄糖标准液的体积相近，在 10mL 左右，如果样品溶液中还原糖浓度过大或过小，会使滴定所消耗的体积过少或过多，都会使测定误差增大。

必须通过预测结果调整和掌握样品液中还原糖的大致浓度。当浓度过高时，应适当稀释，再行正式测定；当浓度过低时，则采取直接加入 10mL 样品液，免去加水 10mL，直接再用葡萄糖标准液滴定至终点，减去不加样品液所用葡萄糖标准液的滴定体积，所差体积即相当于 10mL 样品液中所含葡萄糖的还原糖量。

（7）本滴定法对滴定操作条件应严格掌握，以保证平行。对碱性酒石酸铜试剂的标定、样品液预测、样品液的测定三者的滴定操作条件均应保持一致。对每一次滴定使用的锥形瓶规格和质量、加热电炉功率、滴定速度、滴定消耗的大致体积、终点观察方法等都应尽量一致，以减少误差。并将滴定所需体积的绝大部分先加入碱性酒石酸铜试剂中共沸，使其充分反应，仅留 1mL 左右作为滴定终点的判断。

9.2　还原糖测定仪

9.2.1　实验目的

（1）掌握还原糖测定仪测定食品中还原糖的原理和方法。

（2）了解还原糖测定仪测定的影响因素。

9.2.2　实验原理

全自动还原糖测定仪（SGD-Ⅳ型）（图 2.14）是根据费林试剂测定原理设计而成的，其原理与目前国家标准一致；费林试剂是一种氧化剂，由甲液、乙液组成。测定时将一定量的甲液、乙液混合，首先形成氢氧化铜，然后形成酒石酸钾铜络合物。次甲基蓝作为滴定终点指示剂，在氧化溶液中呈蓝色，被还原后呈无色。用标准还原糖滴定时，还原糖首先使铜还原，至铜被还原完毕，才使次甲基蓝还原成无色，即为滴定终点。

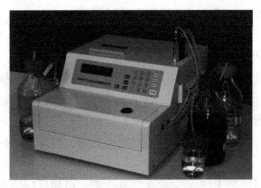

图 2.14　全自动还原糖测定仪

在滴定过程中，溶液颜色逐渐变化：蓝色→深蓝色→浅蓝色→紫红色→淡紫红色→在终点时突然变化至无色透明。

采用光电转换装置检测滴定过程中透光率的变化；根据电压变化曲线由仪器控制系统自动记录、采样、确定滴定终点；根据达到滴定终点时消耗的标准还原糖量，由控制系统自动计算出样品中还原糖含量，并显示和打印结果。

9.2.3　仪器及其结构

仪器由反应系统、自动控制系统和机壳三部分组成。

1）反应系统　　　核心部件为反应池，反应系统由滴定池主体构成；滴定池左右两侧有入射光源和光电转换器，滴定池前后两侧有液体进出管道，滴定池内侧有温度传感器和液体加热电极，根据需要调整液体温度；滴定池底部有电磁搅拌器，使滴定液体均匀混合；上部是进样口，可用移液器将被测样品注入滴定池。

2）自动控制系统　　　包括电源电路、控制电路、控制面板、微型打印机；按设定程序控制滴定池液体的进出、液体温度、搅拌、光电反应信息的收集和转换、计算、测定结果显示及打印。注射泵自动加入标准液、滴定液，两个蠕动泵可自动完成清洗和排空。

　　3）泵管连接

　　（1）清洗泵右端口连接硅胶管接蒸馏水瓶（需将该连接硅胶管置于蒸馏水中），左端口连接硅胶管接反应池最上面的不锈钢管道（出厂时已连接上）。

　　（2）排空泵左端口连接硅胶管接废液瓶（需将该连接硅胶管置于自备废液瓶水中），右端口连接硅胶管接反应池最下面的不锈钢管道（出厂时已连接上）。

　　（3）试剂泵甲液、乙液注射器端口各自接相应电磁阀的2号口连接硅胶管（出厂时已连接上），电磁阀1号口连接硅胶管接相应甲液、乙液试剂瓶（需分别将该连接硅胶管置于按说明书配制的甲液、乙液中），电磁阀3号口连接硅胶管接反应池的甲液、乙液不锈钢管道（出厂时已连接上）。

　　（4）滴定泵端口接电磁阀2号口连接硅胶管，电磁阀1号口连接硅胶管接滴定糖瓶（需将该连接硅胶管置于按说明书配制的0.7%滴定糖液中），电磁阀3号口连接硅胶管接反应池滴定糖不锈钢管道（出厂时已连接上）。

9.2.4　试剂

9.2.4.1　试剂名称

　　五水硫酸铜（$CuSO_4 \cdot 5H_2O$）、氢氧化钠（NaOH）、四水酒石酸钾钠（$C_4H_4O_6KNa \cdot 4H_2O$）、三水亚铁氰化钾 [$K_4F_4(CN)_6 \cdot 3H_2O$]、无水葡萄糖（$C_6H_{12}O_6$）、三水次甲基蓝（$C_{16}H_{18}ClN_3S \cdot 3H_2O$）、蒸馏水、盐酸等。

9.2.4.2　试剂准备

　　无水葡萄糖（$C_6H_{12}O_6$）烘干：105℃烘3h，常温后放干燥器储存备用。

9.2.4.3　试剂配制

　　具体配制方法如下。① 次甲基蓝溶液（1.0%）：精确称量三水次甲基蓝10.0000g，用蒸馏水完全溶解后定容至1000mL，放置于棕色瓶中备用。② 1.00%葡萄糖溶液（定标糖），即10.00g/L葡萄糖溶液：精确称量无水葡萄糖10.0000g，用蒸馏水溶解后加入5mL盐酸，定容至1000mL，放冰箱中备用。③ 滴定糖溶液（0.7%）：精确称量无水葡萄糖7.0000g，用蒸馏水溶解后加入5.0mL盐酸，定容至1000mL，放冰箱中备用。④ 甲液：精确称量11.7400g五水硫酸铜（$CuSO_4 \cdot 5H_2O$），溶解后加入7.0mL次甲基蓝溶液（1.0%），定容至1000mL。⑤ 乙液：精确称量4.7000g三水亚铁氰化钾 [$K_4F_4(CN)_6 \cdot 3H_2O$]、63.2000g氢氧化钠（NaOH）、58.5000g四水酒石酸钾钠（$C_4H_4O_6KNa \cdot 4H_2O$），依次溶解后定容至1000mL。⑥ 特殊样品测定时，根据待测液浓度范围，可选定经仪器经销方技术人员确定的费林甲液、乙液浓度。

9.2.5　实验步骤

　　A. 接通电源，打开仪器后部右下侧的电源开关，进入待机状态。

　　B. 按"开始"键，仪器即运行。自动进入稳定程序及定标值 T_1（空白）、T_2（标准）的确定，并按照内存设定次数（默认值为10次）完成一组测定。

　　C. 若特殊设置需要调整参数设定，需在打开电源开关后按"开始"键前，重复按压"功能"键进行各参数值设定（如不输入参数值，各参数值则为仪器的初始默认值），按"输入"键完成参数设置。不需要重新设定参数时，此步骤跳过。

D. 仪器打印机打印出 T_1 值之后，需手工进行 T_2 值的标定。待液晶屏显示"定标进样"时，用移液器吸取 500μL 定标用标准葡萄糖（1.00%，即 10.000g/L）溶液注入反应池进行定标，反应完成后仪器自动打印出定标值 T_2。

E. T_1、T_2 值定标完成后，仪器自动进入测定程序。待液晶屏显示"样品进样"时，用移液器吸取 500μL 待测样品注入反应池，仪器自动完成样品的测定，计算并打印出测定结果。

F. 一组样品（按"次数"显示设定的测定次数，不进行设定，仪器按默认值为 10 次）测定完成后，仪器进入待机状态。如需继续测定，直接按"测定"键，进入下一个设定次数的测定循环（如不设定，仪器按默认值为 10 次）。

特别提示：测定过程中如果需要暂停，可在滴定过程中（液晶显示屏时间数字跳动时）按下"测定"键，该次测定完成后，自动停机；再次测定只需按下"测定"键，可继续本轮次测定，无须重新定标。

G. 待机状态下关闭电源开关，即可关机。

H. 特殊操作说明。

（1）滴定过程中（显示屏时间数字跳动时），按下"清洗"键，即可结束该次测定，仪器不打印测定结果，自动重复本次操作。

（2）重新定标 T_2 值。在仪器一组测定循环完成后的待机状态下，按下"定标"键，根据液晶屏显示"定标进样"提示时，注入 500μL 定标用标准葡萄糖（1.00%，即 10.00g/L）溶液，仪器自动完成定标并重新打印 T_2 值。再次按下"测定"键，则按照重新定标的 T_2 值完成下一组测定循环。

（3）重新定标 T_1 值。T_1 值不能单独定标，如需要重新定标 T_1 值，须在待机状态下，按"开始"键完成 T_1、T_2 值定标并进入常规测定程序。

9.2.6　注意事项

（1）仪器使用稳压电源。

（2）仪器使用两周后反应池要清洗，用清洗液浸泡 2min，再用注射器排出。

（3）谨防反应液溅出。

（4）反应池装好后请勿随便转动反应池左右两侧"耳朵"，谨防漏液。

（5）正确使用移液器。

（6）仪器长时间不用时，应排除管道中的试剂，注入蒸馏水。

9.2.7　常见问题及处理措施

常见问题及处理措施见表 2.14。

表 2.14　常见问题及处理措施

出现的问题	检查项目	处理措施
开机无反应	检查电源、保险管	连接好电源线，保持保险管完好
反应池加热不停	检查温度控制器、反应池右耳、搅拌转子	连接好温度控制器插头，反应池右耳旋紧
反应时间显示为 99s	检查甲液和乙液、注射器、连接管道、搅拌转子、加热温度、发光二极管亮度是否正常，观察滴定是否到终点	保持试剂瓶温度和液面高度，注射器、管道内无气泡、破损，适当调整恒湿机浓度

续表

出现的问题	检查项目	处理措施
测定值漂移	检查注射器、连接管道、搅拌转子、光源、电磁阀、加热温度，以及反应池进出口是否堵塞	保持注射器、连接管道无气泡、破损，搅拌转子、光源正常，更换电磁阀，疏通进出口
打印机不走纸	检查打印机、打印纸	维修打印机，更换打印纸

9.3　离子色谱法

9.3.1　实验目的

（1）了解离子色谱法的工作原理，掌握其使用方法。

（2）掌握离子色谱法测定还原糖的方法。

9.3.2　实验原理

仪器与色谱法测定葡萄糖和果糖及其他糖类物质的优势越来越明显，常规的液相色谱法一般可选用蒸发光散射检测器或示差折光检测器测定葡萄糖和果糖，样品无须衍生，但检出限仅达 mg/L 级，不能满足白砂糖、冰糖、方糖等还原糖含量较低的测定要求。而离子色谱作为液相色谱的分支，利用其优异的阴离子交换色谱柱分离技术及脉冲安培检测器所具有的优势，在糖类物质的检测中得到越来越多的应用。

9.3.3　试剂与仪器

ICS-3000 型离子色谱仪、四元梯度泵、ED3000 电化学检测器、AS 自动进样器、Milli-Q 超纯水机、0.22μm 微孔尼龙膜等；葡萄糖、果糖、NaOH 溶液等。

9.3.4　实验步骤

9.3.4.1　标准溶液与淋洗液的配制

具体配制方法如下。① 葡萄糖、果糖的标准储备液（1000mg/L）：准确称取标准物质0.1000g，用超纯水稀释到 100mL，摇匀备用。② 250mmol/L NaOH 溶液：在 2L 塑料试剂瓶中加入 987mL 经 0.22μm 尼龙滤膜过滤的超纯水，再移入 50% NaOH 溶液 13.0mL 至水面以下，通氮气保护后摇匀备用。③ 所有用水均为电阻率≥18.2MΩ·cm 的超纯水。

9.3.4.2　前处理方法

准确称取 0.5000g 样品至 100mL 容量瓶中，用超纯水稀释到刻度后摇匀（绵白糖、赤砂糖及红糖等还原糖含量高的样品再稀释 50 倍），0.22μm 尼龙滤膜过滤，用于离子色谱测定。

分析柱：CarboPac^{TM} PA1O（4mm×250mm）；保护柱：CarboPac^{TM} PA1O（4mm×50mm）；ED3000 脉冲安培检测，Au 工作电极，Ag/AgCl 参比电极模式，糖测定的标准四电位波形（表 2.15）。

表 2.15　糖测定的标准四电位波形（引自王桂华等，2010）

时间	0.00	0.20	0.40	0.41	0.42	0.43	0.44	0.50
电位	0.10	0.10	0.10	−2.0	−2.0	0.60	−0.10	−0.10
积分	—	on	off	—	—	—	—	—

注："—"表示不积分

淋洗条件：0～15min，20mmol/L NaOH；15～25min，20～150mmol/L NaOH；25～30min，150mmol/L NaOH；30～35min，20mmol/L NaOH；流速：1.00mL/min；进样方式：自动进样；进样体积：25μL；柱温：30℃。

9.3.5　实验结果

通过记录样品中各种糖物质的峰面积值，在标准曲线上查出被测物质中的还原糖含量。

9.3.6　注意事项

（1）洗脱液必须经 0.45μm 或更小的滤膜抽滤（必要时可用两层滤膜过滤）、真空脱气后才可使用。

（2）每天关机前要用洗脱液冲洗分析柱 30min。

【复习与思考题】

1. 直接滴定法中样品处理时要注意哪些问题？
2. 直接滴定法中为什么要进行样品预测定？
3. 滴定至终点后，蓝色消失，溶液呈淡黄色，过后又重新变为蓝紫色的原因是什么？
4. 简述还原糖测定仪的使用注意事项。
5. 简单对几种方法进行比较，找出各方法的优缺点。

【实验结果】

_____

_____

_____

_____

【实验关键点】

_____

_____

_____

_____

【素质拓展资料】

Determination of Reducing Sugars by Nelson-Somogyi Method

扫码见内容

实验 10　食品中总糖含量的测定

糖类化合物是自然界存在最多，具有广谱化学结构和生物功能的有机化合物。它是为人体提供热能的三种主要营养素（糖类、脂肪和蛋白质）中最廉价的营养素。糖也是食品工业的主要原料和辅助材料，是大多数食品的主要成分之一，包括糖、寡糖和多糖。

糖的主要功能是提供热量。每克葡萄糖在人体内氧化产生 4kcal[①] 能量，人体所需要的 70% 左右的能量由糖类提供。此外，糖还是物质代谢的碳骨架，为蛋白质、核酸、脂类的合成提供碳骨架。

食品中总糖含量是食品的重要品质指标之一，故测定食品中总糖的含量对食品生产及其品质控制有非常重要的作用。

10.1　3,5- 二硝基水杨酸法

10.1.1　实验目的

（1）了解总糖测定的原理。

（2）掌握 3,5- 二硝基水杨酸法测定总糖的方法。

10.1.2　实验原理

在碱性条件下，3,5- 二硝基水杨酸与还原糖在加热时被还原为氨基化合物，该物质在过量的氢氧化钠溶液中显棕红色，在一定波长下具有最大吸收，还原糖含量与反应液的颜色成正比。此外，在该波长下且在一定范围内，还原糖含量与所测的吸光度呈线性关系，所以根据所测的吸光度，即可计算样品中还原糖及总糖的含量。

10.1.3　试剂与仪器

1）试剂　　3,5- 二硝基水杨酸、丙三醇、氢氧化钠、葡萄糖、盐酸、浓硝酸等。

2）仪器　　紫外 - 可见分光光度计、恒温加热磁力搅拌器、鼓风恒温干燥箱、电子天平等。

10.1.4　实验步骤

（1）样品前处理：将固体样品置于烘箱中烘干，烘箱温度维持在 50～60℃，取出将其置于研钵中，充分捣碎并混匀，置于阴暗干燥处备用。

（2）总糖样品溶液的制备：准确称取 1.0000g 已处理的固体样品于烧杯中，向其中加入 10mL 6mol/L 的 HCl 溶液和 15mL 水，再置于沸水浴中加热 20min。取出，立即冷却。再用 6mol/L NaOH 溶液中和至中性，过滤，取滤液分别定容至 100mL，再取 5mL 溶液定容至 100mL，备用。

（3）标准曲线的绘制：准确吸取 1.00mg/mL 的葡萄糖标准溶液 0.00mL、0.20mL、0.40mL、0.60mL、0.80mL、1.00mL、1.20mL、1.40mL 依次加入 25mL 比色管中，再分别加入 3mL 的 3,5- 二硝基水杨酸溶液，摇匀，分别置于沸水浴中煮沸 6min 显色。取出，立即冷却，加入蒸馏水稀释至刻度线。以蒸馏水代替葡萄糖标准溶液作空白试剂。在 487nm 波长下用分光光度计测量上述各溶液的吸光度 A，以葡萄糖含量（单位用 μg）为横坐标、吸光度 A 为纵坐标绘制出标准曲线。

---

① 　1kcal=4.1868kJ

（4）样品中总糖的测定：移取上述总糖样品溶液 1mL 于 1 支洁净的 25mL 比色管中，向其中加入 3mL 的 3,5- 二硝基水杨酸溶液，摇匀，置于沸水浴中煮沸 6min。取出，立即冷却，加入蒸馏水稀释至刻度线，静置。以蒸馏水代替样品溶液作空白试剂。在分光光度计上用 1cm 的比色皿，于最大吸收波长 487nm 处测定吸光度。利用标准曲线的线性方程可以求出样品中还原糖的含量。

10.1.5　注意事项

需要严格控制水解时间，因为时间过短可能水解不完全，而时间过长会导致单糖进一步水解为 5- 羟甲基糠醛，从而影响正常显色反应。

10.2　苯酚 - 硫酸法

10.2.1　实验目的

（1）了解总糖测定的原理。

（2）掌握苯酚 - 硫酸法测定总糖的方法。

10.2.2　实验原理

总糖在浓硫酸作用下水解产生单糖，并迅速脱水成糠醛衍生物，该衍生物在强酸条件下与苯酚缩合，生成橙黄色物质，在波长 490nm 处和一定浓度范围内，其吸光度与糖浓度呈线性关系，可通过分光光度法测定其含量。

10.2.3　试剂与仪器

1）试剂　　葡萄糖、苯酚、浓硫酸等。

2）仪器　　全自动酶标仪、电子分析天平、鼓风干燥箱等。

10.2.4　实验步骤

10.2.4.1　葡萄糖标准溶液的配制

精密称取于 105℃干燥至恒重的 D-无水葡萄糖 0.0500g，置于 500mL 容量瓶中，加水溶解并稀释至刻度，摇匀，得 100μg/mL 的储备溶液，备用。

10.2.4.2　苯酚溶液（5%）的配制

精密称重蒸馏苯酚 12.5000g，加适量水溶解后，转移至 250mL 容量瓶中定容至刻度，摇匀后置于棕色瓶，备用。

10.2.4.3　标准曲线的绘制

精确吸取葡萄糖标准液 0.00mL、0.20mL、0.40mL、0.60mL、0.80mL、1.00mL、1.20mL、1.40mL，分别置于 10mL 比色管中，以蒸馏水补至 2.00mL，依次加入苯酚液 1.00mL 和浓硫酸 5.00mL，混匀，在室温放置 30min 后，于波长 490nm 处测定吸光度。以吸光度为纵坐标，葡萄糖浓度为横坐标，绘制标准曲线。

10.2.4.4　样品中总糖的测定

准确吸取液体样品 0.50mL，加水定容至 250.00mL，精确吸取此稀释液 1.00mL，按标准曲线制备的方法测定吸光度，并根据回归方程求得其浓度，计算样品中总糖的含量。

10.2.5 注意事项

苯酚 - 硫酸法比较适合于甲基化糖、戊糖和多聚糖的测定。

10.3 硫酸 - 蒽酮法

10.3.1 实验目的

（1）了解总糖测定的原理。
（2）掌握硫酸 - 蒽酮法测定总糖的方法。

10.3.2 实验原理

糖与硫酸反应，脱水生成羟甲基呋喃醛，再与蒽酮缩合成蓝绿色化合物，其颜色与糖浓度成正比。单糖、双糖、糊精、淀粉等均与蒽酮反应。因此，如测定不需要包括糊精、淀粉等的糖类时，需将它们除去后测定。本法在 20～200mg/L 含量呈良好的线性关系。

反应原理如图 2.15 所示。

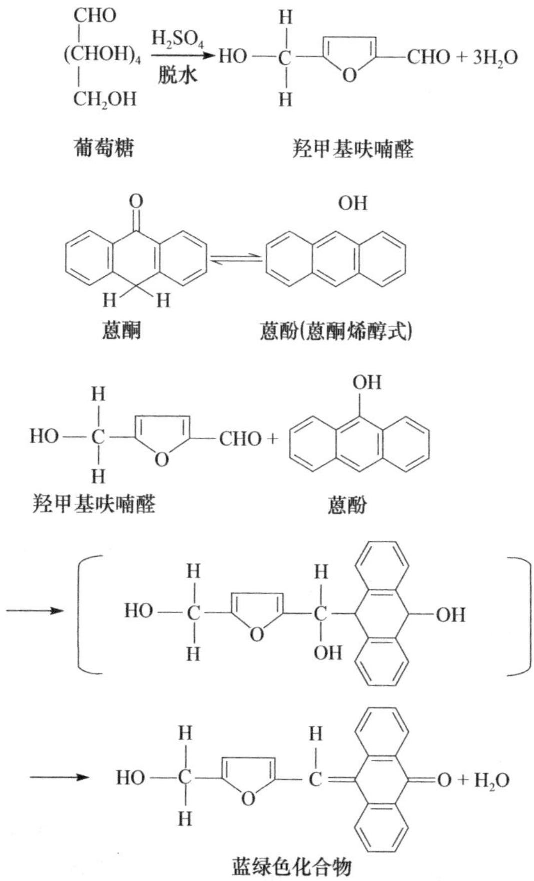

图 2.15 反应原理

10.3.3　试剂

（1）蒽酮试剂：称取 0.2g 蒽酮和 1g 硫脲（作阻氧化剂用）于烧杯中，缓慢加入 100mL 浓硫酸，边加边搅拌，溶解后呈黄色透明溶液。贮于冰箱中可保存 2 周。最好现用现配。

（2）葡萄糖标准溶液：先配成 1g/L 的葡萄糖溶液，再分别配成 10mg/L、20mg/L、40mg/L、60mg/L、80mg/L、100mg/L 的系列标准溶液。

10.3.4　实验步骤

吸取样品溶液 1mL（含糖 20～80mg/L）、系列标准溶液和蒸馏水（作空白）各 1mL，分别置于 8 支试管中，沿壁各加入 5mL 冷的蒽酮溶液，混匀后，在试管口盖上玻璃球，在沸水浴上加热 10min 后，在流水中冷却 20min，在 620nm 波长处以空白试剂作参比，测定吸光度。以标准系列数据作标准曲线，查出样品含量。

10.3.5　注意事项

（1）如样品蛋白质、色素含量较高而干扰测定时，可先用乙酸钡作沉淀剂除去干扰物。

（2）如要求测定结果不包括淀粉，应用 80% 乙醇溶液作提取剂，以避免淀粉、糊精的溶出。

（3）严格控制反应条件是本法的关键。

10.4　空气隔断 - 连续流动分析法快速测定葡萄酒中总糖含量

10.4.1　实验目的

了解并掌握空气隔断 - 连续流动分析仪快速测定葡萄酒中总糖含量的方法及原理。

10.4.2　实验原理

用样品校正葡萄糖标准溶液，同时在流路中增设透析器以减少样品溶液带来的基质效应及颜色干扰。经过条件优化，流路温度控制在 88～92℃，水解反应时间、络合反应时间分别为 5min 和 12min。

10.4.3　试剂与仪器

1）试剂　葡萄糖；盐酸；无水碳酸钠；盐酸新亚铜；润滑剂：聚氧乙烯四十二烷醚（Brij-35）；实验用水为超纯水。所有试剂使用时都必须加入 0.5～1mL 润滑剂。

2）仪器　FUTURA Ⅱ 连续流动分析仪（仪器由总糖反应模块、比色池、多通道蠕动泵、XYZ 自动进样器、自动稀释器及数据处理系统组成）。

10.4.4　实验步骤

10.4.4.1　标准曲线的绘制

称取 105℃烘干 3h 的葡萄糖 5.0000g，用纯水溶解后，配制成 50g/L 的储备液，移取 0.50mL、2.00mL、5.00mL、10.00mL、20.00mL、30.00mL 储备液，用纯水配制成 0.05g/L、0.20g/L、0.50g/L、1.00g/L、2.00g/L、3.00g/L 的标准系列溶液。

参照 GB/T 15037—2006《葡萄酒》方法对葡萄酒样品定值，将定值后的样品稀释成 0.05~3.0g/L 标准系列溶液，以此标准系列溶液测定上述葡萄糖标准溶液的质量浓度，其测定结果作为上机使用的校准葡萄糖标准系列溶液。

10.4.4.2　样品处理

取 25mL 样品于 100mL 比色管中，加水稀释后，取 5mL 样品上机测定。稀释倍数根据样品中总糖的含量而定，使稀释后的总糖含量为 0.05~3.00g/L。

10.4.4.3　连续流动分析法的建立

1）测定原理　　在碱性条件下，总糖水解生成的还原糖与盐酸新亚铜反应生成黄色偶氮物质，通过测定其吸光度大小计算出总糖的含量。本研究根据这一测定原理设计了分析流路。利用流动注射分析仪的在线水解系统使葡萄酒中的总糖水解为还原糖，在 Na_2CO_3 缓冲溶液的作用下，还原糖与盐酸新亚铜直接反应生成黄色偶氮物质，其在波长 450nm 处有最大吸收，选择波长 450nm 为检测波长测定产物的生成，与标准系列溶液进行比较从而得出样品中总糖的含量。标准系列溶液采用已知总糖质量浓度的样品反标，减少葡萄酒酒体颜色较深所带来的系统误差，再采用透析器去除流路中的大分子成色物质，进一步消除色素等对显色反应的干扰。

2）测定流路的建立　　测定流路如图 2.16 所示。样品、盐酸溶液和空气通过蠕动泵分别、连续地进入反应管道，在混合圈充分混合后，通过加热器，总糖水解为还原糖，同时蠕动泵在流路中引入 Na_2CO_3 溶液，在泵压和载气推动下，Na_2CO_3 溶液与水解溶液进入透析系统，净化后，经三通管排出废液；剩余溶液与盐酸新亚铜溶液通过混合、加热、显色进入比色池，通过比较吸光度大小计算样品中的总糖含量。

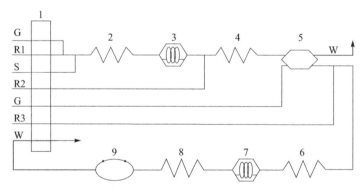

图 2.16　连续流动分析仪测定葡萄酒中总糖的流路图（引自涂小珂等，2015）

1. 蠕动泵，控制流速，以 mL/min 计；2. 混合圈，10 圈；3. 加热池，88℃；4. 混合圈，20 圈；5. 透析器；6. 混合圈，5 圈；7. 加热池，92℃；8. 混合圈，20 圈；9. 检测池，测量波长 450nm、参比波长 620nm；R1. 盐酸溶液；R2. 碳酸钠溶液；R3. 新亚铜溶液；G. 空气；S. 样品；W. 废液

3）仪器分析条件　　样品分析速度：45 个/h；进样时间：30s；清洗时间：50s；寻峰时段：95~105s；测定波长：450nm；参比波长：620nm；水解加热池温度：88℃；分析加热池温度：92℃；以工作曲线最高质量浓度点（3.0g/L）为识别峰，峰值大于 0.6（以吸光度表示）即可分析。

10.4.5　注意事项

（1）仪器运行过程中不要移动数字比设计的盖子，以免偏移的光线影响测量。

（2）经常检查试剂和水的供应是否充足。

【复习与思考题】

1. 食品中总糖含量的测定方法有哪些？
2. 简述硫酸 - 蒽酮法测定的原理及注意事项。
3. 比较几种方法各有什么优缺点。

【实验结果】

_____
_____
_____
_____

【实验关键点】

_____
_____
_____
_____

【素质拓展资料】

Determination of Total Carbohydrate by Anthrone Method

扫码见内容

实验 11　食品中蔗糖含量的测定

蔗糖广泛存在于食品中，测定食品中蔗糖的含量，一方面可以判断原料的成熟度，另一方面可以鉴别饮料、白糖、蜂蜜等食品成品和原料的品质，以及控制果脯、糖果、乳制品的质量，是食品品质鉴别中重要的指标之一。常用的测定食品中蔗糖含量的方法有酸水解 - 莱因 - 埃农氏法、高效液相色谱法等。

11.1　酸水解 - 莱因 - 埃农氏法（GB 5009.8—2016）

11.1.1　实验目的

（1）了解酸水解 - 莱因 - 埃农氏法测定蔗糖的原理。
（2）掌握本法的测定步骤，学会测定食品中蔗糖的含量。

11.1.2　实验原理

本法适用于各类食品中蔗糖的测定，试样经除去蛋白质后，其中蔗糖经盐酸水解转化为还原糖，按还原糖测定。水解前后的差值乘以相应的系数即为蔗糖含量。

11.1.3　试剂与仪器

1）试剂　①乙酸锌溶液：称取乙酸锌 21.9g，加冰醋酸 3mL，加水溶解并定容至 100mL。②亚铁氰化钾溶液：称取亚铁氰化钾 10.6g，加水溶解并定容至 100mL。③盐酸溶液（1∶1）：量取盐酸 50mL，缓慢加入 50mL 水中，冷却后混匀。④氢氧化钠溶液（40g/L）：称取氢氧化钠 4g，加水溶解后，放冷，加水定容至 100mL。⑤甲基红指示液（1g/L）：称取甲基红盐酸盐 0.1g，用 95% 乙醇溶解并定容至 100mL。⑥氢氧化钠溶液（200g/L）：称取氢氧化钠 20g，加水溶解后，放冷，加水并定容至 100mL。⑦碱性酒石酸铜甲液：称取硫酸铜 15g 和亚甲蓝 0.05g，溶于水中，加水定容至 1000mL。⑧碱性酒石酸铜乙液：称取酒石酸钾钠 50g 和氢氧化钠 75g，溶解于水中，再加入亚铁氰化钾 4g，完全溶解后，用水定容至 1000mL，贮存于橡胶塞玻璃瓶中。⑨葡萄糖标准溶液（1.0mg/mL）：称取在 98～100℃烘箱中干燥 2h 后的葡萄糖 1.000g（精确到 0.001g），加水溶解后加入盐酸 5mL，并用水定容至 1000mL。此溶液每毫升相当于 1.0mg 葡萄糖（葡萄糖纯度 ≥ 99%）。

2）仪器　①天平，感量为 0.1mg；②水浴锅；③可调温电炉；④酸式滴定管，25mL；⑤其他。

3）样品　①固体样品：取有代表性样品至少 200g，用粉碎机粉碎，混匀，装入洁净容器中，密封，标明标记。②半固体和液体样品：取有代表性样品至少 200g（mL），充分混匀，装入洁净容器中，密封，标明标记（蜂蜜等易变质试样于 0～4℃保存）。

11.1.4　试样处理

（1）含蛋白质的食品：称取粉碎或混匀后的固体试样 2.5～5.0g（精确到 0.001g）或液体试样 5～25g（精确到 0.001g），置 250mL 容量瓶中，加水 50mL，缓慢加入乙酸锌溶液 5mL 和亚铁氰化钾溶液 5mL，加水至刻度，混匀，静置 30min，用干燥滤纸过滤，弃去初滤液，取后续滤液备用。

（2）含大量淀粉的食品：称取粉碎或混匀后的试样 10～20g（精确到 0.001g），置 250mL 容量瓶中，加水 200mL，在 45℃水浴中加热 1h，并时时振摇，冷却后加水至刻度，混匀，静置，沉淀。吸取 200mL 上清液于另一 250mL 容量瓶中，缓慢加入乙酸锌溶液 5mL 和亚铁氰化钾溶液 5mL，加水至刻度，混匀，静置 30min，用干燥滤纸过滤，弃去初滤液，取后续滤液备用。

（3）酒精饮料：称取混匀后的试样 100g（精确到 0.01g），置于蒸发皿中，用 40g/L 氢氧化钠溶液中和至中性，在水浴上蒸发至原体积的 1/4 后，移入 250mL 容量瓶中，缓慢加入乙酸锌溶液 5mL 和亚铁氰化钾溶液 5mL，加水至刻度，混匀，静置 30min，用干燥滤纸过滤，弃去初滤液，取后续滤液备用。

（4）碳酸饮料：称取混匀后的试样 100g（精确到 0.01g）于蒸发皿中，在水浴上微热搅拌除去二氧化碳后，移入 250mL 容量瓶中，用水洗蒸发皿，洗液并入容量瓶，加水至刻度，混匀后备用。

11.1.5　酸水解

吸取 2 份试样各 50.0mL，分别置于 100mL 容量瓶中。

（1）转化前：一份用水稀释至 100mL。

（2）转化后：另一份加（1∶1）盐酸 5mL，在 68～70℃水浴中加热 15min，冷却后加甲基红指示液 2 滴，用 200g/L 氢氧化钠溶液中和至中性，加水至刻度。

11.1.6　标定碱性酒石酸铜溶液

吸取碱性酒石酸铜甲液、乙液各 5.00mL，置于 150mL 锥形瓶中，加 10mL 水，加入玻璃珠 2～4 粒，从滴定管滴加约 9mL 葡萄糖标准溶液或其他还原糖标准溶液，置于电炉上迅速加热至沸腾（要求控制在 2min 内沸腾），然后趁热以每两秒加一滴的速度继续滴加葡萄糖标准溶液或其他还原糖标准溶液，直至溶液蓝色刚好退去为终点，记录消耗的葡萄糖标准溶液或其他还原糖标准溶液的总体积。同时，平行操作 3 份，取其平均值，计算每 10mL 碱性酒石酸铜溶液（碱性酒石酸铜甲液、乙液各 5mL）相当于葡萄糖（或其他还原糖）的质量（mg）。

注：也可以按上述方法标定 4～20mL 碱性酒石酸铜溶液（甲液、乙液各半）来适应试样中还原糖的浓度变化。

11.1.7　试样溶液的测定

（1）预测滴定：分别吸取碱性酒石酸铜甲液、乙液各 5.0mL 于 150mL 锥形瓶中，加入蒸馏水 10mL，放入 2～4 粒玻璃珠，置于电炉上加热，使其在 2min 内沸腾，保持沸腾状态 15s，滴入样液至溶液蓝色完全退尽为止，读取所用样液的体积。

（2）精确滴定：分别吸取碱性酒石酸铜甲液、乙液各 5.0mL 于 150mL 锥形瓶中，加入蒸馏水 10mL，放入几粒玻璃珠，从滴定管中放出的样液比预测滴定的体积少 1mL，置于电炉上，使其在 2min 内沸腾，维持沸腾状态 2min，以每两秒加一滴的速度徐徐滴入样液，溶液蓝色完全退尽即为终点，分别记录转化前样液和转化后样液消耗的体积（V）。

注：对于蔗糖含量在 0.x% 水平的样品，可以采用反滴定的方式进行测定。

11.1.8　实验结果

1）转化糖的含量　　试样中转化糖的含量（以葡萄糖计）按下式进行计算。

$$R = \frac{A}{m \times \dfrac{50}{250} \times \dfrac{V}{100} \times 1000} \times 100$$

式中，R 为试样中转化糖的质量分数，g/100g；A 为碱性酒石酸铜溶液（甲液、乙液各半）相当于葡萄糖的质量，mg；m 为样品的质量，g；50 为酸水解中吸取样液的体积，mL；250 为试样处理中样品定容的体积，mL；V 为滴定时平均消耗试样溶液的体积，mL；100 为酸水解中定容的体积，mL；1000 和 100 为换算系数。

注：转化前样液的计算值为转化前转化糖的质量分数 R_1，转化后样液的计算值为转化后转化糖的质量分数 R_2。

2）蔗糖的含量　　试样中蔗糖的含量 X 按下式计算。

$$X = R_2 - R_1 \times 0.95$$

式中，X 为试样中蔗糖的质量分数，g/100g；R_2 为转化后转化糖的质量分数，g/100g；R_1 为转化前转化糖的质量分数，g/100g；0.95 为转化糖（以葡萄糖计）换算为蔗糖的系数。

蔗糖含量≥10g/100g 时，结果保留三位有效数字；蔗糖含量＜10g/100g 时，结果保留两位有效数字。

11.1.9　注意事项

（1）在重复性条件下，两次独立测定结果的绝对差值不得超过算术平均值的 10%。

（2）当称样量为 5g 时，定量限为 0.24g/100g。

11.2　高效液相色谱法（GB 5009.8—2016）

11.2.1　实验目的

（1）了解高效液相色谱的原理。

（2）掌握高效液相色谱测定食品中蔗糖含量的方法。

11.2.2　实验原理

试样中的蔗糖经提取后，利用高效液相色谱柱分离，用示差折光检测器或蒸发光散射检测器检测，用外标法进行定量。

11.2.3　试剂与仪器

1）试剂　　① 乙腈：色谱纯。② 乙酸锌溶液：称取乙酸锌 21.9g，加冰醋酸 3mL，加水溶解并稀释至 100mL。③ 亚铁氰化钾溶液：称取亚铁氰化钾 10.6g，加水溶解并稀释至 100mL。④ 石油醚：沸程 30～60℃。⑤ 蔗糖：纯度为 99%，或经国家认证并授予标准物质证书的标准物质。⑥ 糖标准储备液（20mg/mL）：分别称取上述经过（96±2）℃干燥 2h 的蔗糖 1g，加水定容至 50mL，置于 4℃密封可贮藏 1 个月。⑦ 糖标准使用液：分别吸取糖标准储备液 1.0mL、2.0mL、3.0mL、5.00mL 于 10mL 容量瓶中，加水定容，分别相当于 2.0mg/mL、4.0mg/mL、6.0mg/mL、10.0mg/mL 浓度标准溶液。以上试剂均为分析纯，水为 GB/T 6682—2008 规定的一级水。

2）仪器　　① 天平，感量为 0.1mg；② 超声波振荡器；③ 磁力搅拌器；④ 离心机，转速≥4000r/min；⑤ 高效液相色谱仪，带示差折光检测器或蒸发光散射检测器；⑥ 液相色谱柱：氨基色谱柱，柱长 250mm，内径 4.6mm，膜厚 5μm，或具有同等性能的色谱柱；⑦其他。

11.2.4　试样的制备

（1）固体样品：取有代表性样品至少 200g，用粉碎机粉碎，并通过 2.0mm 圆孔筛，混匀，装入洁净容器，密封，标明标记。

（2）半固体和液体样品（除蜂蜜样品外）：取有代表性样品至少 200g（mL），充分混匀，装入洁净容器，密封，标明标记。

（3）蜂蜜样品：未结晶的样品，将其用力搅拌均匀；有结晶析出的样品，可将样品瓶盖塞紧后置于不超过 60℃的水浴中温热，待样品全部溶化后，搅匀，迅速冷却至室温以备检验用。在溶化时应注意防止水分侵入。蜂蜜等易变质试样置于 0~4℃保存。

（4）脂肪小于 10% 的食品：称取粉碎或混匀后的试样 0.5~10g（含糖量≤5% 时称取 10g；含糖量 5%~10% 时称取 5g；含糖量 10%~40% 时称取 2g；含糖量≥40% 时称取 0.5g）（精确到 0.001g）于 100mL 容量瓶中，加水约 50mL 溶解，缓慢加入乙酸锌溶液和亚铁氰化钾溶液各 5mL，加水定容至刻度，磁力搅拌或超声 30min，用干燥滤纸过滤，弃去初滤液，后续滤液用 0.45μm 微孔滤膜过滤至样品瓶，或离心获取上清液，过 0.45μm 微孔滤膜至样品瓶，供高效液相色谱分析。

（5）糖浆、蜂蜜类：称取混匀后的试样 1~2g（精确到 0.001g）于 50mL 容量瓶，加水定容至 50mL，充分摇匀，用干燥滤纸过滤，弃去初滤液，后续滤液用 0.45μm 微孔滤膜过滤至样品瓶，或离心获取上清液过 0.45μm 微孔滤膜至样品瓶，供高效液相色谱分析。

（6）含二氧化碳的饮料：吸取混匀后的试样于蒸发皿中，在水浴上微热搅拌去除二氧化碳，吸取 50.0mL 移入 100mL 容量瓶中，缓慢加入乙酸锌溶液和亚铁氰化钾溶液各 5mL，用水定容至刻度，摇匀，静置 30min，用干燥滤纸过滤。弃去初滤液，后续滤液用 0.45μm 微孔滤膜过滤至样品瓶，或离心获取上清液过 0.45μm 微孔滤膜至样品瓶，供高效液相色谱分析。

（7）脂肪大于 10% 的食品：称取粉碎或混匀后的试样 5~10g（精确到 0.001g）置于 100mL 具塞离心管中，加入 50mL 石油醚，混匀，放气，振摇 2min，1800r/min 离心 15min，去除石油醚后重复以上步骤至去除大部分脂肪。蒸发残留的石油醚，用玻璃棒将样品捣碎并转移至 100mL 容量瓶中，用 50mL 水分两次冲洗离心管，洗液并入 100mL 容量瓶中，缓慢加入乙酸锌溶液和亚铁氰化钾溶液各 5mL，加水定容至刻度，磁力搅拌或超声 30min，用干燥滤纸过滤，弃去初滤液，后续滤液用 0.45μm 微孔滤膜过滤至样品瓶，或离心获取上清液过 0.45μm 微孔滤膜至样品瓶，供高效液相色谱分析。

11.2.5 实验步骤

1）色谱参考条件　　色谱条件应当满足样品中果糖、葡萄糖、蔗糖、麦芽糖和乳糖之间的分离度大于 1.5。色谱图参见图 2.17 和图 2.18。［① 流动相：乙腈：水 =70：30（体积比）。② 流动相流速：1.0mL/min。③ 柱温：40℃。④ 进样量：20μL。⑤ 示差折光检测器条件：温度 40℃。⑥ 蒸发光散射检测器条件：飘移管温度，80~90℃；氮气压力，350kPa；撞击器，关。］

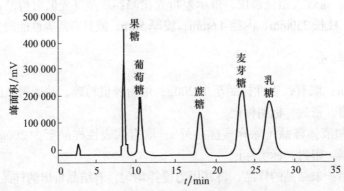

图 2.17　果糖、葡萄糖、蔗糖、麦芽糖和乳糖标准物质的蒸发光散射检测色谱图（引自 GB 5009.8—2016）

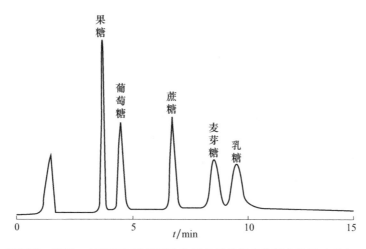

图 2.18　果糖、葡萄糖、蔗糖、麦芽糖和乳糖标准物质的示差折光检测色谱图（引自 GB 5009.8—2016）

2）标准曲线的制作　　将糖标准使用液依次按上述推荐色谱条件上机测定，记录色谱图峰面积或峰高，以峰面积或峰高为纵坐标，以糖标准使用液的浓度为横坐标，示差折光检测器采用线性方程、蒸发光散射检测器采用幂函数方程绘制标准曲线。

3）试样溶液的测定　　将试样溶液注入高效液相色谱仪中，记录峰面积或峰高，从标准曲线中查得试样溶液中糖的浓度。可根据具体试样进行稀释（稀释 n 倍）。

空白实验除不加试样外，均按上述步骤进行。

11.2.6　实验结果

试样中目标物的含量按下式计算，计算结果需扣除空白值。

$$X = \frac{(\rho - \rho_0) \times V \times n}{m \times 1000} \times 100$$

式中，X 为试样中糖的质量分数，g/100g；ρ 为样液中糖的浓度，mg/mL；ρ_0 为空白中糖的浓度，mg/mL；V 为样液定容体积，mL；n 为稀释倍数；m 为试样的质量（或体积），g（或 mL）；1000 和 100 为换算系数。

糖的含量≥10g/100g 时，结果保留三位有效数字；糖的含量<10g/100g 时，结果保留两位有效数字。

11.2.7　注意事项

（1）在重复性条件下获得的两次独立测定结果的绝对差值不得超过算术平均值的 10%。

（2）当称样量为 10g 时，蔗糖检出限为 0.2g/100g。

11.3　蜂蜜中蔗糖含量的测定（Roe 比色测定法）

11.3.1　实验目的

掌握蜂蜜中蔗糖含量的 Roe 比色测定法。

11.3.2　实验原理

食品中的蔗糖能与间苯二酚反应生成一种紫红色物质，在分光光度计 500nm 波长处测定其消光值，即可求出蔗糖含量。

六碳糖与浓盐酸作用产生羟甲基糠醛，但酮糖比醛糖产生的羟甲基糠醛的量要多得多（1%~1.5% 酮糖与 20% 醛糖所产生的羟甲基糠醛量相等）。此羟甲基糠醛在一定条件下和酚类化合物 - 间苯二酚形成鲜（紫）红色。此反应在一定条件下为酮糖所特有，可作为酮糖测定的依据。样液中若同时存在果糖、葡萄糖或麦芽糖等不影响蔗糖的测定。其测定范围为 40~360μg/mL。

11.3.3　试剂与仪器

1）试剂　　① 间苯二酚溶液：0.1g 间苯二酚用 6mol/L 盐酸溶液溶解后定容至 100mL。② 蔗糖标准溶液（1mg/mL）：精确称取 0.1000g 恒重蔗糖，以蒸馏水溶解并定容至 100mL。③ 10mol/L 盐酸。④ 6mol/L 盐酸。⑤ 2mol/L 氢氧化钠。

2）仪器　　分光光度计、水浴锅、容量瓶、移液管、刻度试管等。

11.3.4　实验步骤

1）标准曲线的制作　　用蒸馏水将 1mg/mL 蔗糖标准溶液稀释成 0.4mg/mL 蔗糖溶液，然后分别吸取 0.00mL、0.10mL、0.20mL、0.40mL、0.60mL、0.80mL、1.00mL 加入各试管，再用蒸馏水将各管溶液定容至 1.00mL。各管中含蔗糖量分别为 0μg/mL、40μg/mL、80μg/mL、160μg/mL、240μg/mL、320μg/mL、400μg/mL。分别在各管中加 0.1mL 2mol/L 氢氧化钠溶液，混合后在 100℃水浴中加热 10min，立即在冷水中冷却。再加入间苯二酚溶液 1mL，10mol/L 盐酸 3mL，摇匀后放入 60℃水浴中保温 10min，冷却后在 500nm 波长处测吸光度。

2）样品测定　　取混匀磨碎的鲜样 10g，用蒸馏水稀释后定容至 100mL 容量瓶中，混匀，过滤，取滤液 1.0mL（蔗糖含量为 40~240μg/mL），加 0.1mL 2mol/L 氢氧化钠溶液，以下操作同标准曲线，并在 500nm 处测其吸光度。

11.3.5　数据处理

（1）以蔗糖含量为横坐标、相对应的吸光度为纵坐标绘制标准曲线。

（2）根据所测样品的吸光度在标准曲线上查出样品中蔗糖含量。

11.3.6　注意事项

（1）本法可以在含有葡萄糖、果糖、麦芽糖和蔗糖的混合液中测定蔗糖含量，对含色素不多的植物组织，蔗糖含量的测定误差很小。

（2）在测定过程中，加热时间、温度和试剂配量的正确与否都可影响测定结果，加热时试管口最好盖上玻璃小球。

【复习与思考题】

1. 食品中蔗糖含量测定的方法有哪些？各有哪些注意事项？
2. 比较各方法测定的优缺点。

【实验结果】

_____

_____

_____

_____

【实验关键点】

_____

_____

_____

_____

_____

【素质拓展资料】

Fructose, Glucose, Lactose, Maltose, and Sucrose in Milk Chocolate Liquid Chromatographic Method

扫码见内容

实验 12　食品中淀粉含量的测定

淀粉是葡萄糖分子聚合而成的，它是细胞中碳水化合物最普遍的储藏形式。淀粉是植物体中储存的养分，储存在种子和块茎中。测定食品中淀粉的含量，可以判断食物的成熟度和品质，常用的方法有酶水解法和酸水解法。

12.1　酶水解法

12.1.1　实验目的

（1）掌握酶水解法测定食品中淀粉含量的方法。
（2）进一步熟练掌握还原糖含量的测定方法。

12.1.2　实验原理

试样经去除脂肪及可溶性糖类后，淀粉用淀粉酶水解成小分子糖，再用盐酸水解成单糖，最后按还原糖测定，并折算成淀粉含量。

12.1.3　试剂与仪器

1）试剂　①碘溶液：称取3.6g碘化钾于20mL水中，加入1.3g碘，溶解后加水定容至100mL。②高峰氏淀粉酶：酶活力大于或等于1.6U/mg。③5g/L淀粉酶溶液：称取淀粉酶 0.5g，加 100mL 水溶解，临用现配；也可加数滴甲苯或三氯甲烷防止长霉，储存于 4℃冰箱。④ 盐酸溶液（1∶1）：量取 50mL 盐酸与 50mL 水混合。⑤ 200g/L 氢氧化钠溶液：称取 20g 氢氧化钠，加水溶解并定容至 100mL。⑥ 碱性酒石酸铜甲液：称取 15g 五水硫酸铜（$CuSO_4·5H_2O$）及 0.050g 亚甲蓝，溶于水中并定容至 1000mL。⑦ 碱性酒石酸铜乙液：称 50g 酒石酸钾钠、75g 氢氧化钠溶于水中，再加 4g 亚铁氰化钾，完全溶解后，用水定容至 1L，储存于具橡胶塞玻璃瓶内。⑧ 葡萄糖标准溶液：称取 1.0000g（精确至 0.0001g）经过 98～100℃干燥 2h 的葡萄糖，加水溶解后加 5mL 盐酸，以水定容至 1L，此溶液每毫升相当于 1.0mg 葡萄糖。⑨ 2g/L 甲基红指示液：称取甲基红 0.20g，用少量乙醇溶解后定容至 100mL。⑩ 85% 乙醇：取 85mL 无水乙醇，加水定容至 100mL，混匀。

2）仪器　　水浴锅、粉碎机或捣碎机、回流装置等。

12.1.4　实验步骤

1）样品处理　　样品粉碎过 40 目筛，称取 2～5g（精确至 0.001g），置于放有折叠滤纸的漏斗内，先用 50mL 石油醚或者乙醚分 5 次洗涤去除脂肪，再用 85% 乙醇约 150mL 洗去可溶性糖，滤干乙醇，将残留物移入 250mL 烧杯内，并用 50mL 水洗涤滤纸，洗液并入烧杯内，将烧杯置于沸水浴上加热 15min，使淀粉糊化，冷却至 60℃以下，加 20mL 淀粉酶溶液，在 55～60℃保温 1h，并不断搅拌。然后取一滴此液加一滴碘液，应不显现蓝色，若显蓝色，再加热糊化并加 20mL 淀粉酶溶液，继续保温，直至加碘不显蓝色为止。加热至沸，冷却后移入 250mL 容量瓶中，加水定容，混匀，过滤，弃去初滤液。取 50mL 滤液于 250mL 锥形瓶中，加 5mL 盐酸（1∶1），装上回流冷凝器，沸水浴中回流 1h，冷却后加两滴甲基红指示液，用 200g/L 氢氧化钠中和至中性，移入 100mL 容量瓶中，洗涤锥形瓶，洗液并入 100mL 容量瓶中，加水至刻度，混匀备用。

2）测定　　按照直接滴定法测定还原糖含量的方法进行。

12.1.5　结果计算

按下式计算样品中淀粉含量，结果保留到小数点后一位。

$$W = \frac{(m_1 - m_2) \times 0.9 \times 250 \times 100}{m \times 50 \times V \times 1000} \times 100$$

式中，W 为样品中淀粉的质量分数，g/100g；m_1 为测定用样品中还原糖的质量，mg；m_2 为空白实验中还原糖的质量，mg；m 为称取样品的质量，g；V 为测定用样品溶液的体积，mL；0.9 为以葡萄糖换算成淀粉的换算系数。

12.1.6　注意事项

（1）淀粉水解的中间产物糊精对碘反应的颜色变化是：紫色→棕色→黄色，若淀粉水解不彻底，也会有不同的颜色出现。

（2）操作过程中，在溶液转移及过滤时应特别注意防止样品流失。

12.2　酸水解法

12.2.1　实验目的

掌握酸水解法测定淀粉含量的原理及操作。

12.2.2　实验原理

样品经除去脂肪及可溶性糖类后，其中淀粉用酸水解成具有还原性的单糖，然后按还原糖测定方法测定还原糖，并折算成淀粉含量。

12.2.3　试剂与仪器

1）试剂　　① 无水乙醚；② 85% 乙醇溶液；③ 6mol/L 盐酸溶液；④ 10% 与 40% 氢氧化钠溶液；⑤ 0.2% 甲基红乙醇指示剂溶液；⑥ 20% 乙酸铅溶液；⑦ 10% 硫酸钠溶液等。

2）仪器　　25mL 古氏坩埚或 G4 垂熔坩埚、真空泵或水泵、水浴锅、捣碎机、回流装置等。

12.2.4　实验步骤

1）样品处理　　称取 2.00～5.00g 粉碎后的样品，置于放有慢速滤纸的漏斗中，用 50mL 乙醚分 5 次洗去样品中的脂肪，弃去乙醚。再用 150mL 85% 乙醇溶液分数次洗涤残渣，除去可溶性糖类物质，滤去乙醇溶液。以 100mL 水洗涤漏斗上残渣至 250mL 锥形瓶中，加 30mL 6mol/L 盐酸，接好冷凝管，置于沸水浴中回流 2h。回流完毕立即冷却，待样品水解液冷却后，加入两滴甲基红指示液，先以 40% 氢氧化钠溶液调至黄色，再以盐酸调至溶液刚变红色为宜。若水液颜色较深，可用 pH 计测试，使样品水解液的 pH 约为 7。然后加 20mL 20% 乙酸铅溶液，摇匀，放置 10min。再加 20mL 10% 硫酸钠溶液，以除去过多的铅，摇匀后将全部溶液及残渣转入 500mL 容量瓶中，用水洗涤锥形瓶，洗液合并于容量瓶中，加水稀释至刻度。过滤，弃去初滤液 20mL，滤液供测定用。

2）测定　　按照还原糖含量测定的方法进行。

12.2.5　结果计算

按下式计算样品中淀粉含量，结果保留到小数点后一位。

$$W = \frac{(m_1 - m_2) \times 0.9 \times 500}{m \times V \times 1000} \times 100$$

式中，W 为样品中淀粉的质量分数，g/100g；m_1 为测定用样品水解液中还原糖的质量，mg；m_2 为空白试剂中还原糖的质量，mg；m 为样品质量，g；V 为测定用样品水解液的体积，mL；500 为样品液的总体积，mL；0.9 为还原糖折算成淀粉的换算系数。

12.2.6　注意事项

（1）酸水解时也会把半纤维素、多缩戊糖等水解为还原糖，从而使结果偏高，故常将此称为粗淀粉。因此，酸水解法适用于含淀粉量较多，且不含或少含其他能水解为还原糖的样品。若要测出较为精确的结果，可采用酶解法。

（2）若使用加压水解时，要注意压力和蒸煮时间应按要求加以控制，过高压力、过长时间反而会使已分解的糖进一步聚合，使结果偏低。

（3）本法测定还原糖含量时其终点较难判别，也可用其他方法来测定。

12.3　双波长法测定木薯淀粉中直链和支链淀粉的含量

12.3.1　实验目的

掌握双波长法测定木薯淀粉中直链和支链淀粉含量的原理及操作。

12.3.2　实验原理

采用正丁醇结晶法分离纯化直链和支链淀粉，蓝值比较法表征直链与支链淀粉的纯度；根据双波长法原理，分别在测定波长 624nm、538nm，参比波长 440nm、750nm 处测定木薯淀粉中直链和支链淀粉的含量。

12.3.3　试剂与仪器

1）试剂　　木薯淀粉；石油醚、无水乙醇、氢氧化钠、氯化钙、盐酸、正丁醇、异戊醇、硫酸锌、碘、碘化钾等。

2）仪器　　DF-101D 集热式恒温磁力搅拌器、FA2004 电子天平、RE-52A 旋转蒸发仪、BPZ-6090Lc 真空干燥箱、101-1A 型数显式电热恒温干燥箱、HR/T16M 台式高速冷冻离心机、T6 新世纪紫外-可见分光光度计、PHS-3C 精密 pH 计、WXG-4 圆盘旋光仪等。

12.3.4　木薯淀粉中直链与支链淀粉的分离纯化

1）分离前预处理　　称取 60.0g 木薯淀粉，加入 0.1mol/L NaOH 溶液 50mL，充分搅拌悬起后，于 50℃水浴中煮 20min，使其中的碱溶性蛋白充分溶解，倒掉上层碱液，换用 50mL 蒸馏水重新悬起后，用离心机以 3000r/min 离心 10min，弃去上层黄色杂质，用蒸馏水洗涤、抽滤、烘干、粉碎过筛后，将其移入滤纸筒中，并放入索氏提取器的抽提筒内，连接接收瓶，由抽提筒冷凝管上端加入沸程为 30～60℃的石油醚至瓶内容积的 2/3 处，于 65℃水浴上加热，使石油醚不断回流至抽提筒内，至溶液无颜色为止（8～10h）。取下索氏提取器，换上分馏装置，把石油醚从接收瓶中分馏出来并回收。将抽提筒内淀粉置于（100±5）℃烘箱中干燥 2h，粉碎过 300 目筛备用。

2）直链与支链淀粉的粗分离　　称取 20.0g 脱脂脱蛋白木薯淀粉，放入 500mL 烧杯中，用少量无水乙醇润湿，加入 400mL 0.5mol/L NaOH 溶液，在沸水浴中加热分散至整个淀粉糊完全透明且无结团状，冷至室温后 8000r/min 离心 20min，去掉不溶性杂质。淀粉糊用 2mol/L HCl 调至中性，并加入 180mL 正丁醇 - 异戊醇（体积比 3：1）混合液，在沸水浴中加热搅拌至整个体系透明，冷至室温，于 2～4℃的冰箱中静置 24h，取出 8000r/min 离心 20min 后，得到的沉淀物为粗直链淀粉，离心液为粗支链淀粉。

3）直链淀粉的纯化　　将粗直链淀粉沉淀全部移入 240mL 正丁醇 - 水（体积比为 1：8）饱和溶液中，在沸水浴中加热搅拌使其溶解至透明，冷至室温后放入 2～4℃的冰箱中静置 24h，取出于 2℃低温下 8000r/min 离心 20min 后得沉淀物。按上述步骤重复操作 6 次以除去沉淀物中的杂质。最后将沉淀物浸泡于无水乙醇中 24h 后，以无水乙醇反复洗涤沉淀 3～4 次。最后，沉淀物于 40℃真空干燥箱中干燥 10h，即得纯直链淀粉样品。

4）支链淀粉的纯化　　将粗支链淀粉溶液置于分液漏斗中静置数分钟后，溶液分成 3 层，取下层乳胶状液体，加入 40mL 正丁醇 - 异戊醇（体积比 1：1）混合液，于沸水浴中加热搅拌直至溶液分散透明，冷至室温，移入 2～4℃的冰箱中静置 48h 后，于 2℃低温下 8000r/min 离心 20min，去除沉淀物，取下层澄清乳胶体溶液重复上述操作 3～5 次后，所得澄清乳胶体溶液用旋转蒸发仪减压浓缩至原体积的一半，加入 2 倍体积冷冻无水乙醇进行沉淀，将沉淀溶于热的 200mL 0.5mol/L NaOH 溶液中，再加入 2 倍体积的无水乙醇，将析出的沉淀溶于 200mL 蒸馏水中，用 2 倍体积的无水乙醇再沉淀，以无水乙醇洗涤沉淀数次，将样品置于 40℃的真空干燥箱中干燥 10h，即得纯支链淀粉样品。

12.3.5　木薯淀粉中直链与支链淀粉纯度的检测

分别称取 5mg 直链淀粉、25mg 支链淀粉溶于 5mL 1mol/L NaOH 溶液中，振摇后经沸水浴 3min 制备成直链淀粉和支链淀粉溶液，冷却后各取 1mL 溶液至 50mL 容量瓶中，用 0.1mol/L HCl 调节溶液 pH 至 3.5，加入 0.07～0.1g 酒石酸氢钾和 0.5mL 碘试剂（含碘 2g/L、碘化钾 20g/L），用蒸馏水定容并在室温静置 20min。用紫外 - 可见分光光度计在波长 500～700nm 对样品进行扫描，最高峰处的光谱波长为最大吸收波长（λ_{max}），测定样品在 λ_{max} 处的吸光度 A_{max}，以相同质量浓度的碘溶液作空白试剂。代入下式计算样品的蓝值。

$$蓝值 = \frac{4 \times A_{max}}{\rho}$$

式中，ρ 为样品的质量浓度，mg/100mL。

12.3.6　淀粉标准溶液的配制及光谱测定

1）淀粉标准溶液的配制　　分别称取脱脂木薯淀粉 0.10g、直链淀粉 0.15g、支链淀粉 0.15g，加入 1mol/L NaOH 溶液 5mL，置于沸水浴中待其完全溶解后冷却，用 0.3mol/L HCl 调溶液 pH 至 3.5，用蒸馏水定容至 50mL，得到 2.0g/L 脱脂木薯淀粉、3.0g/L 直链淀粉与 3.0g/L 支链淀粉储备液。

2）显色反应及可见光谱测定　　分别量取 2.0g/L 脱脂木薯淀粉储备液 2.5mL，3.0g/L 直链淀粉储备液 0mL、0.30mL、0.50mL、0.70mL、0.90mL、1.10mL、1.30mL，3.0g/L 支链淀粉储备液 0mL、0.50mL、1.00mL、1.50mL、2.00mL、2.50mL、3.00mL、3.50mL 于 50mL 容量瓶中，以 0.1mol/L HCl 调节溶液 pH 至 3.5，加入 0.5mL 碘试剂后定容，配制成淀粉样品待测液及直链、支链淀粉系列标准溶液，显色 15min，以蒸馏水作空白试剂，在所选定波长处测定吸光度。

12.3.7　旋光法测定木薯淀粉中淀粉的含量

准确称取脱脂木薯淀粉 1.0g 置于 250mL 锥形瓶中，加蒸馏水 10mL，搅拌使样品润湿，加入 70mL 氯化钙溶液（密度为 1.1～1.3g/cm³），轻轻摇匀，置于电炉上加热煮沸 15～20min，在煮沸过程中间加入少量水，以补充挥发掉的水分。迅速冷却后，转入 100mL 容量瓶中，用氯化钙溶液少量多次洗涤锥形瓶，洗涤液并入容量瓶中，加入 30% 硫酸锌 1mL 沉淀蛋白质，然后用氯化钙溶液定容。于 7000r/min 离心 3min，把上清液盛入 10mL 观测管中，用空白氯化钙溶液调整旋光仪零点，进行样品液旋光度测定。按下式计算淀粉含量。

$$淀粉含量(\%) = \frac{\alpha \times 100}{L \times 203 \times m}$$

式中，α 为旋光度读数，（°）；L 为观测管长度，dm；m 为干淀粉样品的质量，g；203 为淀粉的比旋光度，（°）。

12.3.8　木薯淀粉中直链与支链淀粉含量的双波长标准曲线

以蒸馏水为空白试剂，用 1mL 比色皿将 12.3.6 2）中显色的直链淀粉标准溶液，用紫外 - 可见分光光度计分别在直链淀粉测定波长 λ_s 和参比波长 λ_r 处测定相应吸光度 A_s 与 A_r，以 $\Delta A_{直}=A_s-A_r$ 为纵坐标，直链淀粉质量浓度 ρ（mg/L）为横坐标作图，绘制双波长直链淀粉标准曲线，确定其回归方程；采用同样方法，在支链淀粉测定波长 λ_s' 和参比波长 λ_r' 下测定吸光度 A_s' 与 A_r'，以 $\Delta A_{支}=A_s'-A_r'$ 为纵坐标，支链淀粉质量浓度 ρ'（mg/L）为横坐标作图，绘制支链淀粉标准曲线，确定其回归方程。

12.3.9　双波长法的精度和准确性评价方法

1）精度评价方法　　用 12.3.8 中的方法对同一样品同时测定直链淀粉和支链淀粉的含量，进行 4 次重复测定，计算结果的平均值与相对标准偏差。

2）准确性评价方法　　在已测得直链淀粉和支链淀粉含量的样品中，添加准确称量的自制直链和支链淀粉纯品，按 12.3.8 中的方法测定直链与支链淀粉含量，并计算回收率与平均回收率。

12.4　碘量法测定淀粉含量

12.4.1　实验目的

（1）学习淀粉含量的测定方法及原理。
（2）掌握碘量法测定淀粉含量的技术。

12.4.2　实验原理

淀粉是食品中主要的组成部分，也是植物种子中重要的贮藏性多糖。由于淀粉颗粒可与碘生成深蓝色的络合物，故可根据生成络合物颜色的深浅，用分光光度计测定消光度而计算出淀粉的含量。

12.4.3　试剂与仪器

1）试剂　　① I-KI 溶液：称取 20.00g 碘化钾，加 50mL 蒸馏水溶解，再迅速称取碘 2.0g 置于烧杯中，将溶解的 KI 溶液倒入其中，用玻璃棒搅拌，直到碘完全溶解；若碘不能完全溶解时，可再加少许固体碘化钾即能溶解，贮存在棕色小滴瓶中待用，用时稀释 50 倍。② 乙醚。③ 10% 乙醇。

2）仪器　　分光光度计、分析天平、烧杯（100mL）、研钵、容量瓶（100mL）、洗瓶、漏斗、滤纸、具塞刻度试管（15mL）、恒温水浴、移液管（1mL，2mL）、蔬菜用擦丝礤子等。

12.4.4　操作步骤

1）标准曲线的制作　　用分析天平准确称取 1.000g 精制马铃薯淀粉，加入 5.0mL 蒸馏水制成匀浆，逐渐倒入 90mL 左右沸腾的蒸馏水中，边倒边搅拌，即得澄清透明的糊化淀粉溶液，置 100mL 容量瓶中，用少量蒸馏水冲洗烧杯，定容，此淀粉溶液浓度为 10mg/mL（A 液）。吸取 A 液 2.0mL 置 100mL 容量瓶，定容，此时淀粉浓度为 200μg/mL（B 液）。取具塞刻度试管 8 支，按表 2.16 加入淀粉及 I-KI 溶液，再加蒸馏水使每支试管溶液补足到 10mL，摇匀，使蓝色溶液稳定 10min 后，在分光光度计 660nm 波长处测其消光值。以吸光度为纵坐标，已知淀粉溶液的浓度为横坐标绘制标准曲线。

表 2.16　各试管溶液的配制

试管编号	标准淀粉溶液（200μg/mL）/mL	I-KI 溶液 /mL	蒸馏水 /mL	淀粉含量 /（μg/mL）
1	0	0.2	9.8	0
2	0.5	0.2	9.3	10
3	1.0	0.2	8.8	20
4	1.5	0.2	8.3	30
5	2.0	0.2	7.8	40
6	2.5	0.2	7.3	50
7	3.0	0.2	6.8	60
8	4.0	0.2	5.8	80

2）样品处理　　马铃薯洗净，去皮，用礤子擦成碎丝，迅速称取马铃薯碎丝 300g，置研钵中磨成匀浆。将匀浆转移到漏斗中，用乙醚 50mL 分 5 次洗涤，再用 10% 乙醇洗涤 3 次，以除去样品中的色素、可溶性糖及其他非淀粉物质，然后将滤纸上的残留物转移到 100mL 烧杯中，用蒸馏水分次将滤纸上的残留物全部洗入烧杯，将烧杯置沸水浴中边搅拌边加热，直到淀粉全部糊化成澄清透明。将此糊化淀粉转移到 100mL 容量瓶中，定容，混匀（C 液）。

3）测定　　吸取 C 液 2.0mL，置 100mL 容量瓶中，用蒸馏水定容，混匀。准确吸取 2mL 样品溶液（吸取量依样品中淀粉浓度而定），置 15mL 具塞刻度试管中，加入 I-KI 溶液 0.2mL，直至溶液呈现透明的蓝色，用蒸馏水补足到 10mL，混匀，静置 10min，于 660nm 波长处测定消光值。由标准曲线查出样品中淀粉含量（g/100g 鲜重）。

12.4.5　数据处理

按下式计算。

$$G(\mathrm{g}/100\mathrm{g}鲜重)=\frac{A}{m\times 10^{6}}\times 稀释倍数\times 100$$

式中，G 为样品淀粉的质量分数，g/100g 鲜重；A 为从标准曲线查得的样品淀粉含量，g/m；m 为样品的质量，g。

12.4.6　注意事项

（1）若样品含淀粉浓度高时，加 I-KI 溶液后出现极深的蓝色而无法比色时，就须将溶液重新稀释后再进行测定。

（2）若样品含淀粉量太少时，加 I-KI 溶液后不呈现蓝色，可适当加大样品用量。

（3）样品必须充分粉碎才行。

（4）充分糊化。

（5）实验中可以适当提高碘的浓度。

（6）本实验中分光光度计不用蒸馏水调零。

【复习与思考题】

1. 酶水解法与酸水解法有哪些不同之处？它们分别有什么优缺点？

2. 在操作过程中，如何做才能保证实验结果的准确性？

3. 双波长测定淀粉的原理是什么？

4. 碘量法测定淀粉时应注意什么？

【实验结果】

_____

_____

_____

_____

【实验关键点】

_____

_____

_____

_____

【素质拓展资料】

Determination of Starch and Amylose in Vegetables

扫码见内容

实验 13　食品中总灰分含量的测定

食品在高温灼烧时会发生一系列的物理和化学变化，有机成分挥发散失，有些元素如Cl、I、Pb 等也挥发损失，P、S 等也有一部分以含氧酸的形式挥发损失，而绝大多数无机成分（主要为无机盐和氧化物形式）则残留下来，这些残留物称为总灰分。食品的灰分除总灰分外，按其溶解性还可分为水溶性灰分、水不溶性灰分和酸不溶性灰分。其中水溶性灰分反映的是可溶性的 K、Na、Ca、Mg 等；水不溶性灰分反映的是污染的泥沙和 Fe、Al 等氧化物及碱土金属的碱性磷酸盐；酸不溶性灰分反映的是污染的泥沙和食品中原来存在的微量氧化硅。

食品的灰分常在一定范围内，如谷物及豆类为 1%～4%，蔬菜为 0.5%～2%，水果为 0.5%～1%，鲜鱼、贝为 1%～5%，而精糖只有 0.01%。如果灰分含量超过了正常范围，说明食品生产中使用了不合乎卫生标准要求的原料或食品添加剂，或食品在加工、贮运过程中受到了污染。因此，测定灰分可以判断食品受污染的程度。

此外，灰分还可以评价食品的加工精度和食品的品质。例如，在面粉加工中，常以总灰分含量评定面粉等级，富强粉为 0.3%～0.5%，标准粉为 0.6%～0.9%；总灰分含量可说明果胶、明胶等胶质品的胶胨性能；水溶性灰分含量可反映果酱、果冻等制品中果汁的含量。总之，灰分是某些食品重要的质量控制指标，是食品成分全分析的项目之一。

13.1　总灰分的测定

13.1.1　实验目的

了解总灰分测定的原理和方法。

13.1.2　实验原理

把一定量的样品经炭化后放入高温炉内灼烧，使有机物质被氧化分解，以二氧化碳、氮的氧化物及水等形式逸出，而无机物质以硫酸盐、磷酸盐、碳酸盐、氯化物等无机盐和金属氧化物的形式残留下来，这些残留物即灰分，称量残留物的重量即可计算出样品中总灰分的含量。

13.1.3　试剂与仪器

1）试剂　　1∶4 盐酸溶液、6mol/L 硝酸溶液、36% 过氧化氢溶液、0.5% 三氯化铁溶液和等量蓝墨水混合液、辛酸或纯植物油等。

2）仪器　　高温炉、坩埚、坩埚钳、干燥器等。

13.1.4　测定条件的选择

1）灰化容器　　测定灰分通常以坩埚作为灰化容器，个别情况下也可使用蒸发皿。坩埚分素瓷坩埚、铂坩埚、石英坩埚等多种。其中最常用的是素瓷坩埚。它具有耐高温、耐酸、价格低廉等优点，但耐碱性差，当灰化碱性食品（如水果、蔬菜、豆类等）时，瓷坩埚内壁的釉层会部分溶解，反复多次使用后，往往难以得到恒重，在这种情况下宜使用新的瓷坩埚，或使用铂坩埚。铂坩埚具有耐高温、耐碱、导热性好、吸湿性小等优点，但价格昂贵，故使用时应特别注意其性能和使用规则。灰化容器的大小要根据试样的性状来选用，需要前处理的液态样品、加热易膨胀的样品及灰分含量低、取样量较大的样品，需选用稍大些的坩埚或选用蒸发皿，但灰化容器过大会使称量误差增大。

2）取样量　　测定灰分时，取样量的多少应根据试样的种类和性状来决定。食品的灰分与其他成分相比，含量较少，所以取样时应考虑称量误差，以灼烧后得到的灰分量为 10～100mg 来决定取样量。通常奶粉、麦乳精、大豆粉、调味料、鱼类及海产等取 1～2g；谷物及其制品、肉及其制品、糕点、牛乳等取 3～5g；蔬菜及其制品、砂糖及其制品、淀粉及其制品、蜂蜜、奶油等取 5～10g；水果及其制品取 20g；油脂取 50g。

3）灰化温度　　灰化温度的高低对灰分测定结果影响很大，由于各种食品中无机成分的组成、性质及含量各不相同，灰分温度也应有所不同，一般为 500～550℃。例如，鱼类及海产品、谷类及其制品、乳制品<550℃；果蔬及其制品、砂糖及其制品、肉制品<525℃；个别样品（如谷类饲料）可以达到 600℃。灰化温度过高，将引起钾、钠、氯等

元素的挥发损失，而且磷酸盐、硅酸盐类也会熔融，将碳粒包藏起来，使碳粒无法氧化；灰化温度过低，则灰化速度慢、时间长，不易灰化完全，也不利于除去过剩的碱（碱性食品）吸收的二氧化碳。

因此，必须根据食品的种类和性状兼顾各方面因素，选择合适的灰化温度，在保证灰化完全的前提下，尽可能减少无机成分的挥发损失和缩短灰化时间。此外，加热的速度也不可太快，以防急剧干馏时灼热物的局部产生大量气体而使微粒飞失、爆燃。

4）灰化时间　　一般以灼烧至灰分呈白色或浅灰色，无碳粒存在并达到恒重为止。灰化至达到恒重的时间因试样不同而异，一般需 2～5h。通常根据经验灰化一定时间后，观察一次残灰的颜色，以确定第一次取出的时间。取出后冷却、称重，再放入炉中灼烧，直至达恒重。应该指出，对有些样品，即使灰分完全，残灰也不一定是白色或浅灰色。例如，铁含量高的食品，残灰呈褐色；锰、铜含量高的食品，残灰呈蓝绿色。有时即使灰的表面呈白色，内部仍残留有碳块。所以应根据样品的组成、性状注意观察残灰的颜色，正确判断灰化程度。

5）加速灰化的方法　　有些样品，如含磷较多的谷物及其制品，磷酸过剩于阳离子，随灰化的进行，磷酸将以磷酸二氢钾、磷酸二氢钠等形式存在，在比较低的温度下会熔融而包住碳粒，难以完全灰化，即使灰化相当长时间也达不到恒重。对这类难灰化的样品，可采用下述方法来加速灰化。

（1）样品经初步灼烧后，取出冷却，从灰化容器边缘慢慢加入（不可直接洒在残灰上，以防残灰飞扬）少量无离子水。使水溶性盐类溶解，被包住的碳粒暴露出来，在水浴上蒸发至干涸，置于 120～130℃烘箱中充分干燥（充分去除水分，以防再灰化时加热使残灰飞散），再灼烧到恒重。

（2）经初步灼烧后，放冷，加入几滴硝酸或过氧化氢溶液，蒸干后再灼烧至恒重，利用它们的氧化作用来加速碳粒的灰化。也可以加入 10% 碳酸铵等疏松剂，在灼烧时分解为气体逸出，使灰分呈松散状态，促进未灰化的碳粒灰化。这些物质经灼烧后完全消失，不增加残灰的质量。

（3）加入乙酸镁、硝酸镁等助灰化剂，这类镁盐随着灰化的进行而分解，与过剩的磷酸结合，残灰不熔融而呈松散状态，避免碳粒被包裹，可大大缩短灰化时间。此法应做空白实验，以校正加入的镁盐灼烧后分解产生的 MgO 的量。

13.1.5　实验步骤

1）瓷坩埚的准备　　将坩埚用盐酸（1∶4）煮 1～2h，洗净晾干后，用三氯化铁与蓝墨水的混合液在坩埚外壁及盖上写上编号，置于规定温度（500～550℃）的高温炉中灼烧1h，移至炉口冷却到 200℃左右后，再移入干燥器中，冷却至室温后，准确称重，再放入高温炉内灼烧 30min，取出冷却称重，直至恒重（两次称量之差不超过 0.5mg）。

2）样品预处理

（1）果汁、牛乳等液体试样：准确称取适量试样于已知质量的瓷坩埚（或蒸发皿）中，置于水浴上蒸发至近干，再进行炭化。这类样品若直接炭化，液体沸腾，易造成溅失。

（2）果蔬、动物组织等含水较多的试样：先制备成均匀的试样，再准确称取适量试样于已知质量坩埚中，置烘箱中干燥，再进行炭化。也可取测定水分后的干燥试样直接进行炭化。

（3）谷物、豆类等水分含量较少的固体试样：先粉碎成均匀的试样，取适量试样于已知质量的坩埚中再进行炭化。

（4）富含脂肪的样品：把试样制备均匀，准确称取一定量的试样，先提取脂肪，再将残留物移入已知质量的坩埚中，进行炭化。

3）样品炭化　　试样经上述预处理后，在放入高温炉灼烧前要先进行炭化处理。炭化处理可防止在灼烧时因温度高，试样中的水分急剧蒸发使试样飞扬，还可防止糖、蛋白质、淀粉等易发泡膨胀的物质在高温下发泡膨胀而溢出坩埚；不经炭化而直接灰化，碳粒易被包住，灰化不完全。

炭化操作一般在电炉或煤气灯上进行，把坩埚置于电炉或煤气灯上，半盖坩埚盖，小心加热使试样在通气情况下逐渐炭化，直至无黑烟产生。对特别容易膨胀的试样（如含糖多的食品），可先于试样上加数滴辛醇或纯植物油，再进行炭化。

4）样品灰化　　炭化后，把坩埚移入已达规定温度（500～550℃）的高温炉口处，稍停留片刻，再慢慢移入炉膛内，坩埚盖斜倚在坩埚口，关闭炉门，灼烧一定时间（视样品种类、性状而异）至灰中无碳粒存在。打开炉门，将坩埚移至炉口处冷却至200℃左右，移入干燥器中冷却至室温，准确称重，再灼烧、冷却、称重，直至达到恒重。

13.1.6　结果计算

$$X = \frac{m_2 - m_0}{m_1 - m_0} \times 100\%$$

式中，X 为灰分的质量分数；m_0 为空坩埚的质量，g；m_1 为样品加空坩埚的质量，g；m_2 为残灰与空坩埚的总质量，g。

13.1.7　注意事项

（1）样品炭化时要注意热源强度，防止产生大量泡沫溢出坩埚。但样品量少时，可直接在高温炉中分两阶段灰化。首先在150℃炭化至无烟，然后在300℃炭化至无烟。

（2）把坩埚放入高温炉或从炉中取出时，要放在炉口停留片刻，使坩埚预热或冷却，防止温度剧变而使坩埚破裂。

（3）灼烧后的坩埚应冷却到200℃以下再移入干燥器中，否则热的对流作用易造成残灰飞散，且冷却速度慢，冷却后干燥器内形成较大真空，盖子不易打开。

（4）从干燥器内取出坩埚时，因内部成真空，开盖恢复常压时，应注意使空气缓缓流入，以防残灰飞散。

（5）灰化后所得残渣可留作 Ca、P、Fe 等成分的分析。

（6）用过的坩埚经初步洗刷后，可用粗盐酸或废盐酸浸泡10～20min，再用水冲刷干净。

13.2　微波快速灰化法

微波加热使样品内部分子间产生强烈的振动和碰撞，导致加热物体内部温度急剧升高，不管样品是在敞开还是在密闭的容器内，用程序化的微波湿法消化器与马弗炉相比缩短了灰化时间，同时可控制真空度和温度。例如，面粉的微波干法灰化只需 10～20min。在一个封闭的系统中，微波湿法灰化同样快速和安全。微波干法灰化约 40min 的效果相当于马弗炉中灰化 4h，对样品（铜的测定除外）用微波干法灰化 20min 即可，显著加快了分析速度。微波灰化技术可显著加快分析速度，但一次能处理的样品数量有限。

13.2.1　实验目的

（1）了解微波快速灰化法的原理。

（2）掌握微波快速灰化法。

13.2.2　实验原理

运用微波灰化仪进行检测，利用它的热穿透效应，直接把能量辐射到反应物上，使极性分子产生每秒 25 亿次以上的分子旋转和碰撞，迅速提高反应物的准备状态或亚稳态，促使电离或氧化还原反应的发生，可作为一种灰分的快速检测方法。

13.2.3　仪器

微波马弗炉（PHOENIX 系列）等。

13.2.4　实验步骤

（1）将瓷坩埚用盐酸（1：4）煮 1～2h，洗净晾干后，置于 500～550℃的高温炉中灼烧 1h，移至炉口冷却至 200℃左右后，再移入干燥器中，冷却至室温后，准确称重，再放入高温炉内灼烧 30min，取出冷却称重，直至恒重（两次称量之差不超过 0.5mg）。

（2）称取 3～4g 样品于恒重的瓷坩埚中，将坩埚置于微波灰化仪中用升温程序进行操作，结束升温后冷却至 200℃。灰化升温程序的选择：微波灰化升温程序中温度与时间的选择是影响灰分测定的重要因素，不同样品对升温速率和恒温时间的要求也不同。例如，巧克力饼干含铜量相对较高，因此炭化速率不宜过快，所需灰化温度为 550℃；而对于全麦面包样品，所需灰化温度为 525℃。

（3）取出放入干燥器中冷却 30min，称重，重复灼烧直至恒重（两次称量之差不超过 0.5mg）。

13.2.5　结果计算

$$X = \frac{m_2 - m_0}{m_1 - m_0} \times 100\%$$

式中，X 为灰分的质量分数；m_0 为空坩埚的质量，g；m_1 为样品加空坩埚的质量，g；m_2 为残灰与空坩埚的总质量，g。

【复习与思考题】

1. 加速灰化的方法有哪些？

2. 怎样选择合适的灰化温度？

3. 简述不同种类不同组织状态样品的预处理方法。

4. 目前食品灰分的快速测定主要利用哪些新技术？

【实验结果】

_____

_____

_____

_____

【实验关键点】

_____

_____

_____

_____

【素质拓展资料】

Analysis of Ash Contents of Foods

扫码见内容

实验 14 食品中蛋白质含量的测定

蛋白质是生命的物质基础，是人体重要的营养物质，因而也是食品中重要的营养指标。测定食品中蛋白质的含量，对于评价食品的营养价值、合理开发利用食品资源、提高产品质量、优化食品配方、指导经济核算及生产过程控制均具有极其重要的意义。

一些食品的组分具有相似的物化性质，使对蛋白质的分析变得非常复杂。非蛋白氮可能来自于游离氨基酸、小肽核酸、磷脂、氨基糖、嘌呤，以及某些维生素、生物碱、尿酸、脲和氨基离子。因此，食品中的总有机氮主要来自于蛋白质，小部分来自于非蛋白质组分有机氮。而食品中其他主要成分包括脂类和碳水化合物都完全有可能会干扰食品蛋白质的分析。

目前研究者已经建立和完善了大量测定蛋白质的方法。这些方法的基本原理包括利用蛋白质的氮、肽键、芳香族氨基酸和紫外吸收性质，以及游离基、光散射性质和染色结合能力。在具体运用中，选择合适的测定方法还必须考虑该方法的灵敏度、准确度、精确度、测定速度和成本等其他因素。

14.1 凯氏常量定氮法

14.1.1 实验目的

（1）理解凯氏常量定氮法测定蛋白质的原理。

（2）熟悉样品的湿法消化。

（3）掌握凯氏常量定氮法测定蛋白质的方法。

14.1.2　实验原理

样品与硫酸和催化剂一同加热后消化，使蛋白质分解，其中的碳和氢分别被氧化成二氧化碳和水逸出，而有机氮转化成氨后与硫酸结合生成硫酸铵，然后在碱性条件下蒸馏使氨游离，用硼酸吸收后再用硫酸或盐酸标准溶液滴定，根据酸的消耗量乘以换算系数，即得蛋白质含量。凯氏常量定氮法适用于各类食品中的蛋白质测定，最低检出量为 0.05mg 氮，相当于 0.3mg 蛋白质。由于样品中常含有核酸、生物碱、含氮类脂、卟啉及含氮色素等非蛋白质的含氮化合物，故本法测出的结果为粗蛋白质含量。以甘氨酸为例，该过程的反应方程式如下。

消化：　　$NH_2CH_2COOH + 3H_2SO_4 \longrightarrow 2CO_2 + 3SO_2 + 4H_2O + NH_3\uparrow$

　　　　　　　$2NH_3 + H_2SO_4 \longrightarrow (NH_4)_2SO_4$

蒸馏：　　$(NH_4)_2SO_4 + 2NaOH \longrightarrow 2H_2O + Na_2SO_4 + 2NH_3\uparrow$

吸收：　　$NH_3 + 4H_3BO_4 \longrightarrow NH_4HB_4O_7 + 5H_2O$

滴定：　　$NH_4HB_4O_7 + HCl + 5H_2O \longrightarrow NH_4Cl + 4H_3BO_3$

在消化过程中，为了加速蛋白质的分解，缩短消化时间，常加入硫酸钾、硫酸铜等物质。加入硫酸钾可以提高溶液的沸点而加快有机物分解，因为它与硫酸作用生成硫酸氢钾，可提高反应温度。但其加入量不能太大，否则消化体系温度过高，又会引起已生成的铵盐发生热分解放出氨而造成损失。硫酸铜除起催化作用外，还可作消化终点和下一步蒸馏时碱性反应的指示剂。

14.1.3　试剂与仪器

1）试剂　　① 浓硫酸。② 硫酸铜。③ 硫酸钾。④ 40% 氢氧化钠溶液。⑤ 4% 硼酸吸收液：称取 20g 硼酸溶解于 500mL 热水中，摇匀备用。⑥ 甲基红 - 溴甲酚绿混合指示剂：5 份 0.2% 溴甲酚绿 95% 乙醇溶液与 1 份 0.2% 甲基红乙醇溶液混合均匀。⑦ 0.1mol/L 盐酸标准溶液。

2）仪器　　500mL 凯氏烧瓶、定氮蒸馏装置，如图 2.19 所示。

14.1.4　实验步骤

1）样品处理　　准确称取固体样品 0.2～2g 或半固体样品 2～5g，或吸取液体样品 10～20mL，小心移入干燥洁净的 500mL 凯氏烧瓶中，然后加入研细的硫酸铜 0.5g、硫酸钾 10g 和浓硫酸 20mL，轻轻摇匀后，按图 2.19A 安装消化装置，于凯氏烧瓶口放一小漏斗，并将其以 45° 角斜支于有小孔的石棉网上。用电炉以小火加热，待内容物全部炭化、泡沫停止产生后，加大火力，保持瓶内液体微沸，至液体变蓝绿色且澄清透明后，再继续加热 30min。冷却，小心加入 200mL 蒸馏水，待完全冷却后，加入数粒玻璃珠以防蒸馏时暴沸。

2）碱化蒸馏　　将凯氏瓶按图 2.19B 蒸馏装置连接好，塞紧瓶口，冷凝管下端插入吸

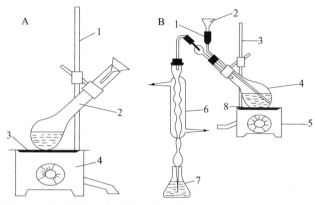

图 2.19　凯氏常量定氮消化、蒸馏装置图（引自高向阳，2006）

A. 消化装置：1. 铁架台；2. 凯氏烧瓶；3. 石棉网；4. 电炉。B. 蒸馏装置：1. 橡皮管及夹子；2. 小漏斗；3. 铁架台；
4. 凯氏烧瓶；5. 电炉；6. 冷凝管；7. 接收瓶；8. 石棉网

收瓶液面下，接收瓶内预先装入了 50mL 4% 硼酸溶液及混合指示剂 2～3 滴。放松小漏斗处的夹子，通过漏斗徐徐加入 70～80mL 40% 氢氧化钠溶液，当漏斗中尚有少量氢氧化钠溶液时，夹紧夹子，在漏斗中加入约 5mL 的蒸馏水，松开夹子使水流入烧瓶中，注意留少量水在漏斗中作水封，夹紧夹子。加热蒸馏，至氨全部蒸出（馏出液约 250mL），将冷凝管下端提离液面，用蒸馏水冲洗管口，继续蒸馏 1min，用表面皿接几滴馏出液，以奈氏试纸检查，如无红棕色物质生成，表示蒸馏完毕，即可停止加热。

　　3）滴定　　将上述吸收液用 0.1mol/L 盐酸标准溶液滴定至由蓝色变为微红色即为终点，记录盐酸溶液的用量。同时做一空白实验（除不加样品外，从消化开始操作完全相同），记录空白实验消耗盐酸标准溶液的体积。

14.1.5　结果计算

$$蛋白质含量 = \frac{c(V_1 - V_0)M_{氮}}{m \times 1000} \times F \times 100\%$$

式中，c 为盐酸标准溶液的浓度，mol/L；V_1 为滴定样品吸收液时消耗盐酸标准溶液的体积，mL；V_0 为滴定空白吸收液时消耗盐酸标准溶液的体积，mL；m 为样品质量，g；$M_{氮}$ 为氮的摩尔质量，14g/mol；F 为氮换算为蛋白质的系数（蛋白质中的氮含量一般为 15%～17.6%，按 16% 计算乘以 6.25 即为蛋白质含量。不同食物中蛋白质的换算系数不同，乳制品为 6.38，面粉为 5.70，玉米、高粱为 6.24，花生为 5.46，大米为 5.95，大豆及其制品为 5.71，肉与肉制品为 6.25，大麦、小米为 5.83，芝麻、向日葵为 5.30）。

14.1.6　注意事项

　　（1）所有试剂应当用不含氮的蒸馏水配制；将样品加入凯氏烧瓶中时，应注意勿使样品沾于烧瓶颈部。放置液体样品时，需将吸管插至瓶底部再放样品；如是固体样品，可将样品卷在纸内，平插入烧瓶底部，然后再将烧瓶竖起，卷纸内的样品即完全放在烧瓶底部。

　　（2）消化时由于会放出 SO_2，因此需将烧瓶放置在通风橱内或通风处进行消化，或在消化架上进行。消化时不要用强火，应保持缓和微沸，以免黏附在凯氏烧瓶内壁上的含氮化合物在无硫酸存在的情况下未消化完全而造成氮损失。

（3）消化过程中应注意不时转动凯氏烧瓶，以便利用冷凝酸液将附在瓶壁上的固体残渣洗下并促进其消化完全；样品中若含脂肪或糖较多时，消化过程中易产生大量的泡沫，为防止泡沫溢出瓶外，在开始消化时应用小火加热，并时时摇动；或者加入少量辛醇、液体石蜡或硅油消泡剂，并同时注意控制热源强度。

（4）当样品消化液不易达到澄清透明时，可将凯氏烧瓶冷却，加入30%过氧化氢2～3mL，再继续加热消化；若取样量较大，如干试样超过5g，可按每克试样5mL比例增加硫酸用量。

（5）一般消化至透明后，继续消化30min即可，但对于特别难以氨化的氮化合物样品，如含赖氨酸、组氨酸、色氨酸、酪氨酸或脯氨酸等时，需适当延长消化时间。有机物如分解完全，消化液呈蓝色或浅绿色，但含铁较多时，呈较深绿色。

（6）蒸馏时加入氢氧化钠溶液必须小心轻加，而且蒸馏装置不能漏气；蒸馏前若加碱量不足，消化液呈蓝色不生成氢氧化铜沉淀，此时需再增加氢氧化钠的用量。

（7）硼酸吸收液的温度不应超过40℃，否则对氨的吸收作用会减弱从而造成损失，此时可置于冷水浴中使用。另外，冷凝管下端不能插入硼酸液面太深，一般约为0.5cm，这样万一发生倒吸现象时，硼酸液不至吸入反应室内。

（8）蒸馏完毕后，应先将冷凝管下端提离液面清洗管口，再蒸1min后关掉热源，否则可能导致吸收液倒吸；混合指示剂在碱性溶液中呈绿色，在中性溶液中呈灰色，在酸性溶液中呈红色。

（9）一般样品中尚含其他含氮物质，测出的蛋白质为粗蛋白质。若要测定样品的蛋白氮，则需向样品中加入三氯乙酸溶液，使其最终浓度为5%，然后测定未加三氯乙酸的样品及加入三氯乙酸溶液后样品上清液中的含氮量，进一步计算出蛋白质含量：蛋白氮 = 总氮 − 非蛋白氮，蛋白质含量 = 蛋白氮 $\times F \times 100\%$。

14.2　氮 - 蛋白质自动分析法

实验原理、试剂、适用范围完全同凯氏常量定氮法。

14.2.1　实验目的

（1）熟悉氮 - 蛋白质自动测定的原理。
（2）掌握自动凯氏定氮仪的操作方法。

14.2.2　主要仪器

（1）自动凯氏定氮仪：该仪器自动化程度较高，能够自动加碱、蒸馏、吸收、滴定及数字显示。
（2）消化装置：由优质玻璃制成的凯氏消化瓶及红外线加热装置而组成的消化炉。

14.2.3　实验步骤

（1）样品消化：称取1～2g样品，置于消化管内，加入硫酸铜0.2g、硫酸5g、浓硫酸

10mL，将消化管置于红外线消化炉中。消化炉分成两组，每组共 4 个消化炉，两组共 8 个，一次可进行 8 个样品的消化。消化管放入消化炉后，用连接管连接密封住消化瓶，开启抽气装置及消化炉的电源，约 30min 后 8 个样品消化完毕，消化液呈清亮的淡蓝色。

（2）取出消化瓶：移装于自动凯氏定氮仪中，打开加水、加碱及自动蒸馏滴定电钮，开启电源，大约 12min 后由数显装置即可给出样品总氮百分含量，根据样品的种类选择相应的蛋白质换算系数 F，即可得出样品中蛋白质的含量。

（3）开启排除废液电钮及加水电钮，排出废液并对消化管清洗一次。该法灵敏、快速、准确、样品用量少，可在 2～2.5h 完成 8 个样品的蛋白质含量测定工作。

14.2.4　注意事项

（1）为了免除该组件中的隐患，要经常清洗蒸汽发生器。

（2）注意连接软管是否已被腐蚀、老化，尤其是碱分配中电磁阀出口到蒸馏系统之间的氯丁橡胶管，因长期受到强碱溶液和碱蒸气的腐蚀，会加速老化而引起破损。

14.3　阴离子染色法

14.3.1　实验目的

（1）熟悉阴离子染色法测定蛋白质含量的原理。

（2）掌握阴离子染色法测定蛋白质含量的实验操作步骤。

14.3.2　实验原理

含蛋白质的样品溶于缓冲液中，和已知的过量阴离子染色剂混合，蛋白质与染色剂形成不溶性复合物。反应平衡后，离心或过滤除去不溶性的复合物，再测定溶液中未结合的可溶性染色剂。

蛋白质 + 过量染色剂─→蛋白质 - 染色剂复合不溶物 + 未结合可溶性染色剂

阴离子磺酸基染色剂包括酸性 12 号橙、橙 G 和酰黑 10B，都可以和基本氨基酸残基中的阳性基团（组氨酸中的咪唑基、精氨酸中的胍基和赖氨酸中的 ε- 氨基等）及蛋白质中游离的氨基酸末端基团结合，未结合的染色剂与样品中蛋白质的含量成反比。

阴离子染色法已被用来测定牛乳、小麦面粉、大豆制品、肉制品中的蛋白质含量。

14.3.3　试剂与仪器

阴离子磺酸基染色剂、分光光度计、凯氏定氮装置等。

14.3.4　实验步骤

（1）粉碎样品（60 目或更小），加入过量的染色剂。

（2）剧烈摇晃内容物，加速染色反应至平衡过滤或离心去除不溶物。

（3）测定滤液中未结合染色剂溶液的吸光度，从标准曲线中计算染色剂浓度。

（4）通过对未结合染色剂浓度与样品的蛋白质总氮含量（经凯氏定氮校正）作图，得到一条线性的标准曲线。

14.3.5　结果计算

与样品同类的未知样品的蛋白质含量可以根据标准曲线计算，或通过最小二乘法得到的回归方程计算。

14.3.6　注意事项

（1）因为染色剂不与不可利用的赖氨酸结合，因此可用于测定谷物产品在加工过程可利用赖氨酸的含量，而赖氨酸是谷物产品中的限制氨基酸，所以可利用赖氨酸含量代表谷物产品的蛋白质营养价值。

（2）灵敏度低，需要毫克级的蛋白质。

（3）蛋白质因基本氨基酸不同而具有不同的染色容量，因此对于待测食品需要制作标准曲线。

（4）一些非蛋白组分结合染色剂（如淀粉）或蛋白质（如钙或磷）会造成最后结果的偏差。钙和重金属离子引起的问题可用含有草酸的缓冲试剂来解决。

14.4　考马斯亮蓝 G-250 法

双缩脲法（Biuret 法）和福林 - 酚试剂法（Lowry 法）的明显缺点和许多限制，促使科学家去寻找更好的蛋白质溶液测定的方法。1976 年，由 Bradford 建立的考马斯亮蓝 G-250 法（Bradford 法），是根据蛋白质与染料相结合的原理设计的。这种蛋白质测定法具有超过其他几种方法的突出优点，因而正在得到广泛的应用。这一方法是目前灵敏度最高的蛋白质测定法。

考马斯亮蓝 G-250 染料，在酸性溶液中与蛋白质结合，使染料的最大吸收峰的位置（λ_{max}）由 465nm 变为 595nm，溶液的颜色也由棕黑色变为蓝色。经研究认为，染料主要是与蛋白质中的碱性氨基酸（特别是精氨酸）和芳香族氨基酸残基相结合，在 595nm 下测定的吸光度 A_{595} 与蛋白质浓度成正比。

14.4.1　实验目的

（1）学习考马斯亮蓝 G-250 法测定蛋白质含量的原理。

（2）掌握考马斯亮蓝 G-250 法测定蛋白质含量的实验技术。

14.4.2　实验原理

考马斯亮蓝 G-250 以两种不同的颜色存在——红色与蓝色，当染色剂与蛋白质结合时，就由红色转变为蓝色。这种蛋白质染色剂复合物有较高的消光系数。因此，用这种方法测定蛋白质含量的灵敏度比较高，这种染色剂和蛋白质的结合过程迅速，大约 2min，而且这种蛋白质 - 染色剂复合物能在溶液中保持稳定达 1h。

该方法已成功用于测定麦芽汁、啤酒产品等中的蛋白质含量，此方法可改善微量蛋白质测定的结果。

14.4.3　试剂与仪器

（1）考马斯亮蓝 G-250 蛋白质试剂：称取 100mg 考马斯亮蓝 G-250，溶于 50mL 90% 乙醇中，加入 85% 正磷酸 100mL，最后加蒸馏水至 1000mL，此溶液可在常温下放置一个月。用前必须过滤。

（2）蛋白质标准液：称取 100mg 牛血清蛋白，溶于 100mL 蒸馏水中，制成 1000μg/mL 储备液。再按表 2.17 的比例配制成每毫升分别含 0μg、200μg、400μg、600μg、800μg、1000μg 蛋白质的标准液及每毫升分别含 0μg、20μg、40μg、60μg、80μg、100μg 蛋白质的标准液。

表 2.17　蛋白质标准液的配制

蛋白质浓度 /（μg/mL）	0	200	400	600	800	1000
加储备液 /mL	0	0.4	0.8	1.2	1.6	2.0
加蒸馏水 /mL	2.0	1.6	1.2	0.8	0.4	0
蛋白质浓度 /（μg/mL）	0	20	40	60	80	100
加储备液 /mL	0	0.2	0.4	0.6	0.8	1.0
加蒸馏水 /mL	10	9.8	9.6	9.4	9.2	9.0

（3）分光光度计等。

14.4.4　标准曲线的制作及测定

（1）0～1000μg/mL 蛋白质标准曲线：准确吸取 0μg/mL、200μg/mL、400μg/mL、600μg/mL、800μg/mL、1000μg/mL 的牛血清蛋白标准液 0.1mL，分别放入 10mL 刻度试管中，加入 5.0mL 考马斯亮蓝 G-250 蛋白质试剂，将溶液混匀，2min 后在 595nm 处测其吸光度，空白以蒸馏水代替标准液，其他操作同上。

（2）0～100μg/mL 蛋白质标准曲线：准确吸取 0.5mL 含 20μg/mL、40μg/mL、60μg/mL、80μg/mL、100μg/mL 牛血清蛋白标准液，分别放入 10mL 具塞刻度试管中，加入 5.0mL 考马斯亮蓝 G-250 蛋白质试剂，其他操作同上。以吸光度为纵坐标，蛋白质含量为横坐标，作标准曲线。

（3）样品中蛋白质浓度的测定：样品中蛋白质浓度的测定除将加入标准溶液改为样品液外，其余操作与（1）（2）完全相同。

14.4.5　结果计算

通过标准曲线回归方程即可求得每毫升溶液中蛋白质的含量，并转化成食品样品中蛋白质的质量分数。

14.4.6　注意事项

（1）本实验会受非离子和离子型去垢剂，如三硝基甲苯（Triton）X-100 和十二烷基硫酸钠（SDS）的干扰。少量的（0.1%）去垢剂导致的结果偏差可用适当的控制措施来校正。

（2）蛋白质 - 染色剂的复合物可与石英比色皿结合，必须使用玻璃或塑料比色皿。

（3）反应颜色随不同种类的蛋白质而变化，因此，必须仔细地选择标准蛋白质。

（4）标准曲线也有轻微的非线性，因而不能用朗伯-比尔定律（Lambert-Beer law）进行计算，而只能用标准曲线来测定未知蛋白质的浓度。

（5）R-250 中的 R 代表 red，偏红，R-250 属于慢染，脱色脱得完全，主要用于电泳染色，λ_{max}=560～590nm。适用于 SDS 聚丙烯酰胺凝胶电泳微量蛋白质染色。

（6）G-250 中的 G 是 green，偏绿，G-250 属于快染，主要用于蛋白质测定。比考马斯亮蓝 R-250 多两个甲基，λ_{max}=590～610nm，染色灵敏度不如 R-250。其优点是能选择性地染色蛋白质而几乎无本底色，常用于需要重复性好和稳定的染色，适于进行定量分析。

14.5　杜马斯法（燃烧法）

14.5.1　实验目的

（1）了解杜马斯法测定蛋白质含量的原理。
（2）掌握杜马斯法测定蛋白质含量的实验技术。

14.5.2　实验原理

试样在 900～1200℃高温下燃烧，燃烧过程中产生混合气体，其中的碳、硫等干扰气体和盐类被吸收管吸收，氮氧化物被全部还原成氮气，形成的氮气气流通过热导检测仪（TCD）进行检测。

14.5.3　仪器

氮-蛋白质自动分析仪；电子天平，精度为 0.01mg；燃烧反应炉；还原炉等。

14.5.4　实验步骤

按照仪器说明书要求称取 0.1～1.0g 充分混匀的试样（精确至 0.0001g），用锡箔包裹后置于样品盘上。试样进入燃烧反应炉（900～1200℃）后，在高纯氧（≥99.99%）中充分燃烧。燃烧炉中的产物（NO_x）被载气 CO_2 运送至还原炉（800℃）中，经还原生成氮气后检测其含量。

14.5.5　结果计算

$$X = C \times F$$

式中，X 为试样中蛋白质的质量分数，g/100g；C 为试样中氮的含量，g/100g；F 为氮换算为蛋白质的系数（一般食物为 6.25；纯乳与纯乳制品为 6.38；面粉为 5.70；玉米、高粱为 6.24；花生为 5.46；大米为 5.95；大豆及其粗加工制品为 5.71；大豆蛋白质制品为 6.25；肉与肉制品为 6.25；大麦、小米、燕麦、裸麦为 5.83；芝麻、向日葵为 5.30；复合配方食品为 6.25）。

以重复性条件下获得的两次独立测定结果的算术平均值表示，结果保留三位有效数字。

14.5.6　注意事项

（1）燃烧法是凯氏常量定氮法的一个替代方法。
（2）非蛋白氮也包括在测定结果内。

【复习与思考题】

1. 选择蛋白质测定方法时，哪些因素是必须考虑的？

2. 为什么在凯氏常量定氮法的计算中，从氮到蛋白质的换算系数会随着不同的食品而变化，6.25 的系数是怎么得到的？

3. 样品消化过程中内容物的颜色发生什么变化？为什么？

4. 考马斯亮蓝 G-250 法测定蛋白质含量的原理是什么？

5. 各种测定蛋白质的方法相比，优缺点各是什么？

【实验结果】

_____

_____

_____

_____

【实验关键点】

_____

_____

_____

_____

【素质拓展资料】

Protein Nitrogen Determination

扫码见内容

实验 15　食品中钙含量的测定

钙（calcium）是构成机体骨骼、牙齿的主要成分，长期缺钙会影响骨骼和牙齿的生长发育，严重时产生骨质疏松，发生软骨病，钙还参与凝血过程和维持毛细血管的正常渗透压，并影响神经肌肉的兴奋性，缺钙时可引起手足抽搐，所以对钙进行定量分析有重要意义。

经典的钙测定方法是用草酸铵使钙离子生成草酸钙沉淀，然后用重量法或容量法测定。例如，高锰酸钾滴定法虽有较高的精确度，但需经沉淀、过滤、洗涤等步骤，费时费力，目前广泛应用的是高锰酸钾滴定法、EDTA-Na$_2$ 络合滴定法、原子吸收分光光度法和离子色谱法。

15.1　高锰酸钾滴定法

15.1.1　实验目的

（1）了解钙测定的原理。

（2）掌握高锰酸钾滴定法测定钙的方法。

15.1.2 实验原理

样品经灰化后，在酸性溶液中，钙离子与草酸铵生成草酸钙，经硫酸溶解后，用高锰酸钾标准溶液滴定，从而计算出钙的含量。反应式如下。

$$CaCl_2+(NH_4)_2C_2O_4 \longrightarrow CaC_2O_4\downarrow+2NH_4Cl$$
$$CaC_2O_4+H_2SO_4 \longrightarrow CaSO_4+H_2C_2O_4$$
$$2KMnO_4+5H_2C_2O_4+3H_2SO_4 \longrightarrow K_2SO_4+2MnSO_4+10CO_2\uparrow+8H_2O$$

15.1.3 试剂

（1）1∶4 乙酸溶液；浓氨水溶液；1mol/L 硫酸溶液；4% 草酸铵溶液；0.1% 甲基红指示剂等。

（2）0.02mol/L 高锰酸钾标准溶液：称取 3.3g 高锰酸钾溶于 1000mL 水中，缓和煮沸 20～30min，冷却后于暗处密封保存数日后，用玻璃滤坩过滤于棕色瓶中保存。

（3）标定：准确称取基准草酸钠（0.2g 左右）溶于 50mL 水中，加 8mL 浓硫酸，用高锰酸钾标准溶液滴定至近终点时，加热至 70℃，继续滴定至溶液呈粉红色保持 30s 不变，即为终点。同时做空白实验以校正结果。

$$2MnO_4^- + 5C_2O_4^{2-} +16H^+ \longrightarrow (75\sim85℃)2Mn^{2+}+10CO_2+8H_2O$$

按下式计算浓度。

$$X=\frac{200G}{67V}$$

式中，G 为称取草酸钠的质量，g；V 为滴定所用的高锰酸钾标准溶液的体积，mL；X 为高锰酸钾溶液的摩尔浓度，mol/L。

15.1.4 实验步骤

（1）样品处理：准确称取约 1.000g 代表性样品，置于 50mL 凯氏烧瓶中，加入无水硫酸钠或无水硫酸钾 1g、无水硫酸铜 0.5g、浓硫酸 10mL，开始用小火，10min 后加大火力进行消化，直至样品溶液呈透明无黑粒为止。冷却，凯氏烧瓶中的内容物移入 50mL 容量瓶中，加水到刻度，混匀。

或用干法灰化后，将灰分溶于适当盐酸溶液中，定容后即可。

（2）测定：准确吸取样品溶液 5mL，移入 16mL 离心管中，加入甲基红指示剂 1 滴、4% 草酸铵溶液 2mL、1∶4 乙酸溶液 0.5mL，振摇均匀。用浓氨水溶液将溶液调至微黄色，再用 1∶4 乙酸溶液调至微红色，放置 1h，使沉淀完全析出。离心 15min，小心倾去上层清液，在沉淀中加入 2mL 1mol/L 硫酸摇匀，置于 70～80℃ 热水浴中，用 0.02mol/L 高锰酸钾标准溶液进行滴定至溶液呈粉红色保持 30s 不变，即为终点。

15.1.5 结果计算

$$X_{Ca}(\%)=\frac{C\times V\times5\times40\times V_1\times100}{m\times2000\times V_2}$$

式中，X_{Ca} 为待测样中钙的质量分数，mg/100g；C 为高锰酸钾标准溶液的摩尔浓度，mol/L；

V 为滴定所消耗高锰酸钾标准溶液的体积，mL；V_1 为样品溶液的总体积，mL；V_2 为分取样品溶液的体积，mL；m 为样品的质量，g；40 为钙的摩尔质量，g/mol。

15.1.6　注意事项

（1）用高锰酸钾滴定时要不断振摇使溶液均匀并保持在 70～80℃。该方法较精确，但需离心沉淀。

（2）草酸铵应在溶液酸性时加入，然后再加入氨水，如若顺序颠倒，样液中的钙会与样品中的磷酸结合成磷酸钙沉淀，使结果不准确。

15.2　EDTA-Na$_2$ 络合滴定法

15.2.1　实验目的

（1）了解钙测定的原理。
（2）掌握 EDTA-Na$_2$ 络合滴定法测定钙的方法。

15.2.2　实验原理

Ca^{2+} 能定量地与 EDTA-Na$_2$ 生成稳定的配合物，其稳定性较钙与钙指示剂所形成的配合物强。在适当的 pH 范围内，Ca^{2+} 先与钙指示剂形成配合物，再用 EDTA-Na$_2$ 滴定，达到定量点时，EDTA-Na$_2$ 从指示剂配合物中夺取钙离子，使溶液呈现游离指示剂的颜色（终点）。根据 EDTA 的消耗量，即可计算出钙的含量。

在本反应中，Zn^{2+}、Cu^{2+}、Co^{2+}、Ni^{2+} 会产生干扰，可加入 KCN 或 Na$_2$S 掩蔽，Fe^{3+} 可用柠檬酸钠掩蔽。

15.2.3　试剂

（1）钙指示剂（NN）溶液：称取适量钙指示剂配成 0.1% 的乙醇溶液。
（2）2mol/L NaOH 溶液。
（3）0.05mol/L 柠檬酸钠溶液：称取 14.7g 二水合柠檬酸钠，用去离子水稀释至 1000mL。
（4）1% KCN 溶液。
（5）6mol/L HCl 溶液。
（6）钙标准溶液：准确称取 0.5～0.6g 已在 110℃ 条件下干燥 2h、保存在干燥器内的基准 CaCO$_3$ 于 250mL 烧杯中，用少量水润湿，盖上表面皿，从杯嘴缓慢加入 6mol/L HCl 10mL 使之溶解，转入 100mL 容量瓶中，用水稀释至刻度，摇匀，计算碳酸钙的准确浓度。
（7）0.01mol/L EDTA-Na$_2$ 标准溶液：精确称取 3.700g EDTA-Na$_2$ 于蒸馏水中，加热溶解后定容至 1000mL，贮于聚乙烯瓶中。

标定：准确吸取钙标准溶液 10mL 于锥形瓶中，加水 10mL，用 2mol/L 的 NaOH 溶液调至中性（约 1mL），加入 1% KCN 1 滴、0.05mol/L 柠檬酸钠 2mL、2mol/L NaOH 2mL、钙指示剂 5 滴，用 EDTA-Na$_2$ 溶液滴定至溶液由酒红色变为纯蓝色为终点。记录 EDTA-Na$_2$ 溶液用量 V（mL），按下式计算 EDTA-Na$_2$ 标准溶液的浓度 $[c(EDTA-Na_2)]$（mol/L）。

$$c(\text{EDTA-Na}_2) = c(\text{CaCO}_3) \times 10.00 / V$$

15.2.4 实验步骤

（1）样品处理：取适量样品，用干法灰化，加入 1：4 盐酸 5mL，置水浴上蒸干，再加入 5mL 1：4 盐酸溶解，并移入 25mL 容量瓶中，用热去离子水多次洗涤灰化容器，洗涤水并入容量瓶中，冷却后用去离子水定容。

（2）测定：准确吸取样液 5mL（视 Ca 含量而定），注入 100mL 锥形瓶中。加水 15mL，用 2mol/L 的 NaOH 溶液调至中性，加入 1% KCN 1 滴、0.05mol/L 柠檬酸钠溶液 2mL、2mol/L NaOH 2mL、钙指示剂 5 滴，用 EDTA-Na$_2$ 溶液滴定至溶液由酒红色变为纯蓝色为终点。记录 EDTA-Na$_2$ 标准溶液的用量。

以蒸馏水代替样品做空白实验。

15.2.5 结果计算

$$X = \frac{(V - V_0) \times c(\text{EDTA-Na}_2) \times 40}{m \times \dfrac{V_1}{V_2} \times 100}$$

式中，X 为样品中钙的质量分数，mg/100g；V 为滴定样液消耗 EDTA-Na$_2$ 溶液的体积，mL；V_0 为滴定空白溶液消耗 EDTA-Na$_2$ 溶液的体积，mL；V_1 为测定时取样液的体积，mL；V_2 为样液定容的总体积，mL；m 为样品质量，g；40 为钙的摩尔质量，g/mol。

15.2.6 注意事项

（1）滴定用的样品量随钙含量而定。

（2）用盐酸溶解碳酸钙时，要用表面皿盖好烧杯后再加盐酸，以防喷溅。

（3）氰化钾是剧毒物质，必须在碱性条件下使用，以防止在酸性条件下生成 HCN 逸出。测定完的废液要加氢氧化钠和硫化亚铁处理，使生成亚铁氰化钠后才能倒掉。

（4）加钙指示剂后，不能放置太久，否则终点发灰，不明显。

（5）滴定时 pH 应为 12～14，过高或过低指示剂变红，滴不出终点。

15.3 原子吸收分光光度法

15.3.1 实验目的

（1）了解钙测定的原理。

（2）掌握原子吸收分光光度法测定钙的方法。

15.3.2 实验原理

样品经湿消化后，导入原子吸收分光光度计中，经火焰原子化后，吸收 422.7nm 的共振线，其吸收量与含量成正比，与标准系列溶液比较定量。

15.3.3 试剂与仪器

1）试剂（要求使用去离子水，优级纯试剂）　①盐酸（GB/T 622—2006）。②硝酸

（GB/T 626—2006）。③ 高氯酸（GB/T 623—2011）。④ 混合酸消化液：硝酸与高氯酸的比
为 4∶1。⑤ 0.5mol/L 硝酸溶液：量取 32mL 硝酸，加去离子水并稀释至 1000mL。⑥ 2% 氧
化镧溶液：称取 23.45g 氧化镧（纯度大于 99.99%），加 75mL 盐酸于 1000mL 容量瓶中，加
去离子水稀释至刻度。⑦ 钙标准溶液：精确称取 1.2486g 碳酸钙（纯度大于 99.99%），加
50mL 去离子水，加盐酸溶液，移入 1000mL 容量瓶中，加 2% 氧化镧并稀释至刻度，储存
于聚乙烯瓶中，4℃保存，此溶液每毫升相当于 500μg 钙。⑧ 钙标准使用液：钙标准使用液
的配制见表 2.18。

表 2.18　钙标准使用液的配制（引自王世平，2009）

元素	标准溶液浓度 /（μg/mL）	吸取标准溶液量 /mL	稀释体积（容量瓶）/mL	标准使用液浓度 /（μg/mL）	稀释溶液
钙	500	5.0	100	25	2% 氧化镧溶液

　　钙标准使用液配制好后，储存于聚乙烯瓶内，4℃保存。所有玻璃仪器均以硫酸 - 重铬
酸钾洗液浸泡数小时，再用洗衣粉充分洗刷，然后用水反复冲洗，最后用去离子水冲洗晒干
或烘干，方可使用。

　　2）仪器　原子吸收分光光度计等。

15.3.4　实验步骤

　　（1）样品制备：微量元素分析的样品制备过程中应特别注意防止各种污染。所以设备如
电磨、电绞机、匀浆器、打碎机等必须是不锈钢制品。所用容器必须使用玻璃或聚乙烯制
品，做钙测定的样品不得用石磨研碎，湿样（如蔬菜、水果、鲜肉、鲜鱼等）用水冲洗干净
后，要用去离子水充分洗净。干粉类制品（如面粉、奶粉等）取样后立即装容器密封保存，
防止空气中的灰尘和水分污染。

　　（2）样品消化：精确称取均匀样品干样 0.5～1.5g（湿样 2.0～4.0g，饮料等液体样品
5.0～10.0g）于 250mL 高型烧杯中，加混合酸消化液 20～30mL，上盖表面皿。置于电热板
或电沙浴上加热消化，如未消化好而酸液过少时，再补加几毫升混合酸消化液，继续加热
消化直至无色透明为止。加几毫升去离子水，加热以除去多余的硝酸，待烧杯中的液体接近
2～3mL 时，取下冷却。用去离子水冲洗并转移于 10mL 刻度试管中，加去离子水定容至刻
度（测钙时用 2% 氧化镧溶液稀释定容）。

　　取与消化样品相同量的混合酸消化液，按上述操作做空白试剂实验测定。

　　（3）测定：将钙标准使用液分别配制不同浓度系列的标准稀释液，见表 2.19，测定操作
参数见表 2.20。

表 2.19　不同浓度系列标准稀释液的配制方法（引自王世平，2009）

元素	使用液质量浓度 /（μg/mL）	吸取使用液量 /mL	稀释体积（容量瓶）/mL	标准系列溶液质量浓度 /（μg/mL）	稀释溶液
钙	25	1	50	0.5	2% 氧化镧溶液
		2		1.0	
		3		1.5	
		4		2.0	
		6		3.0	

表 2.20　测定操作参数（引自王世平，2009）

元素	波长 /nm	光源	火焰	标准系列溶液质量浓度 /(μg/mL)	稀释溶液
钙	422.7	可见	空气 - 乙炔	0.5～3.0	2% 氧化镧溶液

其他实验条件：仪器夹缝、空气及乙炔的流量、灯头高度、元素灯电流等均按使用的仪器说明调至最佳状态。

15.3.5　结果计算

1）标准曲线法　　以各浓度系列标准溶液与对应的吸光度绘制标准曲线，它的线性相关系数为 0.9996。测定用样品液及试剂空白液由标准曲线查出浓度值（ C 及 C_0 ）再按下式计算。

$$X = \frac{(C - C_0) \times V \times f \times 100}{m \times 1000}$$

式中，X 为样品中钙元素的质量分数，mg/100g；C 为测定用样品中元素的质量浓度（由标准曲线查出），μg/mL；C_0 为测定空白液中元素的质量浓度（由标准曲线查出），μg/mL；V 为样品定容体积，mL；f 为稀释倍数；m 为样品质量，g；100/1000 为折算成每百克样品中元素含量（mg）的系数。

2）回归方程法　　由各元素标准稀释液浓度与对应的吸光度计算出回归方程（也可以输入计算器得出），计算见下式。

$$c = ay + b$$

式中，c 为测定用样品中元素的质量浓度（可由计算器直接得出），μg/mL；a 为曲线斜率；y 为元素的吸收度；b 为曲线的截距。

由回归方程式或计算器得出测定样液及试剂空白液的浓度后，再用下式计算。

$$X = \frac{(C - C_0) \times V \times f \times 100}{m \times 1000}$$

式中各字母的含义同标准曲线法说明。

15.3.6　注意事项

（1）同实验室平行测定或连续两次测定结果的重现性均小于 10%。

（2）最低检测限：钙 0.1μg。

（3）本法适用于各种食物中钙的测定。

15.4　离子色谱法

除了上述方法之外，还可以用离子色谱法测定食品中钙的含量，下述实验以白酒为样品测定其钙含量。

15.4.1　实验目的

（1）了解钙测定的原理。

（2）掌握离子色谱法测定钙的方法。

15.4.2 实验原理

样品中待测的钙离子经过阳离子交换柱时，流动相淋洗液将样品中的离子从分离柱中洗脱下来。样品中各种离子的洗脱顺序和保留时间取决于离子对树脂的亲和力、淋洗液、柱长和流速。由于电导率与样品中被测离子的浓度成正比，因此通过电导检测器测量电导，可以确定样品中待测离子的浓度。

15.4.3 试剂与仪器

1）试剂 Ca^{2+} 标准储备液浓度为 $100\mu g/mL$；甲烷磺酸；实验用水（电阻率小于 $18.2M\Omega \cdot cm$）。

2）仪器 Dionex ICS-90 离子色谱仪；Chromeleon 离子色谱工作站；IonPac CS12A 阳离子分离柱（$4mm \times 250mm$）；IonPac CS12A 阳离子保护柱（$4mm \times 50mm$）；抑制型电导检测器；Millipore Direct-Q3 超纯水器；N-EVAP111 氮吹仪；SEP-PAK C_{18} 萃取柱；$0.2\mu m$ 微孔滤膜过滤器等。

15.4.4 实验步骤

1）实验条件 淋洗液（甲烷磺酸）：$20mmol/L$；流速：$1.0mL/min$；进样量：$25\mu L$，以峰面积定量。

2）标准曲线 配制系列阳离子混合标准溶液。以峰面积对标准浓度作图，绘制标准曲线。

3）酒样测定 取酒样 $25mL$ 于 $50mL$ 烧杯中，置于水浴中用氮气吹至近干，用超纯水稀释定容至 $25mL$，经 $0.2\mu m$ 微孔滤膜过滤，除去颗粒物，再用 SEP-PAK C_{18} 柱过滤后，直接进样。

15.4.5 结果计算

通过记录酒样中各阳离子的峰面积值，在标准曲线上查出被测酒样中钙的含量。

15.4.6 注意事项

（1）洗脱液必须经 $0.45\mu m$ 或更小的滤膜抽滤（必要时可用两层滤膜过滤）、真空脱气后才可使用。

（2）每天关机前要用洗脱液冲洗分析柱 $30min$。

【复习与思考题】

1. 食品中钙含量测定的方法有哪些？ EDTA-Na_2 络合滴定法的注意事项有哪些？
2. 高锰酸钾溶液的标定原理是什么？如何用化学方法洗去衣服上的高锰酸钾溶液？
3. 简述原子分光光度法测定钙的基本原理。
4. 简述离子色谱法测定食品中钙含量的注意事项。

【实验结果】

_____

_____

_____

_____

【实验关键点】

_____

_____

_____

_____

【素质拓展资料】

扫码见内容

Indirect Colorimetric Method for the Determination of Calcium

实验 16　食品中铁含量的测定

铁是自然界存在最广泛的金属，也是人们生活中经常接触的。铁是血红蛋白、肌球蛋白和细胞色素中的重要成分，它能传递氧，又能促进脂肪氧化，所以铁是人体内不可缺少的重要元素之一。一般成年人每天需要摄入铁 1~2mg。肉、蛋、干果中均有丰富的铁质，能够满足人体对铁的需要。然而二价铁很容易氧化成三价铁，食品在贮存过程中也常常由于污染了大量的铁而产生金属味，导致色泽加深和食品中维生素分解等，所以食品中铁的测定不但具有营养学的意义，还可以鉴别食品的铁质污染。铁的测定通常使用硫氰酸盐光度法和邻菲罗啉光度法，操作简便、准确；采用火焰原子吸收法更为快速、灵敏。

16.1　硫氰酸盐光度法

16.1.1　实验目的

（1）了解铁测定的原理。

（2）掌握硫氰酸盐光度法测定铁的方法。

16.1.2　实验原理

在酸性溶液中，铁离子与硫氰酸钾作用，生成血红色的硫氰酸铁络合物，其颜色的深浅与铁离子的浓度成正比，可用光度法测定。

16.1.3　试剂与仪器

1）试剂

（1）2% 高锰酸钾溶液；20% 硫氰酸钾溶液；2% 过硫酸钾溶液；浓硫酸等。

（2）铁标准溶液：称取 0.0498g 七水硫酸亚铁（$FeSO_4 \cdot 7H_2O$），溶于 100mL 水中，加

浓硫酸 5mL，微热，溶解后随即用 2% 高锰酸钾溶液滴定至最后 1 滴时红色不退为止。用水稀释至 1000mL，摇匀，此溶液每毫升含 10μg 铁。

标准曲线的绘制：准确吸取 0.0mL、0.2mL、0.4mL、0.6mL、0.8mL、1.0mL 铁标准溶液，分别移入 25mL 容量瓶中，各加入 5mL 水后，再加入浓硫酸 0.5mL，然后加入 2% 过硫酸钾溶液 0.2mL 和 20% 硫氰酸钾溶液 2mL，混匀后用水稀释至 25mL，摇匀置于分光光度计于 485nm 波长处进行比色测定，以测定的吸光度绘制标准曲线。

2）仪器　　分光光度计等。

16.1.4　实验步骤

干法处理：称取搅拌均匀的样品 20.2g 于瓷坩埚中，在微火上炭化后，移入 500℃ 高温电炉中灰化成白色灰烬。难灰化的样品可加入 10% 硝酸镁溶液 2mL 作助灰剂。也可在冷却后于坩埚中加浓硝酸数滴使残渣润湿，蒸干后再进行灼烧。灼烧后的灰分用 1∶1 盐酸 2mL、水 5mL 加热煮沸，冷却后移入 100mL 容量瓶中，并用水稀释至刻度。必要时进行过滤。

准确吸取样品溶液 5～10mL，置于 25mL 容量瓶中，加 5mL 水、0.5mL 浓硫酸，其余操作同标准曲线的绘制。根据测得的吸光度从标准曲线查得相应的铁含量（X_{Fe}）。

16.1.5　结果计算

$$X_{Fe}(mg/kg) = \frac{m}{W}$$

式中，m 为从标准曲线中查得的铁的质量，μg；W 为测定时样品的质量，g。

16.1.6　注意事项

（1）过硫酸钾的作用是氧化剂，用来防止三价铁离子转变成二价铁离子。

（2）硫氰酸铁的稳定性差，时间稍长，红色还会逐渐消退，故应在规定的时间内完成比色。

（3）随硫氰酸根浓度的增加，Fe^{3+} 与之形成 $Fe(SCN)^{2+}$ 直至 $Fe(SCN)_6^{3-}$ 等一系列化合物，溶液颜色由橙黄色至血红色，影响测定，因此应严格控制硫氰酸钾的用量。

16.2　邻菲罗啉光度法

16.2.1　实验目的

（1）了解铁测定的原理。

（2）掌握邻菲罗啉光度法测定铁的方法。

16.2.2　实验原理

样品溶液中的三价铁在酸性条件下还原为二价铁，然后与邻菲罗啉作用生成红色的络合离子，其颜色强度与铁的含量成正比。

16.2.3　试剂与仪器

（1）10% 盐酸羟胺溶液；1∶9 盐酸溶液；50% 乙酸钠溶液等。

（2）0.12% 邻菲罗啉溶液：称取 0.12g 邻菲罗啉置于烧杯中，加入 60mL 水。加热至 80℃左右使之溶解，移入 100mL 容量瓶中，加水至刻度，摇匀备用。

（3）铁的标准溶液：准确称取纯铁 0.1000g，溶于 10mL 10% 硫酸中，加热至铁完全溶解，冷却后移入 100mL 容量瓶中，加水至刻度，摇匀备用。此溶液每毫升含铁 1mg，使用时用水配制成每毫升相当于 2μg 铁的标准溶液。

（4）标准曲线的绘制：准确吸取每毫升相当于 2μg 铁的标准溶液 0.0mL、1.0mL、2.0mL、3.0mL、4.0mL 和 5.0mL，分别移入 50mL 容量瓶中，加水至 5mL，然后按样品测定进行操作测得各浓度标准溶液的吸光度并绘制标准曲线。

（5）分光光度计等。

16.2.4　实验步骤

（1）样品处理：称取有代表性样品 10.0g，置于瓷坩埚中，在小火上炭化后，移入 550℃高温炉中灰化成白色灰烬，取出，加入 2mL 1∶1 盐酸，在水浴上蒸干，再加 5mL 水，加热煮沸后移入 100mL 容量瓶中，用水稀释至刻度，摇匀。

（2）样品测定：吸取样液 5～10mL 置于 50mL 容量瓶中，加入 1mL 1∶9 盐酸溶液、1mL 10% 盐酸羟胺溶液及 1mL 0.12% 邻菲罗啉溶液，用 50% 乙酸钠溶液调节 pH 至 3～5，然后用水稀释至 50mL，摇匀，以空白为参比，于分光光度计 510nm 波长处测定吸光度，并从标准曲线中查出铁的含量（X_{Fe}）。

16.2.5　结果计算

$$X_{Fe}(mg/kg) = \frac{m}{W}$$

式中，m 为从标准曲线中查得的铁的质量，μg；W 为测定时的样品质量，g。

16.2.6　注意事项

经消化处理后的样品溶液中的铁是以三价形式存在的，而二价铁与邻菲罗啉的定量络合更为完全，所以应在酸性溶液中加入盐酸羟胺将三价铁还原为二价铁，然后用 50% 乙酸钠溶液调节 pH 至 3～5 后，再测定。

16.3　火焰原子吸收法

16.3.1　实验目的

（1）了解铁测定的原理。

（2）掌握火焰原子吸收法测定铁的方法。

16.3.2　实验原理

试样经湿法消化后，导入原子吸收分光光度计中，经火焰原子化后，在特征光谱下，其吸收量与含量成正比，与系列标准溶液比较进行定量。

16.3.3　试剂与仪器

混合酸消化液：硝酸 - 高氯酸（4∶1）；铁标准溶液：同前述方法。

原子吸收分光光度计等。

16.3.4 实验步骤

1）试样制备 鲜样（如蔬菜、水果、鲜鱼、鲜肉）先用自来水冲洗干净后，再用去离子水充分洗净。干粉类试样（如面粉、奶粉等）取样后立即装容器密封保存，防止空气中的灰尘和水分污染。

2）试样消化

（1）干法：先灼烧至灰分，然后用酸溶解。

（2）湿法：精确称取均匀试样适量于250mL高型烧杯中，加混合酸消化液20～30mL，上盖表面皿，置于电热板或沙浴上加热消化。也可采用微波湿法消解。

3）测定 用标准使用液分别配制不同系列浓度的标准稀释液，测定条件如仪器狭缝、空气及乙炔的流量、灯头高度、元素灯电流等均按要求调至最佳状态。

将消化好的试样液、试剂空白液和元素的系列浓度标准溶液分别导入火焰进行测定。

以各浓度系列标准溶液与对应的吸光度绘制标准曲线。

16.3.5 结果计算

按下式进行计算，结果保留两位有效数字。

$$\omega = [(\rho_1 - \rho_0) \times V \times F \times 100] / m$$

式中，ω 为试样中元素的质量分数，$\mu g/100g$；ρ_1 为测定用样品液中元素的质量浓度，$\mu g/mL$；ρ_0 为试剂空白液中元素的质量浓度，$\mu g/mL$；m 为试样质量，g；V 为试样定容体积，mL；F 为稀释倍数。

16.3.6 注意事项

（1）微量元素分析的试样制备过程中应特别注意防止各种污染。所用设备如电磨、绞肉机、匀浆器、打碎机等必须是与所测元素无关的制品。所用容器必须使用玻璃或聚乙烯制品，不能引入待测元素。

（2）考虑到各种元素的干扰因素不同，测定时可根据需要进行掩蔽。

（3）在重复性条件下获得的两次独立测定结果的绝对差值不得超过算术平均值的10%。

【复习与思考题】

1. 邻菲罗啉光度法测定铁的原理是什么？
2. 邻菲罗啉光度法中为何需在酸性溶液中加入盐酸羟胺？
3. 铁元素测定方法各有哪些优缺点？
4. 在铁含量测定过程中，如何避免其他元素的干扰？

【实验结果】

_____

_____

_____

_____

【实验关键点】

_____

_____

_____

_____

【素质拓展资料】

Iron Determination in Meat Using Ferrozine Assay

扫码见内容

实验 17　食品中维生素 A 的测定

早在古埃及时代，人们就知道猪肝能治疗夜盲症，19 世纪这种夜盲症曾在全球军队中流行。1914 年证实，肝中能治疗夜盲症的活性物质是大鼠生长必需的脂溶性因子。1915 年，McCollum 和 Davis 在威斯康星大学提出，存在于某些脂肪中的生长因子称作"脂溶性 A"因素，后来被证实为维生素 A。1922 年，McCollum 等从脂溶性维生素中分离出了维生素 A。1931 年，Karrer 自肝油中分离出维生素 A 纯品，同时确定了维生素 A 的化学结构式。1937 年，Kuhn 合成了维生素 A，由 β-胡萝卜素形成维生素 A 的生物转化过程在 20 世纪 30 年代被发现。维生素 A 族的原型化合物是全反式视黄醇，是一种不饱和一元醇，其醛和酸的形式是视黄醛和视黄酸，与视觉有关的维生素 A 的活性形式是 11-顺式视黄醛，而用于治疗的形式是 13- 顺式视黄酸。棕榈酸视黄酯是其主要的储存形式，而视黄酰 β-葡糖苷酸则是具有生物活性的水溶性代谢物。鉴于维生素 A 的重要生理生化作用，对食品中的维生素 A 含量进行测定显得十分重要。

17.1　三氯化锑光度法

17.1.1　实验目的

（1）了解食品中维生素 A 测定的原理。

（2）掌握三氯化锑光度法测定食品中维生素 A 的方法。

17.1.2　实验原理

在三氯甲烷溶液中，维生素 A 与三氯化锑作用可生成蓝色可溶性络合物，在 620nm 波长处有最大吸收峰，其蓝色的深浅与维生素 A 的含量在一定的范围内成正比，故可通过吸光度测定维生素 A 的含量。

17.1.3　试剂与仪器

（1）无水硫酸钠：不吸附维生素 A。

（2）乙酸酐。

（3）无水乙醚：应不含过氧化物，以免破坏维生素 A，否则应蒸馏后再用。重蒸乙醚时，瓶内放少许铁末或细铁丝。弃去 10% 初馏液和 10% 残留液。

（4）无水乙醇：不应含醛类物质，否则应脱醛处理。脱醛方法为：取 2g 硝酸银溶于少量水中。取 4g 氢氧化钠溶于温乙醇中。将两者倾入盛有 1L 乙醇的试剂瓶内，振摇后，于暗处放置两天（不时摇动，促进反应）。取上清液蒸馏，弃去初馏液 50mL。若乙醇中含醛较多，可适当增加硝酸银的用量。

（5）三氯甲烷：不应含分解物，以免破坏维生素 A，否则应除去。处理方法为：将三氯甲烷置于分液漏斗中，加水洗涤数次，用无水硫酸钠或氯化钙脱水，然后蒸馏。

（6）20%～25% 三氯化锑 - 三氯甲烷溶液：将 20～25g 干燥的三氯化锑迅速投入装有 100mL 三氯甲烷的棕色试剂瓶中，振摇使之溶解，再加入无水硫酸钠 10g。用时吸取上层清液。

（7）50% 氢氧化钾溶液；0.5mol/L 氢氧化钾溶液。

（8）维生素 A 标准溶液：视黄醇（纯度 85%）或视黄醇乙酸酯（纯度 90%）经皂化处理后使用。取脱醛乙醇溶解维生素 A 标准品，使其浓度大约为 1mg/mL 视黄醇。临用前以紫外分光光度法标定其准确浓度。标定方法见维生素 E 标准溶液的配制。

（9）酚酞指示剂：用 95% 乙醇配制 1% 的溶液。

（10）紫外 - 可见分光光度计等。

17.1.4　实验步骤

1）标准曲线的绘制　　准确吸取维生素 A 标准溶液 0mL、0.1mL、0.2mL、0.3mL、0.4mL、0.5mL 于 6 个 10mL 容量瓶中，用三氯甲烷定容，得系列标准使用液。再取 6 个 3cm 比色杯顺次移入系列标准使用液各 1mL，每个杯中加乙酸酐 1 滴，制成系列比色标准溶液。在 620nm 波长处，以 10mL 三氯甲烷加 1 滴乙酸酐调节分光光度计的零点。然后，将系列比色标准溶液按顺序移到光路前，迅速加入 9mL 三氯化锑 - 三氯甲烷溶液，于 6s 内测定吸光度（每支比色杯都在临测前加入显色剂）。以维生素 A 含量为横坐标，以吸光度为纵坐标绘制标准曲线。

2）样品处理　　因含有维生素 A 的样品多为脂肪含量高的油脂或动物性食品，故必须首先除去脂肪，把维生素 A 从脂肪中分离出来。常规的去脂方法是皂化法。

（1）皂化：称取 0.5～5g 经组织捣碎机捣碎或充分混匀的样品于锥形瓶中，加入 10mL 50% 氢氧化钾及 20～40mL 乙醇，在电热板上回流 30min。加入 10mL 水，稍稍振摇，若无浑浊现象，表示皂化完全。

（2）提取：将皂化液移入分液漏斗。先用 30mL 水分两次冲洗皂化瓶（如有渣子，用脱脂棉滤入分液漏斗），再用 50mL 乙醚分两次冲洗皂化瓶，所有洗液并入分液漏斗中，振摇 2min（注意放气），提取不皂化部分。静止分层后，水层放入第二分液漏斗。皂化瓶再用 30mL 乙醚分两次冲洗，洗液倾入第二分液漏斗，振摇后静止分层，将水层放入第三分液漏斗，醚层并入第一分液漏斗。如此重复操作，直至醚层不再使三氯化锑 - 三氯甲烷溶液呈蓝色（无维生素 A）为止。

（3）洗涤：在第一分液漏斗中加入 30mL 水，轻轻振摇；静置片刻后，放去水层。再在醚层中加入 15~20mL 0.5mol/L 的氢氧化钾溶液，轻轻振摇后，弃去下层碱液（除去醚溶性酸皂）。继续用水洗涤，至水洗液不再使酚酞变红为止。醚液静置 10~20min 后，小心放掉析出的水。

（4）浓缩：将醚液经过无水硫酸钠滤入锥形瓶中，再用约 25mL 乙醚冲洗分液漏斗和硫酸钠两次，洗液并入锥形瓶内。用水浴蒸馏，回收乙醚。待瓶中剩约 5mL 乙醚时取下。减压抽干，立即准确加入一定量的三氯甲烷（5mL 左右），使溶液中维生素 A 含量在适宜浓度范围内（3~5μg/mL）。

3）样品测定

取两个 3cm 比色杯，分别加入 1mL 三氯甲烷（样品空白液）和 1mL 样品溶液，各加 1 滴乙酸酐。其余步骤同标准曲线的绘制。分别测定样品空白液和样品溶液的吸光度，从标准曲线中查出相应的维生素 A 含量。

17.1.5　结果计算

按下式计算结果。

$$X = \frac{C - C_0}{m} \times V \times \frac{100}{1000}$$

式中，X 为维生素 A 的质量分数，mg/100g；C 为由标准曲线上查得的样品溶液中维生素 A 的质量浓度，μg/mL；C_0 为由标准曲线上查得的样品空白液中维生素 A 的质量浓度，μg/mL；m 为样品质量，g；V 为样品提取后加入三氯甲烷定容的体积，mL；100/1000 为将样品中维生素 A 由 μg/g 换算成 mg/100g 的换算系数。

17.1.6　注意事项

（1）乙醚中是否含有过氧化物的检验方法：取 5mL 乙醚加 1mL 10% 碘化钾溶液，振摇 1min，如含过氧化物则放出游离碘，水层呈黄色；或加入 4 滴 0.5% 淀粉溶液，水层呈蓝色。乙醇中是否含有醛的检查方法：在盛有 2mL 银氨溶液的小试管中加 3~5 滴无水乙醇，摇匀，放置冷却后，若有银镜反应则表示乙醇中含有醛。

（2）三氯甲烷中是否含分解产物的检查方法：取少量三氯甲烷置于试管中，加水少许振摇，加几滴硝酸银溶液，若产生白色沉淀，则说明三氯甲烷中含有分解产物氯化氢。

$$2CHCl_3 + O_2 \longrightarrow 2HCl + 2CCl_2O$$

（3）乙醚为溶剂的萃取体系，易发生乳化现象。在提取、洗涤操作中，不要用力过猛，若发生乳化，可加几滴乙醇破乳。所用氯仿中不应含有水分，因三氯化锑遇水会出现沉淀，干扰比色测定。

$$SbCl_3 + H_2O \longrightarrow SbOCl\downarrow + 2HCl$$

故在每毫升氯仿中应加入乙酸酐 1 滴，以保证脱水。

（4）由于三氯化锑与维生素 A 所产生的蓝色物质很不稳定，通常 6s 以后便开始退色，因此要求反应在比色杯中进行，产生蓝色后立即读取吸光度；维生素 A 见光易分解，整个实验应在暗处进行，防止阳光照射，或采用棕色玻璃避光；测定结果也可以用每 100g 食品中所含维生素 A 的国际单位表示，每国际单位维生素 A 相当于 0.3μg 维生素 A。

（5）如果样品中含 β-胡萝卜素（如奶粉、禽蛋等食品）干扰测定，可将浓缩蒸干的样品

用正乙烷溶解，以氧化铝为吸附剂，丙酮 - 已烷混合液为洗脱剂进行柱层析。三氯化锑腐蚀
性强，不能沾在手上；三氯化锑遇水生成白色沉淀，因此用过的仪器要先用稀盐酸浸泡后再
清洗。

　　（6）维生素含量高的样品（如猪肝），可直接用研磨提取法处理样品。称取适量样品于
研钵中，加 3~5 倍无水硫酸钠，研磨均匀至无水分，转移到 250mL 锥形瓶中，加适量乙醚
振摇，浸取，取一定量上层清液蒸干，加 5mL 三氯甲烷溶解，得测定用样品溶液。

　　（7）分光光度法除用三氯化锑作显色剂外，还可用三氟乙酸、三氯乙酸作显色剂。其中
三氟乙酸没有遇水发生沉淀而使溶液浑浊的缺点。

　　（8）本法适用于维生素 A 含量较高的各种样品（高于 5μg/g），对低含量样品因受其他
脂溶性物质的干扰，不易比色测定。

17.2　异丙醇 - 紫外分光光度法

17.2.1　实验目的

　　（1）了解食品中维生素 A 测定的原理。
　　（2）掌握异丙醇 - 紫外分光光度法测定食品中维生素 A 的方法。

17.2.2　实验原理

　　维生素 A 的异丙醇溶液在 325nm 波长下有最大吸收峰，其吸光度与含量成正比。

17.2.3　试剂与仪器

　　（1）异丙醇。
　　（2）维生素 A 标准溶液：称取 1g 相当于 50 000IU 维生素 A 的浓鱼肝油 0.1000g，加异
丙醇溶解，定容至 125mL。此溶液 1mL 相当于 40IU（即 40IU/mL）。
　　（3）紫外 - 可见分光光度计等。

17.2.4　实验步骤

　　1）标准曲线的绘制　　分别吸取维生素 A 标准溶液 0.5mL、1.0mL、1.5mL、2.0mL、
2.5mL、3.0mL、4.0mL 于 10mL 棕色容量瓶中，用异丙醇定容。以空白液调仪器零点，用紫
外 - 可见分光光度计在 325nm 波长下分别测定吸光度，绘制标准曲线。

　　2）样品测定　　称取适量样品，按照三氯化锑光度法进行皂化、提取、洗涤、浓缩、
蒸发醚层后，迅速用异丙醇溶解并移入 50mL 容量瓶中，用异丙醇定容，于紫外 - 可见分光
光度计 325nm 处测定其吸光度，从标准曲线上查出相当的维生素 A 含量。

17.2.5　结果计算

$$X = \frac{c \times V}{m} \times 100$$

式中，X 为样品维生素 A 的含量，IU/100g；c 为由标准曲线查得的维生素 A 含量，IU/mL；
V 为样品中异丙醇溶液的体积，mL；m 为样品质量，g。

17.2.6　注意事项

本法的灵敏度较分光光度法高，可测定维生素 A 含量低于 5μg/g 的样品。

本法的主要缺点是许多其他化合物在维生素 A 最大吸收波长 325nm 附近也有吸收，干扰测定，故本法适用于透明鱼油、维生素 A 的浓缩物等纯度较高的样品。对于一般样品，测定前必须先将脂肪抽提出来进行皂化，萃取其不皂化部分，再经柱层析除去干扰物。

17.3　高效液相色谱法

17.3.1　实验目的

（1）了解食品中维生素 A 测定的原理。

（2）掌握高效液相色谱法测定食品中维生素 A 的方法。

17.3.2　实验原理

皂化、提取样品中的维生素 A 和维生素 E 后，用高效液相色谱法 C_{18} 反相柱将二者分离，用紫外检测器检测，用内标法定量。

17.3.3　试剂与仪器

1）试剂

（1）无水乙醚（不含过氧化物）；无水乙醇（不含醛类物质）；无水硫酸钠；甲醇（重蒸）；10% 维生素 C 溶液；50% 氢氧化钾溶液；10% 氢氧化钠溶液；5% 硝酸银溶液等。

（2）银氨溶液：滴加氨水于 5% 硝酸银溶液中，直至生成的沉淀重新溶解。再加 10% 氢氧化钠溶液数滴，如发生沉淀，继续加氨水溶解。

（3）内标溶液：称取苯并［α］芘（纯度 98%），用脱醛乙醇配制成 10μg/mL 的内标溶液。

（4）维生素 A 标准溶液；维生素 E 标准溶液：α- 生育酚、γ- 生育酚、δ- 生育酚，纯度皆为 95%。用脱醛乙醇分别溶解以上 3 种维生素 E 标准品，使其浓度大约为 1mg/mL。临用前以紫外分光光度法分别标定其准确浓度。

取维生素 A 和各维生素 E 标准溶液若干微升，分别用乙醇稀释成 3.00mL，并按给定波长测定各维生素的吸光度。用此吸光系数计算出该维生素的浓度。测定条件如表 2.21 所示。

表 2.21　测定条件（引自杨惠芬等，1998）

标准物质	加入标准物质的量 /μL	比吸光系数	波长 /nm
视黄醇	10.00	1835	325
γ- 生育酚	100.00	71	294
δ- 生育酚	100.00	92.8	298
α- 生育酚	100.00	91.2	298

计算：

$$c = \frac{A}{E} \times \frac{1}{100} \times \frac{3.00}{S \times 10^{-3}}$$

式中，c 为某维生素的质量浓度，g/mL；A 为维生素的平均紫外吸光度；S 为加入标准液的量，μL；E 为某种维生素 1% 比吸光系数；$\dfrac{3.00}{S \times 10^{-3}}$ 为标准溶液的稀释倍数。

2）仪器　高效液相色谱仪，紫外检测器；旋转蒸发仪；高速离心机及与之配套的 1.5～3.0mL 的塑料离心管，具塑料盖；高纯氮气；紫外 - 可见分光光度计等。

17.3.4　实验步骤

1）色谱工作条件　ODS 预柱 10μm，4mm × 4.5cm。ODS 分析柱 5μm，4.6mm × 25cm。流动相为甲醇 - 水（98：2），于临用前脱气。紫外检测器波长 300nm，进样量 20μL，流速 1.65～1.7mL/min。

2）样品处理

（1）皂化：称取 1～10g 样品（含维生素 A 约 3μg，维生素 E 各异构体约 40μg）于皂化瓶中，加 30mL 无水乙醇搅拌至颗粒物分散均匀。加 5mL 的 10% 维生素 C、2.00mL 苯并 [α] 芘内标液，混匀。再加 10mL 的 1：1 氢氧化钾溶液，边加边振摇。于沸水浴上回流 30min 使皂化完全。皂化后立即放入冰水中冷却。

（2）提取、洗涤：将皂化后的样品移入分液漏斗中，用 50mL 水分两次洗皂化瓶，洗液并入分液漏斗中。用 100mL 无水乙醚分两次洗皂化瓶及残渣，乙醚液并入分液漏斗中。轻轻振摇分液漏斗 2min，弃去水层。然后每次用约 100mL 水将乙醚液洗至中性（pH 试纸检验）。

（3）浓缩：将乙醚提取液经无水硫酸钠（约 5g）滤入与旋转蒸发仪配套的 250～300mL 球形蒸发瓶内，用约 10mL 乙醚冲洗分液漏斗及无水硫酸钠 2 次，洗液并入蒸发瓶内。接旋转蒸发仪，于 55℃水浴中减压蒸馏回收乙醚。待瓶中剩下约 2mL 乙醚时取下蒸发瓶，用氮气吹干乙醚。立即加入 2mL 乙醇溶解提取物。将乙醇液移入一个小塑料离心管中，离心 5min，上清液供色谱分析用。

3）标准曲线的绘制　采用内标两点法进行定量。取一定量的维生素 A、γ- 生育酚、α- 生育酚、δ- 生育酚标准液及内标苯并 [α] 芘液混合均匀，在给定的色谱条件下，使上述各物质的峰高约为满量程的 70%，以此作为高浓度点；高浓度的 1/2 为低浓度点（内标苯并 [α] 芘的浓度不变），分别用这两种浓度的混合标准溶液进行色谱分析。用两点内标法进行定量。

17.3.5　结果计算

$$X = \frac{c}{m} \times V \times \frac{100}{1000}$$

式中，X 为某种维生素的质量分数，mg/100g；c 为由标准曲线上查得的某种维生素的质量浓度，μg/mL；V 为样品浓缩定容的体积，mL；m 为样品质量，g。

17.3.6　注意事项

维生素 A 极易被破坏，实验操作应在微弱光线下进行，或用棕色玻璃仪器。在皂化过程中，振摇不要太剧烈，避免溶液乳化而不易分层。无水硫酸钠如有结块，应烘干后再使用。用氮气吹干乙醚时，氮气不能开得太大，避免样品被吹出瓶外。

【复习与思考题】

1. 实验用过的仪器为何先用盐酸洗?
2. 分光光度法的测定原理是什么?
3. 样品处理的原理及注意事项有哪些?

【实验结果】

_____

_____

_____

_____

【实验关键点】

_____

_____

_____

_____

【素质拓展资料】

Determination of Vitamin A by HPLC

扫码见内容

实验 18　食品中维生素 C 含量的测定

维生素 C 又称抗坏血酸(ascorbic acid),是所有具有抗坏血酸生物活性的化合物的统称。它在人体内不能合成,必须依靠膳食供给,是可溶于水的无色结晶,其水溶液不稳定,尤其在碱性溶液中内酯环容易水解,因而很易失效,氧化剂、光热、维生素 B_1 和铜、铁等金属离子均能加速其变质,因此从取样开始的整个操作过程中都必须特别注意。

维生素 C 有防治坏血病的功能,所以在医药上常把它叫作抗坏血酸。维生素 C 能保持巯基酶的活性和谷胱甘肽的还原状态,起解毒等作用。维生素不仅具有广泛的生理功能,而且在食品工业上常用作抗氧化剂、酸味剂及强化剂。

其广泛存在于植物组织中,新鲜的水果、蔬菜,特别是枣、辣椒、苦瓜、柿子叶、猕猴桃、柑橘等食品中含量尤为丰富。准确测定维生素 C 的含量,对饮食健康、医疗保健都具有十分重要的意义。

对于啤酒、黄酒能直接溶于水的样品,稀释、过滤后可直接进样分析。水果样品中维生素 C 提取可以单独用 5% 偏磷酸溶液,也可以偏磷酸、乙酸联合使用。对含有蛋白质的样品,采用强酸、高浓度盐、有机试剂去除蛋白质,但处理过的样品在进色谱柱前,还需除去强酸或高浓度的盐。对乳制品的脱蛋白,可采用稀的高氯酸溶液(0.05mol/L)或用羟磷灰石和 Sephadex G-50 等预柱除蛋白。为了防止样品中的维生素 C 在除蛋白的过程中被氧化成脱氢形式，需要在样品中加入稳定剂。例如，0.24mol/L EDTA 和 0.2mol/L 谷胱甘肽混合溶液是一种有效的稳定剂。用有机试剂沉淀蛋白是相当容易的，并能使注入色谱柱的蛋白减至最小，然而这种处理会使样品变稀，这时如果样品中维生素 C 含量较低，会给样品分析带来困难。在这种情况下，可采用超滤浓缩技术。

近年来，文献报道的测定方法主要有滴定法、仪器法、快速检测法等。其中滴定法主要包括碘量法、2,4- 二硝基苯肼比色法、二氯酚靛酚钠滴定法、氢氧化钠滴定法等；仪器法主要包括分光光度法、荧光法、薄层色谱扫描法、高效液相色谱法、毛细管电泳法、离子交换色谱法等；快速检测法主要包括近红外漫反射技术和化学计量学方法、激光拉曼光谱法、维生素 C 光学快速检测法等。

18.1　2,4- 二硝基苯肼比色法

18.1.1　实验目的

（1）学习 2,4- 二硝基苯肼比色法测定维生素 C（抗坏血酸）总量的基本原理。

（2）掌握 2,4- 二硝基苯肼比色法的操作方法及影响测定结果准确性的因素。

18.1.2　实验原理

总抗坏血酸包括还原型、脱氢型和二酮古乐糖酸，样品中还原型抗坏血酸经活性炭氧化为脱氢抗坏血酸，再与 2,4- 二硝基苯肼作用生成红色脎，根据脎在 H_2SO_4 溶液中的含量与总抗坏血酸成正比，进行比色定量。

18.1.3　试剂与仪器

1）试剂（水为蒸馏水，试剂均为分析纯）

（1）4.5mol/L H_2SO_4：小心地加 250mL H_2SO_4（相对密度为 1.84）于 700mL 水中，冷却后用水稀释至 1000mL。

（2）85% H_2SO_4：加 900mL H_2SO_4（相对密度为 1.84）于 100mL 水中。

（3）2% 2,4- 二硝基苯肼溶液：溶解 2g 2,4- 二硝基苯肼于 100mL 4.5mol/L H_2SO_4 内，过滤，不用时存于冰箱内，每次用前必须过滤。

（4）2% 草酸溶液：溶解 20g 草酸（$H_2C_2O_4$）于 700mL 水中，稀释至 1000mL。

（5）1% 草酸溶液：稀释 500mL 2% 草酸溶液到 1000mL。

（6）1% 硫脲溶液：溶解 5g 硫脲于 500mL 1% 草酸溶液中。

（7）2% 硫脲溶液：溶解 10g 硫脲于 500mL 1% 草酸溶液中。

（8）1mol/L 盐酸：取 100mL 盐酸加入水中，稀释至 1200mL。

（9）抗坏血酸标准溶液：溶解 100mg 纯抗坏血酸于 100mL 1% 草酸中，配成每毫升相当于 1mg 抗坏血酸。

（10）活性炭：将 100g 活性炭加到 750mL 1mol/L 盐酸中，回流 1～2h，过滤，用水洗数次，至滤液中无 Fe^{3+} 为止，然后置于 110℃烘箱中烘干。检验 Fe^{3+} 的方法：利用普鲁士蓝反应，将 2% 亚铁氰化钾与 1% 盐酸等量混合，将上述洗出滤液滴入，如有铁离子则产生蓝色沉淀。

2）仪器　　恒温箱 [（37±0.5）℃]、紫外 - 可见分光光度计、捣碎机等。

18.1.4　样品制备

全部实验过程应避光。

（1）鲜样的制备：称 100g 鲜样和 100g 2% 草酸溶液，倒入捣碎机中打成匀浆，取 10～40g 匀浆（含 1～2mg 抗坏血酸）倒入 100mL 容量瓶中，用 1% 草酸溶液稀释至刻度，混匀。

（2）干样的制备：称 1～4g 干样（含 1～2mg 抗坏血酸）放入乳钵中，加入 1% 草酸溶液磨成匀浆，倒入 100mL 容量瓶内，用 1% 草酸溶液稀释至刻度，混匀。

（3）将制备的鲜样、干样过滤，滤液备用，不易过滤的样品可用离心机沉淀后，倾出上清液，过滤，备用。

18.1.5　氧化处理及呈色反应

取 25mL 上述滤液，加入 2g 活性炭，振摇 1min，过滤，弃去最初数毫升滤液，取 10mL 此氧化提取液，加入 10mL 2% 硫脲溶液，混匀。

（1）于三个试管中各加入 4mL 稀释液，一个试管作为空白对照，在其余试管中加入 1.0mL 2% 2,4- 二硝基苯肼溶液，将所有试管放入（37±0.5）℃恒温箱或水浴中，保温 3h。

（2）3h 后取出，除空白管外，将所有试管放入冰水中，空白管取出后使其冷至室温，然后加入 1.0mL 2% 2,4- 二硝基苯肼溶液，在室温中放置 10～15min 后放入冰水内，其余步骤同样品。

（3）85% H_2SO_4 处理：当试管放入冰水后，向每一试管中分别加入 5mL 85% H_2SO_4。滴加时间至少 1min，需边加边摇，将试管自冰水中取出，在室温放置 30min 后，用 1cm 比色杯以空白液调零点，于 500nm 波长处测定吸光度。

18.1.6　标准曲线的绘制

（1）加 2g 活性炭于 50mL 抗坏血酸标准溶液中，摇动 1min 过滤。

（2）取 10mL 滤液放入 500mL 容量瓶中，加 5.0g 硫脲，用 1% 草酸溶液稀释至刻度，抗坏血酸浓度为 20μg/mL。

（3）取 5mL、10mL、20mL、25mL、40mL、50mL、60mL 稀释液，分别放入 7 个 100mL 容量瓶中，用 1% 硫脲溶液稀释至刻度，使最后稀释液中抗坏血酸的浓度分别为 1μg/mL、2μg/mL、4μg/mL、5μg/mL、8μg/mL、10μg/mL、12μg/mL。

（4）按样品测定步骤形成脎并比色。

（5）以吸光度为纵坐标，以抗坏血酸浓度（μg/mL）为横坐标绘制标准曲线。

18.1.7　结果计算

$$X = \frac{cV}{m} \times F \times \frac{100}{1000}$$

式中，X 为样品中总抗坏血酸的质量分数，mg/100g；c 为由标准曲线查得或回归方程算得的"样品氧化液"中总抗坏血酸的质量浓度，μg/mL；V 为试样用 1% 草酸溶液定容的体积，mL；F 为样品氧化处理过程中的稀释倍数；m 为试样质量，g。

18.1.8　注意事项

（1）加入硫脲时宜直接垂直滴入溶液，勿滴在管壁上。

（2）加入 H_2SO_4 后显色，糖类的存在会造成显色不稳定，30min 后影响将减小，故加 H_2SO_4 30min 后方可比色。

18.2　高效液相色谱法测定维生素 C

18.2.1　实验目的

掌握高效液相色谱法测定维生素 C 的操作方法及影响测定结果准确性的因素。

18.2.2　实验原理

样品中的维生素 C 经草酸溶液（1g/L）迅速提取后，在反相色谱柱上分离测定。

18.2.3　试剂与仪器

1）试剂

（1）草酸溶液（1g/L）。

（2）维生素 C 标准溶液：准确称取维生素 C 标样 2mg 于 50mL 容量瓶中，用草酸溶液（1g/L）溶解、定容，摇匀备用，用前配制。

2）仪器　高效液相色谱仪等。

18.2.4　实验步骤

（1）液体样品：取原液 5mL 于 25mL 容量瓶中，用草酸溶液（1g/L）定容，摇匀后经 0.45μm 滤膜过滤后待测。

（2）固体样品：称 1g 于研钵中，用 5mL 草酸溶液（1g/L）迅速研磨，过滤，残渣用草酸溶液（1g/L）洗涤，合并提取液于 25mL 容量瓶中，用蒸馏水定容，摇匀后经 0.45μm 滤膜过滤后待测。

（3）取 5μL 维生素 C 标准溶液进行色谱分析，重复进样三次，取标样峰面积的平均值。然后在相同条件下，取 5μL 样品液进行分析，以相应峰面积计算含量。

（4）色谱条件：色谱柱，Bondapak C_{18}（3.9mm×300mm）；流动相，$H_2C_2O_4$（1g/L）；流速，1.0mL/min；检测器，紫外 254nm；进样量，5μL。

18.2.5　结果计算

$$X = \frac{m_1 A_2 V_2}{m_2 A_1 V_1} \times 100$$

式中，X 为样品中维生素 C 的质量分数或浓度，mg/100g（或 mg/100mL）；m_1 为标样进样体积中维生素 C 的含量，μg；m_2 为样品质量（或体积），g（或 mL）；A_1 为标样峰面积平均值；A_2 为样品峰面积；V_1 为样品进样量，μL；V_2 为样品定容体积，mL。

18.3　维生素 C 光学快速检测法

18.3.1　实验目的

（1）学习光学快速检测法测定维生素 C 总量的基本原理。
（2）掌握光学快速检测法的操作方法。

18.3.2　实验原理

维生素 C 与三价铁离子和邻二氮菲间呈显色反应，将敏感试剂预先沉积在反应膜中，结合过滤膜、基板和卡槽，设计出一种新型的维生素 C 检测卡，检测结果准确、成本低廉、使用方便，可以用于维生素 C 的现场分析。

18.3.3　试剂与仪器

1）试剂　　维生素 C；邻二氮菲；硫酸铁铵；硫酸；氢氧化钠。所用试剂均为分析纯，实验室所用水为二次蒸馏水。

2）仪器　　便携式比色仪（MICG 1A）；AY120 型电子分析天平，感量 0.0001g；PHS-3C pH 计。

18.3.4　实验步骤

1）检测卡的制备　　检测卡由过滤膜、反应膜、基板 3 部分组成，其中反应膜预先沉积有反应试剂，将各部分切割成所需尺寸，过滤膜置于基板左侧，反应膜位于基板右侧，反应膜部分覆盖在过滤膜下方，组装好的试纸条置于试纸卡槽中，即可制得维生素 C 检测卡。

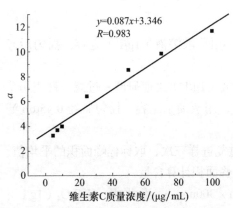

$y=0.087x+3.346$
$R=0.983$

图 2.20　维生素 C 质量浓度与 a 值的拟合直线图（引自左春艳等，2012）

2）测量方法　　准确量取 80μL 维生素 C 试样加入自行制备的检测卡加样孔中，随即将已加试样的检测卡插入便携式比色仪的卡槽中，计时 90s，启动检测仪器，读取 Lab 测色体系的 a 值及根据其与维生素 C 质量浓度间的响应关系即可得知样品中维生素 C 的含量。

实验中利用自行制备的检测卡对不同质量浓度的维生素 C 溶液进行检测研究，加样量为 80μL，反应时间 90s，实验结果如图 2.20 所示。从图 2.20 可以看出，维生素 C 的质量浓度在 5～100μg/mL 时，与 Lab 测色体系中的 a 值具有良好的线性关系，可以满足对食品中维生素 C 的快速检测。

【复习与思考题】

1. 2,4- 二硝基苯肼比色法的测定原理是什么？
2. 维生素样品在处理和保存过程中应注意哪些事项？如何避免维生素的分解？
3. 什么是有效维生素 C？说明维生素 C 的化学结构和性质。

4. 如何选择维生素 C 浸提剂？新鲜果蔬样品在研磨时如何防止维生素 C 的氧化？用染料法测定维生素 C 时若样品有颜色或起泡如何处理？

5. 说明 2, 4- 二硝基苯肼比色法测定维生素 C 的原理及试液进行氧化处理时加入硫脲的作用。

6. 试设计测定水果中还原型维生素 C 和总维生素 C 的实验方案。

【实验结果】

_____

_____

_____

_____

【实验关键点】

_____

_____

_____

_____

_____

【素质拓展资料】

A High-throughput Monolithic HPLC Method for Rapid Vitamin C Phenotyping of Berry Fruit

扫码见内容

实验 19　食品中防腐剂苯甲酸的测定

防腐剂是在食品保存过程中具有抑制或杀灭微生物作用的一类物质。在食品工业生产中，为延长食品的货架期，防止食品腐败变质，常常加入一些防腐剂，以作为食品保藏的辅助手段。我国允许使用的防腐剂主要有：苯甲酸及其钠盐，山梨酸及其钾盐，对羟基苯甲酸乙酯及丙酯等。由于防腐剂对人体有一定的毒副作用，因此对其在食品中的添加量有严格的限制。防腐剂的分析检测是食品分析的重要内容，特别是在大力发展绿色和有机食品的今天。

苯甲酸随食品进入体内时与甘氨酸结合成马尿酸，从尿液中排出体外，不再刺激肾；山梨酸进入机体后参与新陈代谢，最后生成 CO_2 和 H_2O，被排出体外，由于山梨酸及其盐类价格高，一般不常用，多数用在出口食品中。

苯甲酸又名安息香酸，为白色有丝光的鳞片或针状结晶，熔点 122℃，沸点 249.2℃，100℃开始升华。在酸性条件下可随水蒸气蒸馏，微溶于水，易溶于氯仿、丙酮、乙醇、乙醚等有机溶剂，化学性质较稳定。其毒性较山梨酸大，每日允许摄入量（ADI）为 0~5mg/kg。分子式为 $C_7H_6O_2$，$M=122.12g/mol$。苯甲酸钠易溶于水和乙醇，难溶于有机溶剂，与酸作用生成苯甲酸。常用于饮料、果汁、蜜饯、果酒、酱油等的防腐。

目前已经有很多种方法被应用于苯甲酸（钠）的测定，如滴定法、气相色谱法、高效液相色谱法、离子交换色谱法、纸层析色谱法、紫外吸收光谱法、毛细管电泳法、动力学荧光法和发光细菌法等。

19.1　滴定法

19.1.1　实验目的

掌握碱滴定法测定苯甲酸含量的方法及实验技术。

19.1.2　实验原理

样品中的苯甲酸加入氯化钠饱和溶液后，在酸性条件下可用乙醚等有机试剂提取。蒸去乙醚后溶于中性乙醇中，再用碱标准溶液滴定，求出样品中苯甲酸的含量。

19.1.3　试剂

（1）乙醚：将乙醚加入蒸馏瓶中置水浴上蒸馏，截取 35℃的馏分（或石油醚）。

（2）1∶1 盐酸溶液；10% 氢氧化钠溶液；氯化钠饱和溶液；氯化钠等。

（3）95% 中性乙醇：在乙醇（95%）中加入数滴酚酞指示剂，用氢氧化钠溶液中和至微红色。

（4）酚酞指示剂（1% 乙醇溶液）。

（5）0.05mol/L 氢氧化钠标准溶液。

19.1.4　实验步骤

（1）称取均匀试样 75.0g（精确至 0.1g），置于 300mL 烧杯中，加入 7.5g 氯化钠，经搅拌使之溶解后，再加 70mL 氯化钠饱和溶液，用 10% 氢氧化钠溶液中和至呈碱性（以石蕊试纸试验），将溶液移入 250mL 容量瓶中，以氯化钠饱和溶液洗涤烧杯并一同移入容量瓶内，并以氯化钠饱和溶液稀释至刻度，放置 30～45min，并不时摇动之。过滤，吸取滤液 100mL，放入 500mL 分液漏斗中，加 1∶1 盐酸至呈酸性（以石蕊试纸试验），再加 3mL（过量），然后相继用 70mL、60mL、60mL 纯乙醚，小心地用旋转方法抽提，每次摇动不少于 5min。待静置分层后，将有机层放出，将 3 次的乙醚抽提液汇集于另一分液漏斗中，用水洗涤之，每次 10mL，直至最后的 10mL 洗液不是酸性（以石蕊试纸试验）为止。

（2）将乙醚抽提液放入锥形瓶中，于 40℃的水浴上回收乙醚（或索氏萃取瓶回收），至剩余少量乙醚，取下，打开瓶口，用风扇吹干。加入 50mL 中性乙醇和 12mL 水，加酚酞指示剂 3 滴，以 0.05mol/L 氢氧化钠标准溶液滴定至微红色为止。

19.1.5　结果计算

按下式计算。

$$X = \frac{V \times M \times 0.1441 \times 2.5}{m} \times 1000$$

式中，X 为苯甲酸钠的质量分数，g/kg；V 为滴定时所耗氢氧化钠标准溶液的体积，mL；M 为氢氧化钠标准溶液的浓度，mol/L；m 为样品的质量，g；0.1441 为苯甲酸钠的摩尔质量，g/mmol。

19.1.6　注意事项

（1）样品预处理时用氯化钠饱和的目的是除去蛋白质及其水解产物，以及降低苯甲酸钠的溶解度和降低苯甲酸在水中的溶解度，减少在提取及水洗过程中的苯甲酸流失。

（2）为了防止苯甲酸结构在滴定时水解致使测定结果偏高，故不用水为溶剂，而用中性乙醇和中性醇醚混合液为溶剂。

（3）强碱滴定弱酸，化学计量点偏碱性，故本法选用碱性区变色的酚酞作指示剂。

（4）滴定时应在不断振摇下稍快地进行，以防止局部碱度过大，促使苯甲酸结构被破坏而影响实验结果。

（5）在滴定终点时，溶液呈淡红色，并且0.5min不退色，如果0.5min后淡红色退去，可能是由于空气中二氧化碳的影响，因此，应以当时滴定终点为准。

（6）用此方法测定苯甲酸及其盐类时，用乙醚萃取易将样品中其他有机酸组分提取出来，所以此法测定误差较大。本法适用于苯甲酸含量为0.1%以上的样品分析。

19.2　紫外吸收光谱法

19.2.1　实验目的

（1）了解食品添加剂测定中样品前处理的方法；掌握利用紫外 - 可见分光光度计测定苯甲酸及其盐类的方法。

（2）掌握紫外吸收光谱法的原理与操作。

19.2.2　实验原理

根据苯甲酸在酸性条件下能同水蒸气一起蒸馏出来的特点，可与样品中非挥发性成分分离，然后用0.2mol/L重铬酸钾溶液和4mol/L硫酸溶液进行激烈的氧化，使除苯甲酸以外的其他有机物氧化分解。将此氧化后的溶液再次蒸馏，第二次所得的馏出液中除苯甲酸外的其他杂质基本都被分解了。根据苯甲酸钠的吸收波长，将该溶液在225nm波长下进行测定，计算苯甲酸含量。

本方法适用于酱油、酱菜、果汁、果酱等样品。

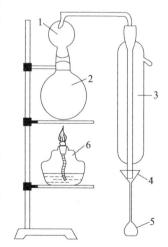

图2.21　苯甲酸蒸馏装置

（引自何晋浙，2014）

1. 定氮球；2. 蒸馏瓶；3. 冷凝管；4. 漏斗；5. 50mL 容量瓶；6. 酒精灯

19.2.3　试剂与仪器

1）试剂　①无水硫酸钠。②85% 正磷酸。③0.1mol/L 氢氧化钠溶液。④0.01mol/L 氢氧化钠溶液。⑤0.2mol/L 重铬酸钾溶液：溶解4.9g 重铬酸钾于水中，用水稀释至500mL。⑥4mol/L硫酸溶液：取55mL 浓硫酸加入水中，并用水稀释至500mL。⑦苯甲酸标准溶液：称取100mg 苯甲酸（预先经105℃干燥），加入0.1mol/L 氢氧化钠溶液100mL，溶解后用水稀释至1000mL。然后稀释制备苯甲酸使用液（40μg/mL）。

2）仪器　紫外 - 可见分光光度计；蒸馏装置，如图2.21所示。

19.2.4　实验步骤

1）样品液的制备

（1）准确吸取样品 20mL，置于 250mL 蒸馏瓶中，加正磷酸 1mL、无水硫酸钠 10g、水 70mL 和玻璃珠 3 粒进行蒸馏。用预先加有 5mL 0.1mol/L 氢氧化钠溶液的 50mL 容量瓶接收馏出液，当馏出液收集到 45mL 时，停止蒸馏，用少量水洗涤冷凝器，最后用水稀释至全刻度。

（2）吸取上述馏出液 25mL 于另一个 250mL 蒸馏瓶中，加入 0.2mol/L 重铬酸钾溶液 25mL、4mol/L 硫酸溶液 6.5mL，连接冷凝装置，在沸水浴上加热 10min，冷却，取下蒸馏瓶，加入磷酸 1mL、无水硫酸钠 10g、水 40mL、玻璃珠 3 粒，再进行蒸馏，用预先加有 5mL 0.1mol/L 氢氧化钠溶液的 50mL 容量瓶接收馏出液，当馏出液收集到 45mL 时停止蒸馏，用少量水洗涤冷凝器，最后用水稀释至刻度，即为样品液。

2）空白液的制备　　按上述样品液制备的步骤将样品改成蒸馏水进行样品液制备的（1）和（2）步骤。

3）样品液的测定　　以空白液为参比，于 225nm 处测定吸光度。

4）标准曲线的绘制　　准确吸取苯甲酸使用液（40μg/mL）0mL、2mL、4mL、6mL、8mL、10mL，分别置于 50mL 容量瓶中（分别为 0~5 号），用 0.01mol/L 氢氧化钠溶液稀释至刻度，混匀，以 0 号为参比，在 225nm 处测吸光度，绘制标准曲线。

5）回收率试验　　准确吸取苯甲酸使用液（40μg/mL）6mL，置于 250mL 蒸馏瓶中，加水 84mL。实验操作同样品液制备的（1）和（2）步骤。

以 0.01mol/L 氢氧化钠溶液为参比，在 225nm 处测吸光度，对照标准曲线可获得苯甲酸的量，再与吸取的苯甲酸使用液所含的苯甲酸量比较，可得本方法的回收率。

19.2.5　结果计算

$$苯甲酸(mg/L) = \frac{C \times V_1 \times V_2}{V \times V_3}$$

式中，C 为相当于标准的量，1μg/mL；V 为样品的体积，mL；V_1 为第 1 次样品蒸馏收集液的体积，mL；V_2 为第 2 次样品蒸馏收集液的体积，mL；V_3 为第 1 次样品蒸馏后，吸取样品蒸馏收集液的体积，mL，本实验为 25mL。

$$回收率(\%) = \frac{C_{测定值}}{C_{实际值}} \times 100$$

式中，$C_{实际值}$ 为苯甲酸标准使用液取样量的横坐标浓度值。

19.2.6　注意事项

紫外吸收光谱法测定苯甲酸钠的含量，具有精密度、稳定性、重复性良好，加样回收率较高等优点，操作快速、方便、成本低。该法的加样平均回收率为 96% 左右，相对标准偏差为 1.30%。苯甲酸钠最小检出限为 0.0014g/L。

19.3　气相色谱法

19.3.1　实验目的

（1）学习气相色谱法的测定原理及操作技术。

（2）掌握外标法定量的方法。

19.3.2　实验原理

样品酸化后，用乙醚提取山梨酸、苯甲酸，经浓缩后，用带氢火焰离子化检测器的气相色谱仪（图2.22）进行分离分析，用外标法与标准系列溶液比较定量。

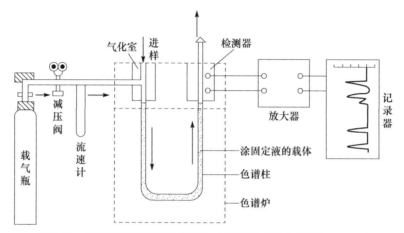

图2.22　气相色谱仪的基本设备和工作流程（引自刘长虹，2006）

19.3.3　试剂与仪器

1）试剂　　①乙醚：不含过氧化物。②石油醚：沸程30～60℃。③盐酸（1:1）：取100mL盐酸，加水稀释至200mL。④无水硫酸钠。⑤石油醚-乙醚（3:1）混合液。⑥40g/L氯化钠酸性溶液：于40g/L氯化钠溶液中加少量盐酸（1:1）酸化。⑦苯甲酸或山梨酸标准储备液：称取山梨酸、苯甲酸各0.2000g，分别置于100mL容量瓶中，用石油醚-乙醚（3:1）混合溶剂溶解后稀释至刻度，此溶液每毫升相当于2.00mg山梨酸或苯甲酸。⑧山梨酸或苯甲酸标准使用液：吸取适量的山梨酸或苯甲酸标准溶液，以石油醚-乙醚（3:1）混合溶剂稀释至每毫升相当于50μg、100μg、150μg、200μg、250μg山梨酸或苯甲酸。

2）仪器　　带氢火焰离子化检测器的气相色谱仪、常用玻璃仪器等。

19.3.4　实验步骤

1）样品的提取　　称取2.5g混合均匀的试样，置于25mL具塞量筒中，加0.50mL盐酸（3:1）酸化，用15mL、10mL乙醚分别提取两次，每次振摇1min，将上层乙醚提取液吸入另一个25mL具塞量筒中，合并乙醚提取液。用40g/L氯化钠酸性溶液洗涤两次，每次3mL。然后静置15min，用滴管将乙醚层通过无水硫酸钠滤入25mL容量瓶中，加乙醚至刻度。准确吸取5.00mL乙醚提取液于5mL具塞刻度比色管中，置于40℃水浴上挥干，加入

2mL 石油醚 - 乙醚（3：1）混合溶剂溶解残渣，备用。

2）色谱条件　　色谱柱：玻璃柱，内径 3mm，长 2m，内装涂以质量分数为 5% DEGS+1% H_3PO_4 固定液的 60～80 目 Chromosorb WAW；气体流速：载气为氮气，50mL/min。氮气和空气、氢气之比按各仪器型号不同选择各自的最佳比例条件；温度：进样口 230℃，柱温 170℃，检测器 230℃。

3）测定　　进样 2μL 各浓度标准使用液于气相色谱仪中，可测得不同浓度山梨酸、苯甲酸的峰高，以浓度为横坐标，相应的峰高值为纵坐标，绘制标准曲线。同时进样 2μL 试样溶液，用测得的峰高与标准曲线比较定量。

19.3.5　结果计算

样品中苯甲酸或山梨酸的含量用下式计算，结果保留两位有效数字。

$$\omega = \frac{m_1 \times 25.00 \times V_1}{m \times 5.00 \times V_2}$$

式中，ω 为样品中苯甲酸或山梨酸的质量分数，g/kg；m 为样品质量（或体积），g（或 mL）；m_1 为测定用样品液中苯甲酸或山梨酸的质量，μg；V_1 为样品提取液残留物定容的总体积，mL；V_2 为进样体积，μL。

19.3.6　注意事项

（1）乙醚提取液应用无水硫酸钠充分脱水，挥干乙醚后如仍残留水分，必须将水分挥干，否则会影响测定结果。但残留水分挥干时会析出极少量白色的氯化钠，出现此情况时应搅松残留的无机盐后加入石油醚 - 乙醚（3：1）振摇，取上清液进样，否则氯化钠覆盖了部分苯甲酸，使得结果偏低。

（2）由测得苯甲酸的量乘以相对分子质量比 1.18，即为样品中苯甲酸钠的含量。

（3）气相色谱法为 GB/T 5009.29—2003 中测定苯甲酸含量的第一法，本法也可同时用于山梨酸及山梨酸钾的测定。适用于酱油、果汁、果酱等样品的分析。

（4）本法最低检出量为 1μg，用于色谱分析的样品为 1g 时，最低检出浓度为 1mg/kg。本法重复两次测定结果的绝对差值不得超过算术平均值的 10%。

19.4　高效液相色谱法

19.4.1　实验目的

掌握高效液相色谱法测定食品中苯甲酸含量的原理、色谱分析的参考条件及各项操作。

19.4.2　实验原理

样品加温除去二氧化碳和乙醇，调 pH 至近中性，过滤后进高效液相色谱仪，经反相色谱柱分离后，根据保留时间和峰面积进行定性和定量。

19.4.3　试剂与仪器

1）试剂　　方法中所用试剂，除另有规定外，均为分析纯试剂，水为蒸馏水或同等纯度水，溶液为水溶液。

（1）优级纯甲醇；稀氨水（1∶1），氨水加水等体积混合；碳酸氢钠溶液（20g/L）。

（2）乙酸铵溶液（0.02mol/L）：称取0.77g乙酸铵，加水至500mL，溶解，经0.45μm滤膜过滤。

（3）苯甲酸标准储备液：准确称取0.1000g苯甲酸，加20g/L碳酸氢钠溶液5mL，加热溶解，移入100mL容量瓶中，加水定容至100mL，摇匀。此溶液每毫升含苯甲酸1mg。

（4）山梨酸标准储备液：准确称取0.1000g山梨酸，加20g/L碳酸氢钠溶液5mL，加热溶解，移入100mL容量瓶中，加水定容至100mL，摇匀。此溶液每毫升含山梨酸1mg。

（5）苯甲酸、山梨酸混合标准溶液：吸取苯甲酸、山梨酸标准储备液各10.0mL，置100mL容量瓶中加水至刻度。此溶液含苯甲酸、山梨酸各0.1mg/mL，经0.45μm滤膜过滤。

2）仪器　高效液相色谱仪（带紫外检测器）等。

19.4.4　实验步骤

1）样品处理

汽水：称取5.00～10.00g样品，置小烧杯中，微温搅拌除去二氧化碳，用稀氨水（1∶1）调pH约至7。加水定容至10～20mL，经0.45μm滤膜过滤。

果汁类：称取5.00～10.00g样品，用稀氨水（1∶1）调pH约至7，加水定容至适当体积，离心沉淀，上清液经0.45μm滤膜过滤。

配制酒类：称取10.00g样品，放入小烧杯中，水浴加热除去乙醇，用稀氨水（1∶1）调pH约至7，加水定容至适当体积，经0.45μm滤膜过滤。

2）高效液相色谱分析参考条件　色谱柱：YWG-C_{18} 4.6mm×250mm，10μm不锈钢柱；流动相：甲醇0.02mol/L乙酸铵溶液（5∶95）；流速：1mL/min；进样量：10μL；紫外检测器：230nm；灵敏度：0.2 AUFS。

根据保留时间定性，用外标峰面积法定量。

19.4.5　结果计算

样品中苯甲酸或山梨酸的含量按下式计算。

$$X = \frac{A \times 1000}{m \times (V_2 / V_1) \times 1000}$$

式中，X为样品中苯甲酸或山梨酸的质量分数，g/kg；A为进样体积中苯甲酸或山梨酸的质量，mg；V_2为进样体积，mL；V_1为样品稀释液总体积，mL；m为样品质量，g。

19.4.6　注意事项

（1）为了在短时间内快速的分离，可选用一种粒径比国家标准推荐方法更小的、5μm填料的C_{18}柱来分离苯甲酸、山梨酸和糖精钠3种物质。在同样的甲醇比例下，3种物质可以很快地出峰。

（2）被测溶液pH对测定和色谱柱使用寿命均有影响，pH>8或pH<2时影响被测组分的保留时间，对仪器有腐蚀作用，应以中性为宜。

（3）测定苯甲酸、山梨酸和糖精钠也可以用Micro PAK CN-10 4mm×300mm柱，流动相可用甲醇-水。

（4）山梨酸的灵敏波长为 254nm，在此波长测苯甲酸、糖精钠的灵敏度较低，苯甲酸、糖精钠的灵敏波长为 230nm，为照顾 3 种被测组分的灵敏度，本方法采用波长为 230nm。

（5）甲醇和乙酸铵的比例对色谱分离和 3 种物质的保留时间有影响，甲醇含量越高，3 种物质在色谱柱上的保留时间越短，分离时间也越短。本方法在甲醇含量为 5% 时有较好的分离度和合适的保留时间，甲醇与 0.02mol/L 乙酸铵的比例为 5∶95。

（6）如果柱子长时间未用，平衡时间不充分，会出现糖精钠和山梨酸的峰位置颠倒的现象。如果采用二极管阵列检测器的多个波长检测时就会很容易识别，因为山梨酸的灵敏度在 254nm 时比在 230nm 时明显要高得多，而在 230nm 时两者有相近的灵敏度，往往不容易被发现。

（7）本法为 GB/T 5009.29—2003 测定苯甲酸含量的第二法，可用于山梨酸和糖精钠的测定。

（8）在重复性条件下，两次独立测定结果的绝对差值不得超过算术平均值的 10%。

（9）本法所采用的直接稀释进样，回收率为 98.8%～103.5%；若样品前处理采用乙醚提取，则回收率为 95.4%～98.4%，但两种方法相对偏差小于 10%。

（10）本法苯甲酸检出限为 2.5mg/kg。

（11）本法推荐的色谱条件分离时间相对较长，不利于常规的实验室分析；同时，国标法中，测定苯甲酸、山梨酸和糖精钠的高效液相色谱法中样品处理只是提到了汽水、果汁和配制酒类，而对于其他的样品处理方法没有提及。

19.5　薄层色谱法

19.5.1　实验目的

了解薄层色谱法检测食品中苯甲酸含量的原理，掌握样品处理和制备方法及测定操作。

19.5.2　实验原理

样品酸化后，用乙醚提取苯甲酸；将样品提取液浓缩，点于聚酰胺薄层板上，展开；显色后，根据薄层板上苯甲酸的比移值与标准比较进行定性分析。

19.5.3　试剂与仪器

1）试剂

（1）异丙醇；正丁醇；石油醚（沸程 30～60℃）；乙醚（不含过氧化物）；氨水；无水乙醇；聚酰胺粉（200 目）；盐酸（1∶1）；氯化钠酸性溶液（40g/L）等。

（2）展开剂：正丁醇∶氨水∶无水乙醇（7∶1∶2）；异丙醇∶氨水∶无水乙醇（7∶1∶2）。

（3）山梨酸标准溶液：准确称取 0.2000g 山梨酸，用少量乙醇溶解后移入 100mL 容量瓶中，并稀释至刻度，此溶液每毫升相当于 2.0mg 山梨酸。

（4）苯甲酸标准溶液：准确称取 0.2000g 苯甲酸，用少量乙醇溶解后移入 100mL 容量瓶中，并稀释至刻度，此溶液每毫升相当于 2.0mg 苯甲酸。

（5）显色剂：溴甲酚紫 - 乙醇（50%）溶液（0.4g/L），用氢氧化钠溶液（4g/L）调 pH 至 8。

2）仪器　　吹风机；层析缸；玻璃板（10cm×18cm）；10μL、100μL 微量注射器；喷雾器等。

19.5.4 实验步骤

1）样品提取 称取 2.50g 事先混合均匀的样品，置于 25mL 带塞量筒中，加 0.5mL 盐酸（1:1）酸化，用 15mL、10mL 乙醚提取两次，每次振摇 1min，将上层醚提取液吸入另一个 25mL 带塞量筒中，合并乙醚提取液。用 3mL 氯化钠酸性溶液洗涤两次，静置 15min，用滴管将乙醚层通过无水硫酸钠滤入 25mL 容量瓶中。加乙醚至刻度，混匀。吸取 10.0mL 乙醚提取液分两次置 10mL 带塞离心管中，在约 40℃的水浴上挥干，加入 0.10mL 乙醇溶解残渣，备用。

2）测定

（1）聚酰胺粉板的制备：称取 1.6g 聚酰胺粉，加 0.4g 可溶性淀粉，加约 15mL 水，研磨 3～5min，立即倒入涂布器内制成 10cm×18cm、厚度 0.3mm 的薄层板两块，室温干燥后，于 80℃干燥 1h，取出，置于干燥器中保存。

（2）点样：在薄层板下端 2cm 的基线上，用微量注射器点 1μL、2μL 样品液，同时各点 1μL、2μL 山梨酸、苯甲酸标准溶液。

（3）展开与显色：将点样后的薄层板放入预先盛有展开剂的展开槽内，展开槽周围贴有滤纸，待溶剂前沿上展至 10cm，取出挥干，喷显色剂，斑点成黄色，背景为蓝色。样品中所含山梨酸、苯甲酸的量与标准斑点比较进行定量（山梨酸、苯甲酸的比移值依次为 0.82、0.73）。

19.5.5 结果计算

$$X = \frac{A \times 1000}{m \times \dfrac{10}{25} \times \dfrac{V_2}{V_1} \times 1000}$$

式中，X 为样品中苯甲酸或山梨酸的质量分数，g/kg；A 为测定用样品液中苯甲酸或山梨酸的质量，mg；V_1 为加入乙醇的体积，mL；V_2 为测定时点样的体积，mL；m 为样品的质量，g；10 为测定时吸取乙醚提取液的体积，mL；25 为样品乙醚提取液的总体积，mL。

19.5.6 注意事项

（1）样品酸化的目的是使苯甲酸钠、山梨酸钾转变为苯甲酸或山梨酸，再用乙醚提取。

（2）样品中如含有二氧化碳、乙醇时，应先加热除之，富含脂肪和蛋白质的样品应除去脂肪和蛋白质，以防止用乙醚萃取时发生乳化。

（3）本法为 GB/T 5009.29—2003 测定食品中苯甲酸含量的第三法，可同时用于山梨酸及果酱、果汁中糖精的测定。

（4）本法的灵敏度较高，但操作烦琐，重现性差。本方法的检出限为 1mg/kg。

【复习与思考题】

1. 样品处理时应注意哪些问题？
2. 如何鉴别酱油的优劣？
3. 解释气相色谱法测定苯甲酸时，样品在提取过程中为什么要酸化，为什么要用氯化钠。
4. 说明食品中苯甲酸的气相色谱法的测定原理及方法。

【实验结果】

_____

_____

_____

_____

【实验关键点】

_____

_____

_____

_____

【素质拓展资料】

有关过滤、萃取的基本操作（内容 1）

An Optical Test Strip for the Detection of Benzoic Acid in Food（内容 2）

扫码见内容 1　　　扫码见内容 2

实验 20　食品中残留甲醛含量的测定

甲醛是一种原生质毒物，对人体极为有害，摄取少量甲醛即能阻止胃酶和胰酶的消化作用，影响代谢功能。对啮齿类动物进行的实验首次证明了甲醛具有致癌作用。不法商贩在以烧碱水溶液或水渍的各类食品（如海参、鱿鱼、虾仁、贝肉、螺肉；牛百叶、牛筋；鸭掌、鸭肠；竹笋等）中使用甲醛溶液进行浸泡，使产品体积成倍增长，外观挺括，增加食品的韧性和脆感，非法牟取暴利，不但降低了食品的营养价值，同时增加了食品的毒性。

20.1　定性实验

20.1.1　实验目的

（1）了解食品中甲醛测定的原理。

（2）掌握用间苯三酚定性测定甲醛的方法。

20.1.2　实验原理

甲醛与间苯三酚在强碱性介质中发生橘红色反应，该反应选择性专一，以此作为定性的依据。本法最低检出浓度为 0.1μg/mL。

20.1.3　试剂

试剂：①氢氧化钾溶液（100g/L）；②间苯三酚（分析纯）；③显色剂（1%间苯三酚溶液）。

20.1.4　实验步骤

取 3～5mL 水发（渍）食品浸泡水于试管或烧杯中，加入 10 滴显色剂，摇匀。同时取一份样品溶液作参照（不加显色剂）。观察颜色的变化。

20.1.5　结果判定

样品溶液与显色剂呈橘红色反应则为阳性；不变化则为阴性。

20.2　定量测定实验

20.2.1　实验目的

（1）了解食品中甲醛测定的原理。

（2）掌握用间苯三酚定量测定甲醛的方法。

20.2.2　实验原理

样品提取液中的甲醛与间苯三酚在强碱性介质中形成橘红色络合物，其颜色的深浅与甲醛含量成正比，与标准系列溶液比较进行定量。

本法的线性浓度为 0～3μg/mL，最低检测浓度为 0.10μg/10mL。

20.2.3　试剂与仪器

1）试剂

A. 同定性实验［20.1.3 ①～③］。

B. 碘标准溶液 $\left[c\left(\dfrac{1}{2}I_2\right)=0.1000\text{mol/L}\right]$，注意加碘化钾。

C. 氢氧化钠溶液（1mol/L）。

D. 硫酸溶液（1mol/L）。

E. 淀粉指示液：称取 0.5g 可溶性淀粉，加 5mL 水，搅匀，缓缓倾入 100mL 沸水中，随加随搅拌，煮沸 2min，放冷，备用。临用时配制。

F. 硫代硫酸钠标准溶液 $[c(Na_2S_2O_3)=0.1000\text{mol/L}]$。

G. 甲醛标准溶液（1mg/mL）。

（1）配制：吸取 2.8mL 分析纯甲醛（36%～40%），加水稀释至 1L。

（2）标定：吸取 20.00mL 甲醛标准溶液，置于 250mL 碘量瓶中，加入 20.00mL 碘标准溶液 $\left[c\left(\dfrac{1}{2}I_2\right)=0.1000\text{mol/L}\right]$、15mL 氢氧化钠溶液（1mol/L），摇匀，放置 15min，加入 20mL 硫酸溶液（1mol/L），摇匀，再放置 15min 后加入 50mL 水，摇匀，用 $Na_2S_2O_3$ 标准溶液 $[c(Na_2S_2O_3)=0.1000\text{mol/L}]$ 滴定至浅黄色时，加入 1mL 淀粉指示液，继续滴定至蓝色刚消失为终点。同时做空白试剂实验。

碱性条件下反应：$2OH^-+HCHO+I_2 \longrightarrow HCOOH+2I^-+H_2O$

碱性条件下副反应：$3I_2+6OH^- \Longrightarrow IO_3^-+5I^-+3H_2O$

$$S_2O_3^{2-}+4I_2+10OH^- \Longrightarrow 2SO_4^{2-}+8I^-+5H_2O$$

标定反应：$I_2+2S_2O_3^{2-} \Longrightarrow 2I^-+S_4O_6^{2-}$

（3）计算

$$X_1 = \frac{2 - (V_1 - V_2) \times C}{V_3} \times 15$$

式中，X_1 为甲醛标准溶液的质量浓度，mg/mL；V_1 为滴定空白试剂消耗硫代硫酸钠标准溶液的体积，mL；V_2 为滴定甲醛标准溶液消耗硫代硫酸钠标准溶液的体积，mL；C 为硫代硫酸钠标准溶液的实际浓度，mol/mL；15 为 1.00mL 碘标准溶液 $\left[c\left(\frac{1}{2} I_2 \right) = 1.0000 \text{mol/L} \right]$ 相当于甲醛的质量，mg；V_3 为标定甲醛标准溶液的体积，mL。

H. 甲醛标准使用液（10μg/mL）：准确吸取适量上述甲醛标准溶液于 100mL 容量瓶中，加水至刻度，混匀。临用时配制。

I. 氢氧化钠溶液（1mol/L）。

2）仪器　碘量瓶（250mL）、超声波清洗器、分光光度计（1cm 比色皿）、具塞比色管（25mL 或 10mL）、具塞锥形瓶（250mL）、漏斗等。

20.2.4　实验步骤

1）样品处理　取 50g 左右样品，切碎后称取 20.00g 样品，放于 250mL 锥形瓶中，加入 20.0mL 水，于超声波清洗器中提取 2min，过滤至 100mL 容量瓶中，加水定容至 100mL，作为测定溶液。

2）测定

（1）标准曲线的绘制：吸取 0mL、0.50mL、1.00mL、1.50mL、2.00mL、2.50mL、3.00mL 10μg/mL 甲醛标准使用液（相当于 0μg、5μg、10μg、15μg、20μg、25μg、30μg 甲醛），分别置于具塞比色管中（分别编为 0～6 号），各加入 1mL 氢氧化钠溶液（1mol/L），并加水至 10mL，混匀，加入 1.0mL 显色剂，混匀，用 1cm 比色皿以 0 管调节零点，于波长 480nm 处测吸光度，绘制标准曲线或计算线性回归方程。

（2）样品溶液的测定：准确吸取 5～10mL "1）样品处理" 中滤液于具塞比色管中，加水至 10mL，混匀，加入 1.0mL 显色剂，以下按上一步骤标准曲线的绘制操作（当样品中甲醛含量较高时可减少取样质量）。同时做空白试剂实验。

20.2.5　结果计算

按下式计算。

$$X = \frac{m_1 \times 1000}{m_2 \times \frac{V_2}{V_1} \times 1000}$$

式中，X 为样品中甲醛的质量分数，mg/kg；m_1 为测定用样液中甲醛的质量，μg；m_2 为样品的质量，g；V_1 为测定用样液的总体积，mL；V_2 为测定用样液的体积，mL。

20.3　分光光度法

20.3.1　实验目的

（1）了解食品中甲醛测定的原理。

（2）掌握分光光度法测定甲醛的方法。

20.3.2　实验原理

甲醛与盐酸苯肼在酸性情况下氧化生成红色化合物，与标准系列溶液比较进行定量，最低检出限为 5mg/L。

20.3.3　试剂与仪器

1）试剂

（1）1% 盐酸苯肼溶液：称取 1g 盐酸苯肼，加 80mL 水溶解，再加 2mL 盐酸（10∶2），加水稀释至 100mL，过滤，贮存于棕色瓶中。

（2）2% 铁氰化钾溶液。

（3）盐酸（10∶2）：量取 100mL 盐酸，加水稀释至 120mL。

（4）甲醛标准溶液：称取 2.5mL 36%～38% 甲醛溶液，置于 250mL 容量瓶中，加水稀释至刻度，用碘量法标定，最后稀释至每毫升相当于 100μg 甲醛。

（5）甲醛标准使用液：吸取 10.0mL 甲醛标准溶液，置于 100mL 容量瓶中，加水稀释至刻度。此溶液每毫升相当于 10.0μg 甲醛。

2）仪器　　紫外 - 可见分光光度计。

20.3.4　实验步骤

1）样品制备　　样品浸泡条件：60℃水，保温 2h；60℃乙酸（4%），保温 2h；乙醇（65%），室温，浸泡 2h；正己烷，室温，浸泡 2h。以上浸泡液按接触面积，每平方厘米加 2mL，在容积中则以加入浸泡液 2/3～4/5 容积为准。

2）分析步骤　　吸取 10.0mL 乙酸（4%）浸泡液于 100mL 容量瓶中，加水至刻度，混匀。再吸取 2mL 此稀释液于 25mL 比色管中。吸取 0mL、0.2mL、0.4mL、0.6mL、0.8mL、1.0mL 甲醛标准使用液（相当于 0μg、2μg、4μg、6μg、8μg、10μg 甲醛），分别置于 25mL 比色管中（分别编为 0～5 号），加水至 2mL。于样品及标准管各加 1mL 盐酸苯肼溶液摇匀，放置 20min。各加 2% 铁氰化钾溶液 0.5mL，放置 4min，各加 2.5mL 盐酸（10∶2），再加水至 10mL，摇匀。在 10～40min 用 1cm 比色杯，以 0 管调节零点，在 520nm 波长处测吸光度，绘制标准曲线并计算结果。

20.3.5　注意事项

该方法允许相对偏差≤10%。

20.4　高效液相色谱法

20.4.1　实验目的

（1）了解食品中甲醛测定的原理。

（2）掌握高效液相色谱法测定甲醛的方法。

20.4.2　实验原理

样品与 2,4- 二硝基苯肼（2,4-dinitrophenyldrazine，DNPH）溶液发生衍生化反应，衍生液经 Oasis HLB 固相提取柱富集和净化，用乙腈将富集的衍生物洗脱，用反相 HPLC 直接测定，经紫外检测器检测，与标准系列溶液比较进行定量。

20.4.3　试剂与仪器

1）试剂

（1）甲醛；2,4- 二硝基苯肼；甲醇；乙腈；四氢呋喃；50% 三氯乙酸溶液等。

（2）Oasis HLB 固相提取柱。

（3）0.1% 的 DNPH 溶液：称取 100mg 的 DNPH，溶于 24mL 浓盐酸中，用水定容至100mL，用前用二氯甲烷萃取纯化数次。

（4）乙酸盐缓冲液（pH 5）：称取 30.14g 无水乙酸钠，以适量水溶解，加入 12mL 冰醋酸，再用水稀释至 500mL。

（5）甲醛标准使用液：量取分析纯的甲醛试剂 2.8mL，放入 1000mL 容量瓶中，加水稀释至刻度。每次应用前用滴定法标定其浓度，使用前再稀释成 0.1mg/mL 的甲醛标准使用液。

2）仪器　　高效液相色谱仪，包括泵和紫外检测器。

20.4.4　实验步骤

1）色谱工作参考条件　　色谱柱：C_{18} 250mm × 4.6mm，5μm；流动相：乙腈 - 四氢呋喃（99.9：0.1）：水 - 四氢呋喃（99.9：0.1）= 70：30；流速 1mL/min；检测波长 280nm；进样量 10μL。

2）样品前处理

（1）固体样品：取粉碎后的样品 2.0～10.0g 于 50mL 容量瓶中，加水至刻度，充分振摇，常温浸泡 4h 后过滤，取 10.0mL 过滤液，加入 10mL 乙酸盐缓冲溶液（pH 5）和 10mL 的 DNPH 溶液，在常温下衍生反应 1h 后，衍生液过 Oasis HLB 固相提取柱富集。

（2）液体样品：取 5.0～10.0mL 样品，加入 10mL 乙酸盐缓冲溶液（pH 5）和 10mL 的DNPH 溶液，在常温下衍生反应 1h 后，衍生液过 Oasis HLB 固相提取柱富集。

（3）富含蛋白质的样品：取粉碎后的样品 2.0～10.0g 于 50mL 容量瓶中，加 30mL 水，常温浸泡 4h 后，加入 5mL 三氯乙酸溶液（50%），加水至刻度，混匀后过滤，取 10mL 过滤液，加入 10mL 乙酸盐缓冲溶液（pH 5）和 10mL 的 DNPH 溶液，在常温下衍生反应 1h 后，衍生液过 Oasis HLB 固相提取柱富集。

3）甲醛衍生物标准曲线的绘制　　于 10 个 25mL 的具塞比色管中各加入 10mL 乙酸盐缓冲溶液（pH 5），分别准确加入相当于 0μg、0.5μg、2.5μg、5.0μg、10.0μg、20.0μg、30.0μg、40.0μg、50.0μg、100.0μg 甲醛的甲醛标准使用液，再加入 1.0g/L 的 DNPH 溶液 10mL，盖塞，振摇，室温下反应 1h，然后经 Oasis HLB 固相提取柱富集。用乙腈将 Oasis HLB 固相提取柱中的标准液、样品富集物洗脱至 5mL 的容量瓶中，并加乙腈至刻度，摇匀，进行色谱分析，以保留时间定性，根据标准曲线定量。

20.5　气相色谱 - 质谱联用法

20.5.1　实验目的

（1）了解食品中甲醛测定的原理。
（2）掌握气相色谱 - 质谱联用法（GC-MS）测定甲醛的方法。

20.5.2　实验原理

样品与 2,4- 二硝基苯肼（DNPH）溶液发生衍生化反应，用 GC-MS 直接测定，与标准系列溶液比较进行定量。

20.5.3　试剂与仪器

1）试剂
（1）甲醛标准溶液：取含量为 36%～38% 的甲醛（分析纯），标定其准确浓度后，用水配制成 1g/L 标准储备液，置于冰箱内可保存 3 个月，使用时再逐级稀释成所需浓度。
（2）衍生试剂：称取 2.0g 2,4- 二硝基苯肼（分析纯），加 2mol/L HCl 溶解定容至 1L，配制成 2g/L 的衍生试剂，置于棕色瓶中，此溶液可保存 3 个月。
（3）石油醚、盐酸等，分析纯；二次蒸馏水。
2）仪器　　气相色谱 - 质谱联用仪、超声波发生器等。

20.5.4　实验步骤

1）样品提取　　啤酒、饮料等液体样品，直接取样进行衍生；米、面等固体样品，经粉碎后，称取 5.0g（精确至 0.1mg），加水溶解定容至 50mL，密封。
超声波振荡提取 40min，离心取上清液备用。
2）衍生　　取 20mL 液体样品或固体样品提取液，加 2mL DNPH 衍生试剂，混合均匀，避光衍生 6h。标准溶液与样品同时进行衍生。衍生产物 2,4- 二硝基苯腙用石油醚萃取 3 次，每次 10mL，合并萃取液于 60℃水浴浓缩后，移入 5mL 容量瓶，定容至刻度。
3）GC 条件　　色谱柱：SE-30（15m×0.2mm×0.33μm）弹性石英毛细管柱，160～240℃（5min），升温速率 10℃/min。载气 He，柱前压 40kPa，分流比为 10：1，溶剂延迟 2min，进样量 1μL。
4）MS 条件　　EI 离子源，电子能量 70eV，四极杆温度 150℃，离子源温度 230℃，电子倍增器电压 2300V，GC-MS 接口温度 280℃，选择离子检测（SIM）m/z 79、210。

20.5.5　定量测定

类似于高效液相色谱法的定量测定，将样品的信号强度与标准曲线进行比对，进行定量。

【复习与思考题】

1. 比色法测定甲醛的原理是什么？
2. 除了上述方法，测定食品中甲醛的方法还有哪些？

【实验结果】

_____

_____

_____

_____

【实验关键点】

_____

_____

_____

_____

【素质拓展资料】

扫码见内容

Determination of Formaldehyde in 12 Fish Species by SPME Extraction and GC-MS Analysis

实验 21　食品中农药残留的快速检测

食品中农药残留分析涉及化学、物理学、生物学、生物化学多个学科，其检测手段正在不断地更新和完善，随着人们对食品中农药残留及食品的安全性问题的关注，快速、灵敏、准确的检测技术更能适应人类健康和食品贸易的要求。传统的实验室分析模式仍以色谱分析为主，选择性检测器、联用技术及先进的样品前处理技术将更多地在不同食品中的不同农药种类方面得到广泛的应用。同时也为现场检测技术提供准确、可靠的对照依据。

21.1　食品中有机磷的测定

有机磷农药属于磷酸酯类化合物，种类较多，从结构上可分为磷酸酯、二硫代磷酸酯、硫酮磷酸酯、硫醇磷酸酯、磷酰胺酯和亚磷酸酯型六大类。有机磷农药具有杀虫、杀菌效力高，选择性高，残留期短等特点，广泛应用于农作物的病虫害防治方面。有机磷农药性质不稳定，对光照、热不稳定，在碱性溶液中易水解，在农作物和土壤中能分解为毒性较小的无机磷，不同有机磷农药的残效期为 24h 到数个月。

21.1.1　食品中有机磷农药残留量的测定（气相色谱法）

1）实验目的
（1）了解有机磷农药的性质及危害。
（2）学习气相色谱仪的工作原理及使用方法。
（3）掌握食品中有机磷农药残留测定的气相色谱法及操作要点。
2）实验原理　　食品中残留的有机磷农药经有机溶剂提取并经净化、浓缩后，注入气相色谱仪，气化后在载气携带下于色谱柱中分离，由火焰光度检测器检测。当含有机磷的试样在检测器中的富氢焰上燃烧时，以 HPO[①] 碎片的形式，放射出波长为 526nm 的特征光，这种光经检测器的单色器（滤光片）将非特征光谱滤除后，由光电倍增管接收，产生电信号而被检出，试样的峰面积或峰高与标准品的峰面积或峰高进行比较定量。

3）试剂与仪器

（1）试剂：① 二氯甲烷；② 丙酮；③ 硫酸钠溶液；④ 无水硫酸钠，在 700℃灼烧 4h 后备用；⑤ 中性氧化铝，在 550℃灼烧 4h；⑥ 有机磷农药标准储备液，分别准确称取有机磷农药标准品敌敌畏、乐果、马拉硫磷、对硫磷、甲拌磷、稻瘟净、倍硫磷、杀螟硫磷及虫螨磷各 10.0mg，用苯（或三氯甲烷）溶解并稀释至 100mL，放在冰箱（4℃）中保存；⑦ 有机磷农药标准使用液，临用时用二氯甲烷稀释为使用液，使其浓度为敌敌畏、乐果、马拉硫磷、对硫磷、甲拌磷每毫升各相当于 1.0μg/mL，稻瘟净、倍硫磷、杀螟硫磷及虫螨磷每毫升各相当于 2.0μg/mL。

（2）仪器：① 气相色谱仪，附有火焰光度检测器（FPD）；② 电动振荡器；③ 组织捣碎机等。

4）样品处理

（1）蔬菜：取适量蔬菜擦净，去掉不可食部分后称取蔬菜试样，将蔬菜切碎混匀。称取 10.00g 混匀的试样，置于 250mL 具塞锥形瓶中，加 30～100g 无水硫酸钠脱水，剧烈振摇后如有固体硫酸钠存在，说明所加无水硫酸钠已够，加 0.20～0.80g 活性炭脱色，加 70mL 二氯甲烷，在振荡器上振摇 0.5h，经滤纸过滤，量取 35mL 滤液，在通风橱中室温下自然挥发至近干，用二氯甲烷少量多次研洗残渣，移入 10mL 具塞刻度试管中，定容至 2mL，备用。

（2）谷物：将样品磨粉（稻谷先脱壳），过 20 目筛，混匀。称取 10.00g 置于具塞锥形瓶中，加入 0.5g 中性氧化铝（小麦、玉米再加 0.2g 活性炭）及 20mL 二氯甲烷，振荡 0.5h，过滤，滤液直接进样。若农药残留过低，则加 30mL 二氯甲烷，振摇过滤，量取 15mL 滤液浓缩，并定容至 2mL 进样。

（3）植物油：称取 5.00g 混匀的试样，用 50mL 丙酮分次溶解并洗入分液漏斗中，摇匀后，加 10mL 水，轻轻旋转振摇 1min，静置 1h 以上，弃去下面析出的油层，上层溶液自分液漏斗上口入另一分液漏斗中，注意尽量不使剩余的油滴倒入（如乳化严重，分层不清，则加入 50mL 离心管中，于 2500r/min 转速下离心 0.5h，用滴管吸出上层清液）；加 30mL 二氯甲烷、100mL 50g/L 的硫酸钠溶液，振摇 1min；静置分层后，将二氯甲烷提取液移至蒸发皿中；丙酮水溶液再用 10mL 二氯甲烷提取一次，分层后，合并至蒸发皿中；自然挥发后，如无水，可用二氯甲烷少量多次研洗蒸发皿中残液并将其移入具塞量筒中，并定容至 5mL，加 2g 无水硫酸钠振摇脱水，再加 1g 中性氧化铝、0.2g 活性炭（毛油可加 0.5g）振荡脱油和脱色，过滤，滤液直接进样。如果自然挥发后尚有少量水，则需反复抽提后再按如上操作。

5）色谱条件　　色谱柱，玻璃柱，内径 3mm，长 1.5～2.0m。

（1）分离测定敌敌畏、乐果、马拉硫磷和对硫磷的色谱柱：① 内装涂有 2.5% SE-30 和 3% QF-1 混合固定液的 60～80 目 Chromosorb WAWDMCS；② 内装涂有 1.5% OV-17 和 2% QF-1 混合固定液的 60～80 目 Chromosorb WAWDMCS；③ 内装涂有 2% OV-101 和 2% QF-1 混合固定液的 60～80 目 Chromosorb WAWDMCS。

---

① HPO 指含磷化合物的裂解混合物，且处于激发态

（2）分离测定甲拌磷、稻瘟净、倍硫磷、杀螟硫磷及虫螨磷的色谱柱：① 内装涂有 3% PEGA 和 5% QF-1 混合固定液的 60～80 目 Chromosorb WAWDMCS；② 内装涂有 2% NPGA 和 3% QF-1 混合固定液的 60～80 目 Chromosorb WAWDMCS。

（3）气流速度：载气为氮气 80mL/min；空气 50mL/min；氢气 180mL/min（氮气、空气和氢气之比按各仪器型号不同选择各自的最佳比例条件）。

（4）温度。进样口：220℃；检测器：240℃；柱温：180℃，但测定敌敌畏为 130℃。

6）测定　　将有机磷农药标准使用液 2～5μL 分别注入气相色谱仪中，可测得不同浓度有机磷标准溶液的峰高，分别绘制有机磷农药质量 - 峰高标准曲线，同时取试样溶液 2～5μL 注入气相色谱仪中，测得峰高，从标准曲线图中查出相应的含量。

7）数据与计算　　按下式计算。

$$\omega = \frac{m_1}{m_2 \times 1000}$$

式中，ω 为试样中有机磷农药的质量分数，mg/kg；m_1 为进样体积中有机磷农药的质量，由标准曲线中查得，ng；m_2 为与进样体积（μL）相当的试样质量，g。

计算结果保留两位有效数字。

8）注意事项

（1）本法采用毒性较小且价格较为低廉的二氯甲烷作为提取试剂，国际上多用乙腈作为有机磷农药的提取试剂及分配净化试剂，但其毒性较大。

（2）有些稳定性差的有机磷农药，如敌敌畏因稳定性差且易被色谱柱中的担体吸附，故本法采用降低操作温度来克服上述困难。另外，也可采用缩短色谱柱至 1～1.3m 或减少固定液涂渍的厚度等措施来克服。

（3）本实验中介绍的方法是 GB/T 5009.20—2003《食品中有机磷农药残留量的测定》中的第二法，适用于粮食、蔬菜、食用油中敌敌畏、乐果、马拉硫磷、对硫磷、甲拌磷、稻瘟净、杀螟硫磷、倍硫磷、虫螨磷等农药的残留量分析。最低检出浓度为 0.01～0.03mg/kg。

21.1.2　有机磷类、氨基甲酸酯类农药残留快速测定方法（速测卡法）

1）实验目的　　掌握快速测定有机磷类及氨基甲酸酯类农药残留的方法。

2）实验原理　　胆碱酯酶可催化靛酚乙酸酯（红色）水解为乙酸与靛酚（蓝色），有机磷或氨基甲酸酯类农药对胆碱酯酶有抑制作用，使催化、水解、变色的过程发生改变，由此可判断出样品中是否含有有机磷或氨基甲酸酯类农药。

3）试剂与仪器

（1）速测卡：固定化有胆碱酯酶和靛酚乙酸酯试剂的纸片。

（2）pH 7.5 缓冲溶液：分别取 15.0g 十二水磷酸氢二钠（$Na_2HPO_4 \cdot 12H_2O$）与 1.59g 无水磷酸二氢钾（KH_2PO_4），用 500mL 蒸馏水溶解。

（3）常量天平、恒温装置等。

4）实验步骤

A. 整体测定法。

（1）选取有代表性的蔬菜样品，擦去表面泥土，剪成 0.5cm 左右见方碎片，取 5g 放入带盖瓶中，加入 10mL 缓冲溶液，振摇 50 次，静置 2min 以上。

（2）取一片速测卡，用白色药片蘸取提取液，在 37℃恒温装置中放置 10min，预反应后的药片表面必须保持湿润。

（3）将速测卡对折，用手捏 3min 或用恒温装置恒温 3min，使红色药片与白色药片叠合。

（4）每批测定应设一个缓冲液的空白对照。

B. 表面测定法（粗筛法）。

（1）擦去蔬菜表面的泥土，并在其上滴 2～3 滴缓冲溶液，用另一片蔬菜在滴液处轻轻摩擦。

（2）取一片速测卡，将蔬菜上的液滴滴在白色药片上。

（3）在 37℃条件下放置 10min，有条件时在恒温装置中放置，预反应后的药片表面必须保持湿润。

（4）将速测卡对折，用手捏 3min 或用恒温装置恒温 3min，使红色药片与白色药片叠合发生反应。

（5）每批测定应设一个缓冲液的空白对照。

5）结果判定　　结果以酶被有机磷或氨基甲酸酯类农药抑制（为阳性）、未抑制（为阴性）表示。白色药片不变色及略有浅蓝色均为阳性结果，白色药片变为天蓝色为阴性结果。对阳性结果的样品，可用其他分析方法进一步确定具体农药品种和含量。

6）注意事项　　韭菜、生姜、葱、蒜、辣椒、胡萝卜等蔬菜中含有破坏酶活性或使蓝色产物退色的物质，处理这类样品时，不要剪得太碎，浸提时间不要太长，必要时可采取整株蔬菜浸提的方法。

21.1.3　分光光度法（抑制率法）

1）实验目的　　掌握使用分光光度法测定农药残留的方法。

2）实验原理　　在一定条件下，有机磷和氨基甲酸酯类农药对胆碱酯酶的正常功能有抑制作用，其抑制率与农药的浓度呈正相关。正常情况下，酶催化神经传导代谢产物（乙酰胆碱）水解，其水解产物与显色剂反应，产生黄色物质，用分光光度计在 412nm 处测定吸光度随时间的变化值，计算出抑制率，通过抑制率可以判断出样品中是否含有有机磷或氨基甲酸酯类农药。

3）试剂与仪器

（1）pH 8.0 缓冲溶液：分别取 11.9g 无水磷酸氢二钾与 3.2g 磷酸二氢钾，用 1000mL 蒸馏水溶解。

（2）显色剂：分别取 160mg 二硫代二硝基苯甲酸（DTNB）和 15.6mg 碳酸氢钠，用 20mL 缓冲溶液溶解，在 4℃冰箱中保存。

（3）底物：取 25.0mg 硫代乙酰胆碱，加 3.0mL 蒸馏水溶解，摇匀后置 4℃冰箱中保存备用。保存期不超过两周。

（4）乙酰胆碱酯酶：根据酶的活性情况，用缓冲溶液溶解，ΔA_0 值应控制在 0.3 以上。

（5）分光光度计或相应快速测定仪、常量天平、恒温水浴或恒温箱等。

4）实验步骤

（1）样品处理：选取有代表性的蔬菜样品，擦去表面泥土，剪成 1cm 左右见方碎片，取样品 1g 放入烧杯或提取瓶中，加入 5mL 缓冲溶液，振荡 1～2min，倒出提取液，静置

3～5min，待用。

（2）测定：对照溶液测试先于试管中加入 2.5mL 缓冲溶液，再加入 0.1mL 酶液、0.1mL 显色剂，摇匀后于 37℃放置 15min 以上（每批样品的控制时间应一致）。加入 0.1mL 底物摇匀，此时检液开始出现显色反应，应立即放入仪器比色池中，记录反应 3min 的吸光度变化值 ΔA_0。

样品测试先于试管中加入 2.5mL 样品提取液，其他操作与对照溶液测试相同，记录反应 3min 的吸光度变化值 ΔA_t。

5）数据与计算　　检测结果按下列公式计算。

$$抑制率（\%）=[(\Delta A_0-\Delta A_t)/\Delta A_0] \times 100$$

式中，ΔA_0 为对照溶液反应 3min 吸光度的变化值；ΔA_t 为样品溶液反应 3min 吸光度的变化值。

判定结果以酶被抑制的程度（抑制率）表示。

当蔬菜样品提取液对酶的抑制率≥50%时，表示蔬菜中含有有机磷或氨基甲酸酯类农药。抑制率≥50% 的样品需要重复检验 2 次以上。对抑制率≥50% 的样品，可用其他方法进一步确定具体农药的品种和含量。

6）注意事项　　韭菜、生姜、葱、蒜、辣椒及番茄汁液中含有对酶有影响的植物次生物质，处理这类样品时，可采取整株（体）蔬菜浸提。

21.2　有机氯农药残留量测定

有机氯农药主要有六六六（BHC）、滴滴涕（DDT）等，六六六的化学名称为六氯（化）苯或六氯环己烷，固体为白色晶体，熔点为 112℃，不溶于水，能溶于煤油、苯、丙酮、乙醚等有机溶剂。六六六有 α、β、γ、δ 多种异构体，以 γ- 六六六的杀虫效力最强，工业产品中 γ- 六六六的含量为 12%～14%，120℃分解，对酸稳定，在碱性溶液中分解。

DDT 的化学名称为二氯二苯三氯乙烷，纯品为白色晶体，有 p, p'-DDT、o, p'-DDT、p, p'-DDE、p, p'-DDD 等异构体，工业产品的主要成分为 p, p'- 异构体。它们难溶于水，可溶于有机溶剂，在酸性介质中稳定，在强碱和高温中分解，比六六六稳定。六六六和 DDT 都属中等毒性广谱杀虫剂，残效期长，有报道在施药后 20 年仍能检出残留物。由于有机氯农药的半衰期较长，毒性较强，农药经土壤、水源进入植物根、茎、叶和果实及畜产品和水产品中，通过食物链造成对人的危害。

有机氯农药自 20 世纪 40 年代使用以来，在植物保护和卫生防疫方面发挥了重要的作用。20 世纪 60 年代发现其高残留和污染问题后，70 年代一些国家相继限用或禁用它。我国于 1983 年 4 月 1 日起停止生产六六六、DDT，但基于出口、卫生方面使用和作为其他农药原料，仍保留部分使用。

21.2.1　气相色谱测定方法

1）实验目的　　掌握利用气相色谱法测定有机氯的方法。

2）实验原理　　试样中六六六、DDT 经石油醚提取、浓硫酸磺化处理去除油脂和色素等杂质后，使用气相色谱的 OV-17 和 QF-1、硅藻土担体的色谱柱分离，电子捕获检测器检测，标准曲线法定量。

3）试剂与仪器　　① 石油醚；② 浓硫酸；③ 2% 硫酸；④ 无水硫酸钠；⑤ 气相色谱

仪等。

4）实验步骤

（1）提取与净化：取一定量经粉碎和混匀的试样，加入一定量的石油醚振荡萃取30min，提取液滤入分液漏斗，石油醚洗涤残渣，合并滤液。用一定量的浓硫酸分2～3次加入分液漏斗中，磺化提取液中的油脂、色素等杂质，弃去下层酸液，用2%硫酸溶液分次洗涤提取液，弃去水层。净化后的提取液经无水硫酸钠脱水后定容，备用。

（2）色谱分析条件：（3～4）mm×（1.5～2）m玻璃柱；80～100目硅藻土担体；1.5% OV-17+2% QF-1固定液；高纯氮载气90mL/min；^{63}Ni电子捕获检测器；进样口温度为215℃，柱温为195℃，检测器温度为225℃。

在此色谱条件下，有机氯农药的出峰顺序为：α-BHC、γ-BHC、β-BHC、δ-BHC、p,p'-DDE、o,p'-DDT、p,p'-DDD、p,p'-DDT。

（3）定性定量分析：以各组分的保留时间定性，用标准曲线法对各组分分别定量，六六六、DDT各异构体相加为其总量。

21.2.2　薄层色谱法

1）实验目的　掌握薄层色谱法测定有机氯农药的方法。

2）实验原理　试样中六六六、DDT经石油醚提取、浓硫酸磺化处理，去除油脂和色素等杂质后浓缩。用氧化铝薄层板和丙酮+正己烷或丙酮+石油醚混合溶液展开剂进行分离，硝酸银显色，保留值（R_f）定性，与标准物的斑点比较进行半定量。

3）实验步骤　有机氯农药的提取与净化和气相色谱法相同，经提取、净化处理的样液浓缩至一定体积后，备用。

制备50mm×200mm氧化铝薄层板，厚度为0.25mm，100℃活化30min，置于干燥器中备用。用微量注射器吸取10μL浓缩样液和有机氯农药标准物混合溶液，快速点样，每一块薄层板点4个样点。以丙酮+正己烷（1:99）或丙酮+石油醚（1:99）混合溶液为展开剂，当展开剂前沿展至100～150mm时，取出薄层板挥干溶剂，喷硝酸银溶液干燥后，置于紫外线灯下显色。各有机氯农药显棕色斑点，测量R_f并与标准样比较进行定性，比较斑点面积进行半定量。

21.2.3　农产品中多种农药残留的气相色谱-质谱联用法测定

1）实验目的　掌握使用气相色谱-质谱联用法测定农药的方法。

2）实验原理　农药经乙腈-水溶液匀质提取，C_{18}固相萃取柱净化和PSA固相萃取柱净化，洗脱液浓缩后用丙酮-正己烷（1:1）溶液溶解，经HP-5MS石英毛细管柱分离后，用气相色谱-质谱联用仪采用选择离子扫描方式测定，外标法定量。

3）试剂与仪器

（1）试剂：①乙腈；②丙酮；③正己烷；④氯化钠；⑤正十烷；⑥洗脱液A，丙酮-正己烷（1:1，体积比）；⑦洗脱液B，丙酮-正己烷（2:8）；⑧定容液，丙酮-正己烷（50:50）；⑨食盐饱和的磷酸缓冲溶液（2mol/L，pH 7.5）。

（2）仪器：① Agilent 6890/5973N气相色谱-质谱联用仪，配有电子轰击源（EI）；② 十万分之一电子天平；③固相萃取仪；④高速分散机；⑤ DSY-Ⅱ型自动快速浓缩仪；⑥ MMV-1000W分液漏斗振荡器；⑦旋转蒸发仪；⑧高纯水仪；⑨预处理小柱，G$_{18}$柱

（500mg/3mL）、PSA 柱（500mg/3mL）、石墨化碳柱（300mg/3mL）和 SAX 固相萃取填料。

4）实验步骤

A. 标准储备液的配制：准确称取各农药标准样品 0.01g（精确至 0.000 01g）于 50mL 容量瓶中，用丙酮 - 正己烷（1∶1）溶解并定容至刻度，配成 200mg/L 的标准储备液。

B. 混合标准溶液的配制。

标准溶液 A：取各种农药的标准储备液 10μL 于试管中，用氮气吹干，用丙酮定容至 2mL 配成 1mg/L 的标准溶液。

标准溶液 B：取标准溶液 A 1.0mL 于试管中，加入 1.0mL 丙酮，配成 0.5mg/L 的标准溶液。

标准溶液 C：取标准溶液 B 0.1mL 于试管中，加入 0.9mL 丙酮，配成 0.05mg/L 的标准溶液。

C. GC-MS 条件。

进样口温度：60℃保持 0.1min，以 150℃/min 升至 260℃保持 3min，再以 40℃/min 升至 300℃保持 5min；进样方式：脉冲不分流；进样体积：2μL；色谱柱：HP-5MS（30mm×0.25mm×0.25μm）；柱温：60℃保持 3min，以 5℃/min 升至 120℃保持 2min，再以 1.5℃/min 升至 225℃保持 2min，最后以 20℃/min 升至 300℃保持 10min，共运行 102.75min。载气：氦气；柱流速：1mL/min。

质谱条件：E 源，电子能量 70eV；反应气，氦气；源温，230℃；四极杆温度，150℃；扫描范围：m/z 50～500。

D. 样品前处理。

（1）蔬菜水果类。

提取：称取样品 10g（精确至 0.1g）于 250mL 烧杯中，加入 40mL 乙腈和 10mL 水，均质 2min，5mL 乙腈洗刀头，抽滤，15mL 乙腈分 3 次洗残渣，添加 1mL 水，待净化。

净化：以 10mL 乙腈和 10mL 纯水预淋 C_{18} 柱，将上述滤液过柱，以 9mL 乙腈、3mL 水淋洗，将洗脱液收集于分液漏斗中，加 5mL 食盐饱和的 2mol/L 磷酸缓冲溶液和 6.5g 食盐，振荡 3min，静置 10min。取乙腈层，在 38℃条件下浓缩。将浓缩液进行 2 次净化，用 5mL 洗脱液 A 预淋 PSA 柱（苹果用石墨柱与 PSA 柱串联），然后用洗脱液 B 和 A 各 30mL 依次洗脱，收集洗脱液。加入 50μL 正十烷，在 38℃条件下蒸干，用定容液定容至 2mL，供 GC-MS 测定。

（2）含油脂样品类。

提取：精确称取样品 10g（精确至 0.1g）于 250mL 烧杯中，加入 40mL 乙腈、10mL 水、1g SAX 粉，均质 2min，5mL 乙腈洗刀头，抽滤，15mL 乙腈分 3 次清洗残渣，加 1mL 水，待净化。

净化：用正己烷 - 乙腈（1∶5）液液分配，取乙腈层；再用正己烷 - 乙腈（3∶8）液液分配，分别取正己烷层和乙腈层；正己烷层蒸干，过经乙腈和水预淋的 C_{18} 柱，用乙腈淋洗，淋洗液与上述乙腈层合并，在 38℃条件下蒸干。将浓缩液按上述方法进行 2 次净化。

（3）腌渍加工食品样品。

提取：精确称取样品 10g（精确至 0.1g）于 250mL 烧杯中，加入乙腈 30mL 和 85% 磷酸 0.5mL，均质 2min；5mL 乙腈洗刀头，抽滤并加入少量硅藻土助滤，15mL 乙腈分 3 次清洗残渣，加水 6mL，按上述方法净化。

【复习与思考题】

1. 本实验气相色谱法的气路系统包括哪些？各有何作用？

2. 电子捕获检测器及火焰光度检测器的原理及适用范围分别是什么？

3. 速测卡的测定原理是什么？

4. 食品中有机氯、有机磷、苯并芘等农药是如何提取、净化和浓缩的？除了本章介绍的方法外，还有什么方法？

5. 食品中农药残留的常规测定方法有哪些？

6. 薄层色谱法中展开剂的作用是什么？

【实验结果】

_____

_____

_____

_____

【实验关键点】

_____

_____

_____

_____

【素质拓展资料】

A Measurement Method on Pesticide Residues of Apple Surface Based on Laser-induced Breakdown Spectroscopy

扫码见内容

实验 22　食用醋的真假鉴别实验

酿造食醋是指单独或混合使用各种含有淀粉、糖的物料或乙醇，经微生物发酵酿制而成的液体调味品。酿造食醋按照发酵工艺又分为固态、液态发酵食醋。我国食醋传统的制法大多是采用固态发酵，固态发酵产品的风味良好。

配制食醋是以酿造食醋为主体，与冰醋酸、食品添加剂等混合配制而成的调味食醋。按照上述标准规定，即便是配制食醋，其中也应以酿造食醋为主体，其中酿造食醋的比例不得低于50%。因此，不含酿造组分或酿造组分所占比例达不到50%的酸性调味品，均不能称为食醋。

食醋中有机酸的主要成分是乙酸，为挥发酸，是食醋酸味的主要来源，此外，还含其他有机酸（如乳酸、琥珀酸、柠檬酸、丙酸、甲酸、草酸、酒石酸、苹果酸、葡萄糖酸、丁酸等），不挥发酸中乳酸含量最高。这些有机酸含量虽低，却是构成醋的重要风味物质之一。

单纯的乙酸刺激性很大，回味短，调味作用差，只有多种有机酸，特别是不挥发酸的存在，才能使食醋的酸味绵长、柔和可口。因此，有机酸含量丰富的食醋刺激性小，味柔和。

目前，市场上酿造食醋、配制食醋鱼龙混杂，由于食醋中的有机酸的含量、组成与产品质量、特性有相关性，因此，测定并分析食醋中有机酸的含量，对酿造食醋、配制食醋的鉴定能够提供一定的参考依据。

一般表现为以假充真或以次充好，可表现为以下几种形式。

（1）以合格的或不合格的配制食醋冒充酿造食醋，但各项理化指标符合酿造食醋的标准要求。

（2）以不合格的配制食醋冒充配制食醋，其中不含酿造组分或酿造组分所占比例不到50%，但各项理化指标符合配制食醋的标准要求。

（3）以普通品牌食醋冒充知名度较高的食醋，如以非地理标志产品冒充地理标志产品。

（4）以不合格食醋冒充合格食醋，其中有一项或多项理化指标不符合酿造食醋或配制食醋的标准要求。

上述4种情形中，第4种掺假情形依据产品标准检验即能识别，而前3种情形具有较大的隐蔽性，按照现有食醋标准进行检验无法识别。目前已知，酿造食醋的原料组成及其发酵特点使其富含各种特有的风味组分，包括各种有机酸、氨基酸、糖类、醇类、酯类、醛类和酮类等化合物，这些化合物赋予酿造食醋酸、甜、鲜、咸、苦等各种味道。通过对酿造食醋中所特有的组分进行检测（表2.22），可实现对食醋掺假的鉴别。

表2.22　食醋的主要成分（引自朱永红等，2012）

种类	成分
有机酸化合物	乙酸、氨基酸、乳酸、丙酮酸、甲酸、苹果酸、琥珀酸、柠檬酸等
糖类化合物	葡萄糖、果糖、麦芽糖等
醇类和酯类化合物	乙醇、乙酸乙酯、乳酸乙酯等
其他	无机物、水溶剂、维生素等

22.1　基于食醋中掺入的非酿造组分的检验方法

22.1.1　食醋中掺入游离矿酸的检验

食醋中不允许游离矿酸如硫酸、盐酸、硝酸及硼酸等存在，这些酸对人体健康有损害作用。游离矿酸主要指盐酸、硫酸、硝酸等无机酸，有可能存在于工业用乙酸中，如果将工业用乙酸充当食用乙酸添加到食醋中，有可能将游离矿酸带入食醋中，食醋中检出游离矿酸提示其中可能添加了工业用乙酸。关于游离矿酸的检测，我国国家标准《食醋卫生标准的分析方法》（GB/T 5009.41—2003）和《食品添加剂　冰乙酸（又名冰醋酸）》（GB 1886.10—2015）中均规定了相应的检测方法。

1）实验原理　　游离矿酸（如硫酸、盐酸、硝酸及硼酸等）存在时，氢离子浓度增大，可改变指示剂的颜色。

2）试剂　　刚果红试纸（取0.5g刚果红，溶于10mL乙醇与90mL水中，将滤纸浸透此液后阴干，备用）；甲基紫溶液（称取0.10g甲基紫，溶于100mL水中，将滤纸浸入此液中，取出晾干、储存备用）；百里草酚蓝试纸（取百里草酚蓝0.10g，溶于50mL乙醇中，再加入

4g/L 的氢氧化钠溶液 6mL，加水至 100mL，将滤纸浸入此液中，取出晾干、储存备用）。

3）操作方法 用刚果红试纸粘少许样品，观察其颜色变化情况，若试纸变为蓝色至绿色，表示有游离矿酸存在。取 5mL 样品，加水稀释至 2% 乙酸含量，加 2～3 滴 0.01% 甲基紫溶液，溶液呈绿色至蓝色表示有游离矿酸存在。用玻璃棒粘少许试样，点在百里草酚蓝试纸上，观察其变化，若试纸变为紫色斑点或紫色环（中心淡紫色），表示有游离矿酸存在，最低检出量为 5μg。

4）注意事项 如果样品颜色很深时，用活性炭脱色过滤后再测试。

乙酸是弱酸，pH 不能达到使刚果红试纸和甲基紫溶液变色的程度。但若有游离的酒石酸及草酸，则甲基紫溶液也呈阳性反应，必须按下列方法做确证试验。

硫酸试验：取样品 5mL 于试管中，加 5% 氯化钡溶液 2mL，有白色浑浊或沉淀产生证明有硫酸或其盐存在。

盐酸试验：取样品 5mL 于试管中，加 1% 硝酸银溶液 2 滴，若有白色浑浊或沉淀产生证明有盐酸或氯化物存在。

硝酸试验：取二苯胺结晶一小粒于瓷皿中，加样品 5 滴，再加浓硫酸 1 滴，若有硝酸存在时则呈蓝色。

22.1.2 醋中灰分的测定

固态发酵米醋中灰分的平均含量为 2% 左右，液态发酵白醋为 0.29%，配制食醋为 0.02%，此可以作为鉴别 3 种类型醋的依据。

22.1.3 醋中氨基态氮含量的测定

酿造食醋中具有丰富的氨基酸组分，而配制食醋中几乎不含氨基酸态氮，可通过氨基酸态氮含量分析来鉴别酿造食醋和配制食醋，在《地理标志产品 独流（老）醋》（GB/T 19461—2008）标准中，对酿造食醋中氨基态氮的含量做了规定，提示具有一定的氨基酸态氮含量是酿造食醋所具有的主要特点之一。其在固态发酵米醋中的平均含量为 0.121g/100mL 左右，液态发酵米醋中平均含量为 0.009g/100mL，配制醋为 0g/100mL。因此该指标可以用来鉴别醋的工艺类型和质量优劣。

吸取 5.0mL 试样，置于 100mL 容量瓶中，加水至刻度，混匀后吸取 20.0mL，置于 100mL 烧杯中，加 60mL 水。开动磁力搅拌器，用氢氧化钠标准溶液 $[c(NaOH)=0.050mol/L]$ 滴定至酸度计指示 pH 8.2，记下消耗氢氧化钠标准溶液（0.05mol/L）的体积（mL），可计算总酸含量。加入 10.0mL 甲醛溶液（0.050mol/L），混匀。再用氢氧化钠标准溶液（0.050mol/L）继续滴定至 pH 9.2，记下消耗的氢氧化钠标准溶液（0.05mol/L）的体积（mL）。同时取 80mL 水，先用氢氧化钠标准溶液（0.05mol/L）调节 pH 至 8.2，再加入 10.0mL 甲醛溶液，用氢氧化钠标准溶液（0.05mol/L）滴定至 pH 9.2，同时做空白试剂实验。

$$X = \frac{(V_1 - V_2) \times c \times 0.014}{5 \times V_3 \times 0.01} \times 100$$

式中，X 为试样中氨基态氮的质量浓度，g/100mL；V_1 为测定用试样稀释液加入甲醛后消耗氢氧化钠标准溶液的体积，mL；V_2 为空白试剂实验加入甲醛后消耗氢氧化钠标准溶液的体积，mL；V_3 为试样稀释液的用量，mL；c 为氢氧化钠标准溶液的浓度，mol/L；0.01 为与

1.00mL 氢氧化钠标准溶液 $[c(\text{NaOH})=1.000\text{mol/L}]$ 相当的氮的质量，g。

22.1.4 不挥发酸的测定

根据《酿造食醋》（GB/T 18187—2000）标准要求，固态发酵醋不挥发酸含量应≥0.50g/100mL（表 2.23），据此判断醋是否为勾兑醋。

表 2.23　酿造食醋总酸、不挥发酸、可溶性固形物含量（引自 GB/T 18187—2000）

项目	指标	
	固态发酵醋	液态发酵醋
总酸（以乙酸计）/(g/100mL)	≥ 3.50	
不挥发酸（以乳酸计）/(g/100mL)	≥ 0.50	—
可溶性无盐固形物 /(g/100mL)	≥ 1.00	≥ 0.50

注：以乙醇为原料的液态发酵食醋不要求可溶性无盐固形物

22.1.5 总酯

食醋中的脂类是形成食醋特有香气的重要成分，具有果香或花香气味。脂类化合物的形成途径主要是在后熟和发酵过程中形成的，醋中脂类主要为乙酸乙酯、乙酸丁酯、乙酸丙酯等。它是衡量食醋风味质量品质的重要指标，是反映食醋风味质量的重要部分，对食醋的营养价值和品质都具有重要意义，测定其含量可以为食醋菌种的选择和提高食醋质量提供科学的数据。作为食醋特有的酿造属性之一，总酯含量的高低直接影响食醋品质的好坏。其中总酯含量最高达到了 18.7%，最低为 3.14%，平均含量为 8.7%。

22.1.6 糖分

醋品中糖类大部分来自原料，主要有葡萄糖、果糖、甘露糖、阿拉伯糖等，一般还原糖含量为 0.1%～0.3%，不同醋品中糖含量及组成各异，淀粉质原料经过糖化变成可发酵性糖，很多被醋酸菌代谢，但总有部分残留糖进入成品醋中，这些糖分产生的甜味可使醋味柔和，提高醋质稠厚度，同时也影响到醋品色泽。

22.1.7 酿造食醋与配制食醋中有机酸的分析

酿造食醋和配制食醋中各种有机酸含量范围均不同，配制食醋的乙酸含量范围远高于酿造食醋，而酿造食醋的乳酸含量范围高于配制食醋，除乙酸、甲酸外，酿造食醋的其他有机酸范围均比配制食醋范围宽（表 2.24）（有机酸检测方法参考总酸度测定）。

表 2.24　酿造食醋和配制食醋各有机酸含量范围（引自王贵双等，2011）　　　（单位：g/100mL）

食醋种类	乳酸	乙酸	丙酸	甲酸	丙酮酸	琥珀酸	草酸	柠檬酸
酿造食醋	0.000～3.281	1.793～8.246	0.000～0.028	0.000～0.061	0.000～0.022	0.000～0.050	0.000～0.031	0.000～0.605
配制食醋	0.000～2.416	2.051～32.231	0.000～0.014	0.000～0.084	0.000～0.016	0.000～0.011	0.000～0.003	0.000～0.362

在酿造食醋和配制食醋中乳酸、乙酸含量较高，但乳酸、乙酸的相对含量差异较大，由

于食醋发酵产生的有机酸构成一个有机的整体，各种有机酸之间存在原始的配比或平衡，且各种食醋的工艺、原料、菌种等不同，因此很难得出酿造食醋、配制食醋的乙酸或乳酸含量的绝对范围，而食醋的乙酸乳酸比却能体现出食醋发酵产物有机整体的特性。因此，可以将酿造食醋和配制食醋与乙酸乳酸比进行相关性分析。

22.2　酿造食醋和配制食醋的快速鉴别

食醋的酿造可分为淀粉分解、乙醇发酵和乙酸发酵三个阶段。酿造食醋不仅带有酸味，还兼有特殊的芳香味道。但现在已发现有的个体户和少数工厂用工业冰醋酸直接加水配制成食醋，并到市场上销售，这种危害人们身体健康的做法应坚决制止，现介绍鉴别检验方法。

22.2.1　碘液法

取样品 50mL 置于分液漏斗中，滴加 20% 氢氧化钠溶液至呈碱性，加入戊醇 15mL，振摇，静置。分出戊醇，用滤纸过滤，收集滤液于蒸发皿内置水浴上蒸干。残渣用少量水溶解，再滴加数滴硫酸使呈显著酸性。滴加碘液，如为酿造食醋，则产生明显的褐色沉淀。

22.2.2　酸性重铬酸钾法

酿造食醋在自然发酵过程中产生特有的还原性物质，即乙醇，乙醇在酸性条件下可还原重铬酸钾，使重铬酸钾溶液由橙色转变为绿色或蓝色，产生明显的颜色变化。

22.2.3　高锰酸钾法

1）实验原理　　酿造食醋主要以粮食为原料，经过淀粉糖化、乙醇发酵、乙酸发酵、后熟与陈酿等过程，所以在成品食醋中多少含有醇类物质，如乙醇。本法把乙醇氧化成乙醛，再用亚硫酸品红显色，从而判断是酿造食醋还是配制食醋。首先，乙醇在磷酸介质中被高锰酸钾氧化为乙醛。

$$5CH_3CH_2OH + 2KMnO_4 + 4H_3PO_4 = 5CH_3CHO + 2KH_2PO_4 + 2MnHPO_4 + 8H_2O$$

过量的高锰酸钾被草酸还原。

$$5H_2C_2O_4 + 2KMnO_4 + 3H_2SO_4 = 2MnSO_4 + K_2SO_4 + 10CO_2 + 8H_2O$$

其次，所生成的乙醛与亚硫酸品红反应生成醌式结构的蓝紫色化合物。以此为判断依据。

2）试剂　　　3% 高锰酸钾 - 磷酸溶液（称取 3g 高锰酸钾加 85% 磷酸 15mL，与 7mL 蒸馏水混合，待其溶解后加水稀释至 100mL）；草酸 - 硫酸溶液（5g 无水草酸或含 2 分子结晶水的草酸 7g，溶解于 50% 的硫酸中至 100mL）；亚硫酸品红溶液（取 0.1g 碱性品红，研细后加入 80℃蒸馏水 60mL，待其溶解后放入 100mL 容量瓶中，冷却后加 10mL 10% 亚硫酸钠溶液和 1mL 盐酸，加水至刻度，混匀，放置过夜，如有颜色可用活性炭脱色，若出现红色应重新配制）。

3）操作方法　　　取 10mL 样品加入 25mL 纳氏比色管中，然后加 2mL 的 3% 高锰酸钾一磷酸液，观察其颜色变化；5min 后加草酸 - 硫酸溶液 2mL，摇匀。最后再加亚硫酸品红溶液 5mL，20min 后观察它的颜色变化。

4）观察结果　　　结果参考表 2.25 并记录于表 2.26 中。

表 2.25　酿造食醋、蒸馏醋、配制食醋的判定（引自高向阳，2006）

种类	加高锰酸钾	加亚硫酸品红
酿造食醋	很快变色	深紫色
蒸馏醋	变色较慢	淡紫色
配制食醋	无变化（或紫红色）	无色或几乎无色

表 2.26　高锰酸钾试验结果记录与评价（引自高向阳，2006）

检测样品名称	溶液颜色变化情况	检验结果评价

22.2.4　液体闪烁法（GB/T 22099—2008）

1）实验原理　　　酿造醋酸中 ^{14}C 的含量稳定在一定范围内，而合成醋酸中的 ^{14}C 大量衰变，只有微量残存。基于碳的同位素 ^{14}C 在酿造醋酸与合成醋酸中的含量有明显不同，用液体闪烁法测定乙酸中 ^{14}C 含量，以酿造醋酸的 ^{14}C 为 100，合成醋酸的 ^{14}C 为 0，^{14}C 在二者混合物中的含量为其中间值，可以定量地测定二者的比率，以此作为鉴定方法。

2）试剂与仪器

（1）甲苯闪烁液：称取 2,5- 二苯基噁唑 4g（PPO，闪烁纯）和双 [2-（5- 苯基噁唑基）]（POPOP，闪烁纯）0.1g，用甲苯溶解，并定容至 1000mL。

（2）内部标准放射源。

① 标准放射源：碳 -14（正十六烷）标准溶液（GBWO 4319，一级），活度 / 浓度为 39 075Bq/g。② 配制：称取 1g 标准放射源（精确至 0.0001g），用甲苯定容至 500mL，并计算出每毫升甲苯中标准放射源的含量（dpm/mL）。

（3）甲苯。

（4）酿造醋酸标样。

（5）合成醋酸标样。

（6）低本底液体闪烁分析仪。

（7）移液管。

3）操作步骤

（1）试样的准备：将醋酸样品用水（应符合 GB/T 6682—2008 的规定）稀释到 95%，以防止猝灭。

（2）^{14}C 比活度的测定（以技术效率表示）——内标法：取两只闪烁杯，吸取 10mL 试样、9mL 甲苯闪烁液和 1mL 内部标准放射源，混合。用低本底液闪烁分析仪的 ^{3}H 通道计测 100min，据此求出每分钟衰变数的计数值（dpm），计算计数效率。

4）数据处理　　计数效率按下式计算。

$$E = \frac{B - A}{P}$$

式中，E 为计数效率；B 为试样＋甲苯闪烁液＋内部标准放射源（10mL＋9mL＋1mL）的每分钟衰变数计数值，dpm；A 为试样＋甲苯闪烁液＋甲苯（10mL＋9mL＋1mL）的每分钟衰变数计数值，dpm；P 为每毫升内部标准放射源的每分钟衰变数计数值（已知），dpm。

试样中的表观计数值（dpm）按下式计算。

$$D = \frac{A - C}{E}$$

式中，D 为试样中的表观计数值，dpm；A 为试样＋甲苯闪烁液＋甲苯（10mL＋9mL＋1mL）的每分钟衰变数计数值，dpm；C 为甲苯闪烁液＋甲苯（9mL＋1mL）的每分钟衰变数计数值，dpm；E 为计数效率。

试样中每克碳的表观每分钟衰变数计数值（dpm）按下式计算。

$$D = \frac{D_1}{m \times 0.4}$$

式中，D 为试样中每克碳的表观每分钟衰变数计数值，dpm；D_1 为试样中的表观每分钟衰变数计数值，dpm；m 为闪烁杯中乙酸的质量，g；0.4 为乙酸中含碳量折算系数。

试样中酿造醋酸的比率按下式计算。

$$P = \frac{D - D_h}{D_p - D_h} \times 100$$

式中，P 为试样中酿造醋酸的比率；D 为试样中每克碳的表观每分钟衰变数计数值，dpm；D_h 为合成醋酸标样中的表观每分钟衰变数计数值，dpm；D_p 为酿造醋酸试样中的表观每分钟衰变数计数值，dpm。

注：以酿造醋酸标样、合成醋酸标样代替试样即可测定并计算 D_h、D_p。

22.2.5　反相色谱联用稳定同位素比率质谱（RPLC-IRMS）

1）实验原理　　使用反相 C_{18} 色谱柱对食醋中乳酸和乙酸进行分离，建立相关的 RPLC-IRMS 的分析方法，通过测定并分析食醋的沉淀物、乙酸、乳酸三组分间 δ^{13}C 值的相互关系，以及化学试剂乙酸和乳酸的 δ^{13}C 值，对其差异规律性进行研究，进而鉴别醋的真假。

2）试剂与仪器

（1）试剂：钨酸钠和硫酸；正磷酸（纯度≥99%），过二硫酸钠（纯度≥99%）；蔗糖标准物质 IAEA-CH6（$\delta^{13}C$ 值：−10.45‰）。

（2）仪器：同位素比质谱仪（IRMS），通过 Isolink 接口连接 ACCELA 液相色谱和 FLASH 2000 HT 元素分析仪（EA）；超纯水制备系统；高速离心机，配 50mL 和 100mL 两种适配器；恒温水浴锅和烘箱；精密控温型电热板，配 50mL 玻璃消解管。

3）实验步骤

Ⅰ. 样品预处理：部分包装的食醋样品内部有沉淀和浑浊物，吸取约 65mL 食醋于 100mL 旋塞离心管中，盖上后混匀，放入离心机以 8000r/min 离心 10min，观察是否有沉淀产生，使用 50mL 胖肚移液管小心吸取上清液于 50mL 玻璃比色管中，加塞保存。该清液为使用试样，每份食醋样品需准备 4 份使用试样。

Ⅱ. 元素分析联用稳定同位素比率质谱（EA-IRMS）的样品制备。

食醋沉淀物：取 50mL 使用试样于离心管中，加入 1mL 10% 钨酸钠溶液和 1mL 10% 硫酸溶液混匀，置于 45℃ 水浴 30min，每间隔 10min 手摇混匀 20s。以 6000r/min 离心 5min，倾掉上层清液，再以约 50mL 水充分洗涤沉淀物中的盐后离心，如此反复洗涤沉淀物 3 次，最后倒干上清液，将含有沉淀的离心管置于 80℃ 烘箱中干燥 3h。称取上述烘干的蛋白质 5～10mg，于 5mm×3.3mm 锡杯中密封备用，同一样品平行 2 份。

Ⅲ. RPLC-IRMS 的样品制备：吸取 5mL 使用试样转移至 50mL 玻璃消解管中，在 80℃ 条件下加热 4h，使用纸巾小心擦拭消解管管口与内壁上沿的冷凝水珠，将以上去除乙醇后的使用试样转移至 50mL 比色管中，加水定容至刻度。用纯水将上述处理后的试样稀释 25 倍。混匀后经 0.22μm 的水相滤膜过滤至进样瓶中，旋盖待测。

Ⅳ. 仪器条件和测定过程。

A. 仪器条件。

高压：3.0kV；磁场强度：11 824A/M；辅助气压力：0.4MPa；离子源类型：EI 离子源；电流：1.50mA；扫描方式：正离子扫描；测定质量数：44/45/46。其余仪器条件和参数见表 2.27。

表 2.27　联用时仪器条件和参数（引自李鑫等，2015）

EA-IRMS 参数		RPLC-IRMS 参数	
项目	参数	项目	参数
反应管	氧化还原一体填充反应石英管	色谱柱	Spursil C$_{18}$ 5μm 250mm×4.6mm
载气	300mL/min	流动相和流速	超纯水；30μL/min
氧气	175mL/min	正磷酸浓度、流速	0.1mol/L；50μL/min
参考气	175mL/min	过二硫酸钠浓度、流速	0.1mol/L；50μL/min
炉温	50℃	柱温	室温
He 压力	1.2bar[a]	进样量	1～20μL
反应管温度	980℃	氧化炉温度	99.9℃

注：0.1mol/L 正磷酸和 0.1mol/L 过二硫酸钠溶液分别存于棕色瓶内。用前需使用超声波和真空过滤脱气

a.　1bar=1×10⁵Pa

B. 测定过程。

（1）元素分析仪（EA）：锡杯通过自动进样器被送入氧化还原一体填充反应石英管中，样品在过氧环境中瞬间高温分解，形成的含碳混合气体在高纯氦气的运载下通过较低温度的还原填充层，样品中的碳转化成 CO_2 从反应管下端排出，经过吸水柱去除水分和分离柱分离其他气体干燥纯化后进入质谱系统。同时用蔗糖标准物质标定高纯 CO_2 参考气体的 $\delta^{13}C$ 值，进行样品测定时，以 CO_2 参考气作为内标，对样品的 $\delta^{13}C$ 值进行计算。

（2）液相色谱（LC）：用进样器吸取一定量样品，以纯水作为流动相在液相部分通过反相色谱 C_{18} 柱进行分离，分离后的乙酸和乳酸组分顺次与氧化剂正磷酸和过二硫酸钠溶液在 LC 接口混合阀内充分混合后进入氧化炉，在 99.9℃ 条件下，以上组分中碳元素被氧化成 CO_2 气体，过滤水汽后进入质谱系统。同时在相同条件下对乙酸和乳酸的标准溶液进行测定，确定两者的出峰区间。

（3）同位素比质谱仪（IRMS）：离子源将进入的纯净 CO_2 气体的原子、分子电离成为离子，质量分析器将离子按照质荷比的大小分离开，通过不同的马特杯接收质荷比不同的离子，并记录离子流强度，本实验中接受对象的质荷比是 44/45/46。同时用已知 $\delta^{13}C$ 值的乳酸溶液标定高纯 CO_2 参考气体的 $\delta^{13}C$ 值，进行样品测定时，每个样品的分析起始阶段和结尾阶段通入 CO_2 参考气作为内标，对样品的 $\delta^{13}C$ 值进行计算。

【复习与思考题】

1. 碘液检验法中，滴加碘液前为何将溶液调整成酸性？
2. 简述高锰酸钾鉴别法的实验原理，为何配制食醋无此反应？
3. 简述液体闪烁法鉴别酿造醋酸与合成醋酸的原理。

【实验结果】

_____

_____

_____

_____

【实验关键点】

_____

_____

_____

_____

【素质拓展资料】

A Coupled NMR and MS Isotopic Method for the Authentication of Natural Vinegars

扫码见内容

本章主要参考文献

杜美红，孙永军．2013．低分辨核磁共振技术在食品安全分析检测中的应用［J］．食品工业科技，34(21)：374-376

冯雪雅，何杏宗，谢丽芳，等．2016．微波灰化法测定焙烤食品中灰分的研究［J］．食品科技，(6)：304-306

高海生．2002．食品质量优劣及掺假的快速鉴别［M］．北京：中国轻工业出版社

高海燕，廖小军，王善广，等．2004．反相高效液相色谱法测定果汁中 11 种有机酸条件的优化［J］．分析化学，32(12)：1645-1648

高向阳．2006．食品分析与检验［M］．北京：中国计量出版社

高向阳，宋莲军．2013．现代食品分析实验［M］．北京：科学出版社

郭春红，代兴碧，吕长富，等．2011．酸性重铬酸钾法快速鉴别酿造、勾兑酱油和醋的方法研究［J］．重庆医科大学学报，36(8)：962-964

何晋浙．2014．食品分析综合实验指导［M］．北京：科学出版社

黄晓兰，黄芳，林晓珊，等．2004．气相色谱 - 质谱法测定食品中的甲醛［J］．分析化学，(32)：1617-1620

黄晓钰，刘邻渭．2002．食品化学综合实验［M］．北京：中国农业大学出版社

李东，蒋淑梅，袁秀娟．1999．维生素 A 分析方法的研究进展［J］．中国食品添加剂，(2)：28-32

李和生．2012．食品分析实验指导［M］．北京：科学出版社

李先端，马志静，张丽宏，等．2011．酿造醋和配制醋质量分析与鉴别［J］．中国食物与营养，17(2)：27-31

李鑫，陈小珍，蒋鑫，等．2015．稳定同位素比率技术对食醋真伪鉴别的应用初探［J］．中国调味品，(9)：130-134

刘长虹．2006．食品分析及实验［M］．北京：化学工业出版社

刘邻渭，雷红涛．2016．食品理化分析实验［M］．北京：科学出版社

卢中明，沈才洪，张宿义，等．2009．离子色谱法测定白酒中钠、钾、镁、钙离子含量的研究［J］．酿酒科技，(12)：35-37

申素红，李文红，谷硕，等．1995．用分光光度计测定食品中蔗糖的分析方法［J］．食品研究与开发，(3)：36-39

石海信，郝媛媛，方怀义，等．2011．双波长法测定木薯淀粉中直链和支链淀粉的含量［J］．食品科学，32(21)：123-127

涂小珂，林燕奎，金晓蕾，等．2015．空气隔断 - 连续流动分析法快速测定葡萄酒中总糖［J］．食品科学，(14)：87-90

王贵双，高丽华，赵俊平，等．2011．酿造食醋与配制食醋中有机酸的分析研究［J］．中国酿造，30(11)：146-148

王贵双，唐坤甜，鲁绯，等．2010．离子交换色谱法测定食醋中有机酸［J］．中国酿造，29(7)：166-168

王桂华，余娟，龚承，等．2010．离子色谱 - 脉冲安培测定食糖中还原糖［J］．甘蔗糖业，(2)：37-41

王晶，王林，黄晓蓉．2002．食品安全快速检测技术［M］．北京：化学工业出版社

王林，王晶，周景洋．2008．食品安全快速检测技术手册［M］．北京：化学工业出版社

王世平．2009．食品理化检验技术［M］．北京：中国林业出版社

王叔淳．2002．食品卫生检验技术手册［M］．北京：化学工业出版社

王喜波．2013．食品检测与分析［M］．北京：化学工业出版社

王永华．2017．食品分析［M］．北京：中国轻工业出版社

无锡轻工大学，天津轻工业学院．2000．食品分析［M］．北京：中国轻工业出版社

吴谋成 . 2002. 食品分析与感官评定 ［M］. 北京：中国农业出版社

谢音, 屈小英 . 2006. 食品分析 ［M］. 北京：科学技术文献出版社

杨惠芬, 李明元, 沈文 . 1998. 食品卫生理化检验标准手册 ［M］. 北京：中国标准出版社

张国文, 胡秋辉 . 2017. 食品分析实验 ［M］. 北京：中国农业出版社

周光理 . 2010. 食品分析与检验技术 ［M］. 北京：化学工业出版社

朱永红, 赵博, 肖昭竞 . 2012. 食醋掺假检验方法研究进展 ［J］. 中国调味品 , 37(4): 94-99

左春艳, 何保山, 王丹, 等 . 2012. 维生素 C 光学快速检测卡研究 ［J］. 食品科技 , 37(4): 281-285

Nielsen SS. 2002. 食品分析 ［M］. 杨严俊, 等译 . 北京：中国轻工业出版社

Nielsen SS. 2010. Food Analysis Laboratory Manual ［M］. 2nd ed. New York: Springer Verlag

DA-130N 液体密度计、比重计操作说明书

GB 5009.2—2016　食品安全国家标准　食品相对密度的测定

GB 5009.5—2016　食品安全国家标准　食品中蛋白质的测定

GB 5009.7—2016　食品安全国家标准　食品中还原糖的测定

GB 5009.8—2016　食品安全国家标准　食品中果糖、葡萄糖、蔗糖、麦芽糖、乳糖的测定

GB/T 15038—2006　葡萄酒、果酒通用分析方法

GB/T 22099—2008　酿造食醋与合成醋酸的鉴定方法

GB/T 6488—2008　液体化工产品　折光率的测定（20℃）

SGD- Ⅳ型全自动还原糖测定仪使用说明书

第三章 综合型食品分析实验

概述

本书中，综合实验是指在前面各单元的基本理论的学习与实验操作训练的基础之上，结合食品工艺学、食品化学、食品营养学等相关学科的理论而开设的综合型实验。其目的是使学生已学过的单元知识与技能得到巩固、充实与提高，并将各个单一的分析内容联结起来，从而提高学生的综合分析及解决问题的能力。通过综合实验，培养学生具有初步独立开展食品化学方向研究型实验的能力，为以后毕业论文的撰写与毕业设计的开展打下坚实基础。

综合型实验课的原则

本章的主要目标是培养学生独立思考、独立操作、理论联系实际和融会贯通的能力。整个实验过程遵循以学生为主、教师为辅的原则，即教师根据教学大纲的要求，提出实验的方向、目的和要求、基本程序和考核目标，而实验过程从选题、资料查阅、实验方案制订，实验内容的确定、分析方法的选择、实验开展及结果分析评价均由学生独立完成，教师做必要的指导及评价。

综合实验实施步骤

1）选题　　综合实验应用教学实习时间进行，需 1~2 周完成。主要目的是巩固并充实已学过的知识，因而选题不宜太大，主要设立一些能结合已学过的其他学科的理论知识，如食品工艺学、食品营养学、食品化学等学科知识，并结合实验室已有条件，在 3~5 天可以完成的题目。通过实践，从中提高学生分析问题、解决问题的能力，提高实际操作水平。

2）资料查阅及综述　　此过程十分重要，应自始至终进行。可通过学校图书馆、各种索引和文摘提供的信息，特别是可通过计算机联网进行信息检索，查阅相关文献并通读后，对相关的研究成果和技术成就进行系统的、全面的分析研究，进而归纳整理写出综合叙述，要求在 500~1000 字。

3）实验方案的制订　　综合实验是研究性质的实验。实验前必须制订周密而具体的实验方案。制订方案时要反复推敲，认真考虑方案的合理性与可行性。然后确定各实验项目及前后的次序，并可采用一定的数学模型如正交试验等方法来制订方案。用尽可能少的实验次数，取得尽可能多的可靠、完整的实验结果。

实验方案最后由指导教师审阅，经修改后确定下来。

4）开展实验研究　　实验研究是整个综合实验的中心环节，所有结果都是从中取得的。实验过程中必须要以严谨的科学态度进行各实验工作，同时充分发挥观察力、想象力和逻辑思维判断力，对实验中出现的各种现象、数据进行分析与评价。实验可按如下 3 步开展。

（1）实验准备：实验用试剂及仪器、设备的准备，这关乎整个实验能否顺利开展，必须给予足够重视。

（2）预备实验：在正式开展实验前，对一些实验应做预备实验，主要是进行实验方法的筛选和熟练，为正式实验做好准备。

（3）正式实验：在实验过程中，第一，要做到观察的客观性，即要如实反映客观现象；第二，要做到观察的全面性，即从各个方面观察实验全过程中出现的各种现象，把各有关因素联系起来，分清主次，把握实质；第三，要做到观察的系统性，即要连续、完整地观察全过程，不能随意中断；第四，要做到观察的辩证性，应注意观察的典型性、偶然性及观察的条件，如时间、温度、反应状态等。

5）实验数据的整理　　运用已学过的数据处理理论与方法，对实验结果进行整理、分析与归类，在此基础上通过逻辑思维，找出其中的规律，为下一步撰写论文做准备。

6）论文写作　　科技论文一般包括以下几部分：标题、作者、摘要、关键词、引言、材料与方法、结果与讨论、致谢、参考文献等。

一篇小型的实验型论文正文一般有材料与方法、结果、讨论 3 个部分。若内容较少，也有的把方法与结果合为一个部分；还有把结果与讨论合为一个部分的。形式可因材而定。

7）成绩评定　　综合实验因时间较短，可以 2 或 3 人一组合作进行，最后每个人从不同侧面开展论文写作。论文由指导教师结合该学生实验全过程表现做出成绩评定，并开展讨论交流。

实验 1　脂质氧化程度和天然抗氧化剂活力测定

脂肪氧化是油脂和食品品质劣变和出现安全问题的主要原因之一，测定油脂或食品的脂质氧化程度，以及使用食品抗氧化剂抑制和延缓油脂及食品中的脂质氧化是食品质量安全工作者的重要任务。相对于合成抗氧化剂，天然抗氧化剂是安全性相对更高、功能更加多样和资源更加丰富的食品抗氧化剂，是现代食品研发的热门领域。本实验将一组测定脂肪氧化程度和测评天然抗氧化剂活力的实验安排在一起，训练学生检测质量安全指标和开发相关添加剂以解决此类质量安全问题的综合能力。

1.1　脂肪氧化的初级产物的测定（过氧化值测定）

1.1.1　实验原理

过氧化值是表示油脂和脂肪酸等氧化程度的一种指标。油脂氧化后会产生过氧化物等物质，过氧化物能将碘化钾氧化成游离碘，用硫代硫酸钠标准溶液滴定析出的碘，即可推算出过氧化物的量。油脂的过氧化值是以 100g 油脂能氧化析出碘的克数或每千克油脂中含过氧化物氧的物质的量（单位取 mmol）表示（mmol/kg）。

1.1.2　适用范围

本方法适用于各种动植物油脂过氧化值的测定。用三氯甲烷-冰醋酸混合液从含油脂食品中常温萃取的油脂的过氧化值也可用本方法测定。

1.1.3 试剂与仪器

1.1.3.1 试剂

试剂主要有：① 三氯甲烷；② 冰醋酸；③ 三氯甲烷-冰醋酸混合液，取三氯甲烷 40mL，加冰醋酸 60mL，混匀；④ 饱和碘化钾溶液，取碘化钾 14g，加水 10mL，贮于棕色瓶中；⑤ 硫代硫酸钠标准溶液 $[c(Na_2S_2O_3)=0.002mol/L]$；⑥ 淀粉指示剂（10g/L），将 2g 可溶性淀粉与少量冷蒸馏水混合，在搅拌的情况下溶于 200mL 沸水中，添加 250mg 水杨酸作为防腐剂并煮沸 3min，立即从热源上取下并冷却，此溶液在 4～10℃的冰箱中可贮藏 2～3 周，但最好于使用当天配制；⑦ 样品，食用油脂、高油脂食品。

去离子水和分析纯试剂，且试剂和水中不得含有溶解氧。

1.1.3.2 仪器

仪器主要有：① 碘量瓶，250mL，带磨口玻璃塞；② 碱式滴定管，25mL；③ 过滤装置；④ 天平，感量为 0.001g；⑤ 水浴锅；⑥ 烘箱。

使用的所有器皿不得含有还原性或氧化性物质。磨砂玻璃表面不得涂油。

1.1.4 实验步骤

1.1.4.1 试液制备

精确称取 2.00～3.00g 混匀（必要时过滤）的待分析油脂，置于 250mL 碘量瓶中，加 30mL 三氯甲烷-冰醋酸混合液，使样品完全溶解，待测。

准确称取 5.00g 匀化好的高油脂食品 2 份，分别置于 2 支 250mL 碘量瓶中，各加入 10mL 三氯甲烷，加盖后振摇数分钟，静置分层后，吸出三氯甲烷层，分别置于另 2 支已称质量的碘量瓶中，原来碘量瓶中的残余物再分别用 10mL 三氯甲烷以相同方法进行二次提取，将三氯甲烷并入已称质量的碘量瓶中。然后于通风橱内将一支碘量瓶在 70℃水浴锅中挥去三氯甲烷，再置于 105℃烘箱中烘干碘量瓶表面水分，称量油脂与瓶的总质量，从而求出油脂的净质量。同时，向另一支碘量瓶中加入 30mL 冰醋酸，完全混匀后，待测。

1.1.4.2 测定

向含待测试液的碘量瓶中加入 1.00mL 饱和碘化钾溶液，紧密塞好瓶盖，并轻轻振摇 0.5min，然后在暗处放置 3min。取出并加 100mL 水，摇匀，立即用硫代硫酸钠标准溶液（0.002mol/L）滴定至淡黄色时，加 1mL 淀粉指示液，继续滴定至蓝色消失为终点。

同时，取相同量三氯甲烷-冰醋酸溶液加入另一碘量瓶，按相同方法操作，做空白试剂实验。

1.1.5 结果计算

油脂样品和由高油脂食品提取出的油脂中的过氧化值可按下面两式之一计算。

$$X = \frac{(V_1 - V_0) \times c \times 0.1269}{m} \times 100$$

式中，X 为以 100g 油脂能氧化析出碘的质量（g）表示的油脂的过氧化值，g/100g 或 %；V_1 为试液消耗硫代硫酸钠标准溶液的体积，mL；V_0 为空白试液消耗硫代硫酸钠标准溶液的体积，mL；c 为 $Na_2S_2O_3$ 标准溶液的浓度，mol/L；m 为试样质量或试样中提取的油脂的质量，g；0.1269 为与 1.00mL 硫代硫酸钠标准溶液 $[c(Na_2S_2O_3)=1.000mol/L]$ 相当的碘的质量，g。

$$X = \frac{(V_1 - V_0) \times c}{m} \times 1000 \times 8$$

式中，X 为每 1000g 油脂中过氧化物的氧的物质的量，mmol/kg；V_1 为试液消耗硫代硫酸钠标准溶液的体积，mL；V_0 为空白试液消耗硫代硫酸钠标准溶液的体积，mL；c 为 $Na_2S_2O_3$ 标准溶液的浓度，mol/L；m 为试样质量或试样中提取的油脂的质量，g；8 为每摩尔硫代硫酸钠相当于过氧化物中氧原子的物质的量（mol）的值。

测定结果取算术平均值的两位有效数；相对偏差≤10%。

1.1.6 注意事项

（1）加入碘化钾后，静置时间的长短和加水量的多少对测定结果均有影响，应严格控制条件。

（2）在用硫代硫酸钠标准溶液滴定被测样品溶液时，必须在接近滴定终点、溶液呈淡黄色时，才能加淀粉指示剂，否则淀粉能大量吸附碘而影响结果的准确度。

1.1.7 思考题

（1）过氧化值测定中对所用试剂有什么要求？
（2）油脂过氧化物是怎样产生的？

1.2 脂肪深度氧化产物的测定（丙二醛的测定）

1.2.1 实验原理

猪油受到光、热、空气中氧的作用，发生酸败反应，分解出醛、酮之类的化合物。丙二醛就是分解产物之一，它能与硫代巴比妥酸（TBA）作用生成粉红色化合物，在 538nm 波长处有吸收峰，利用此性质即能通过比色测出丙二醛含量，从而推导出猪油酸败的程度。

1.2.2 适用范围

本方法适用于猪油中丙二醛的测定。

1.2.3 试剂与仪器

1.2.3.1 试剂

具体配制方法如下。① TBA 水溶液：准确称取 TBA 0.288g 溶于水中，并稀释至 100mL（如 TBA 不易溶解，可加热至全溶澄清，然后稀释至 100mL），相当于 0.02mol/L。② 三氯乙酸混合液：准确称取三氯乙酸 7.5g 及 0.1g 乙二胺四乙酸（EDTA），用水溶解，稀释至 100mL。③氯仿。④ 丙二醛标准储备液：称取 1,1,3,3- 四乙氧基丙烷 0.315g，加入数毫升 0.1mol/L 的盐酸溶液，于 100℃水浴中加热 5min，使充分溶解并分解后，冷却，加水稀释至 1000mL（相当于每毫升含丙二醛 100μg），置于冰箱内保存。⑤ 丙二醛标准使用液：准确吸取 10mL 丙二醛标准储备液，加水稀释至 100mL，此溶液每毫升相当于丙二醛 10μg，备用。⑥ 样品：猪油。⑦ 蒸馏水或去离子水，分析纯试剂。

1.2.3.2　仪器

仪器主要有：① 恒温水浴箱；② 离心机，2000r/min；③ 分光光度计；④ 100mL 具盖锥形瓶；⑤ 25mL 纳氏比色管；⑥ 100mm×13mm 试管；⑦ 定性滤纸。

1.2.4　实验步骤

1.2.4.1　试样处理

精确称取在 70℃水浴上熔化均匀的猪油 10.0g，置于 100mL 有盖锥形瓶内，加入 50mL 三氯乙酸混合液，振摇半小时（保持猪油融熔状态，如冷结即在 70℃水浴上略微加热使之熔化后继续振摇），加三氯乙酸混合液至 100mL，摇匀后用双层滤纸过滤，除去油脂。滤液重复用双层滤纸过滤一次。

1.2.4.2　标准曲线的绘制

分别准确吸取丙二醛标准使用液 0.1mL、0.2mL、0.3mL、0.4mL 和 0.5mL，它们的丙二醛质量为 1μg、2μg、3μg、4μg 和 5μg，置于 5 支 25mL 纳氏比色管内，分别加三氯乙酸混合液至体积为 5mL，准确加入 5mL TBA 溶液，混匀，加塞，置于 90℃水浴内保温 40min，取出，冷却 1h，移入小试管内，离心 5min，上清液倾入 25mL 纳氏比色管中，加入 5mL 三氯甲烷，摇匀，静置，分层，吸出上清液于 1cm 比色皿中，测定 538nm 波长处的吸光度。绘制丙二醛含量与吸光度关系的标准曲线。

1.2.4.3　试液测定

准确移取上述滤液 5mL 置于 25mL 纳氏比色管内，以下从"准确加入 5mL TBA 溶液"开始，按步骤 1.2.4.2 操作。根据反应后上清液在 538nm 波长处的吸光度，从标准曲线上查出被测定试液中丙二醛的含量（μg）。

同时做空白试剂实验。

1.2.5　结果计算

样品中丙二醛含量按下式计算。

$$X = \frac{(m_1 - m_0) \times V}{m \times V_1 \times 1000} \times 100$$

式中，X 为样品猪油中丙二醛的质量分数，mg/100g；m_1 为被测定试液中丙二醛的含量，μg；m_0 为空白实验被测定试液中丙二醛的含量，μg；m 为试样的质量，g；V_1 为被测定试液的体积，mL；V 为试样溶液的定容体积，mL。

1.2.6　思考题

（1）如何做空白实验？

（2）本实验哪些环节可能影响实验结果，要重点注意？

（3）1,1,3,3- 四乙氧基丙烷和丙二醛有何关系？

1.3　天然抗氧化剂的抗脂质氧化测定（加速试验法）

1.3.1　实验原理

脂质氧化生成氢过氧化物，并分解形成短碳链的醛、酮、酸等化合物，天然抗氧化剂的加入可以延缓脂质氧化，通过测定天然抗氧化剂对脂质氧化产物生成的抑制率，可得出其抗脂质氧化活力。

各种抗脂质氧化活力的测定方法均涉及氧化底物的选择、氧化的引发和加速，以及氧化反应物或生成物的检测。

氧化底物的选择：常使用纯的脂质（如亚油酸酯）、植物油（如红花油、葵花油、大豆油、橄榄油）、鱼油或猪油作为氧化反应的底物。

引发和加速氧化：为使测定过程缩短，可在实验体系中加入易形成自由基的脂质氧化引发剂，如加入过渡金属（如 Fe^{2+}、Cu^{2+}、Fe^{3+}）和微量抗坏血酸，从而依据其氧化还原反应引发氧化。同时，常使用加热等方法加速氧化反应过程。

氧化反应物或生成物的检测：测定脂质氧化程度时常分析初级产物过氧化物的生成量，或者采用234nm吸光度测定方法分析共轭双键氢过氧化物的生成量，测定脂质氧化深层产物时常采用硫代巴比妥酸实验法分析丙二醛的生成量，或者测定类胡萝卜素的氧化失色程度等。

本实验以水果皮渣提取物（含有多酚类抗氧化物质）为天然抗氧化剂试材，一方面，选用葵花籽油作为氧化底物，采用烘箱法进行氧化加速，通过测定加与不加天然抗氧化剂的葵花籽油的过氧化值和234nm吸光度的差异，确定水果皮渣提取物在食油中表现的抗脂质氧化活力。另一方面，采用β-胡萝卜素-亚油酸乳状液体系，通过测定加与不加天然抗氧化剂的乳状液体系β-胡萝卜素退色程度的差异，确定水果皮渣提取物在乳状液体系中表现的抗脂质氧化活力。

1.3.2　适用范围

本方法适合天然抗氧化剂的抗脂质氧化活力的测定。

1.3.3　试剂与仪器

1.3.3.1　试剂

具体如下。① 葵花籽油：葵花籽去壳破碎后，采用5倍质量石油醚浸提两次，合并提取液，旋转蒸发以脱除石油醚，立即使用或装入棕色瓶，加盖后放入冰箱，待用。② 无水乙醇：分析纯。③ 95%乙醇：分析纯。④ 70%乙醇：取70mL无水乙醇，用蒸馏水定容至100mL。⑤ β-胡萝卜素：纯度≥96%。⑥ 亚油酸，分析纯或化学纯，进口分装品。⑦ β-胡萝卜素-亚油酸乳状液：将1mg的β-胡萝卜素溶于10mL三氯甲烷中，再加入0.25mL亚油酸和2g Tween-40，将此混合液放入圆底烧瓶中，于50℃旋转蒸发4min，之后加入500mL蒸馏水，于超声波清洗器中形成乳化液，现用现配。⑧ 丁基羟基茴香醚（BHA）：分析纯。⑨ 丁基羟基茴香醚乙醇溶液（1%）：称取1.0g丁基羟基茴香醚，加入95%乙醇溶解并定容至100mL。⑩ 样品：将新鲜水果（苹果、石榴或香蕉等）皮渣低温干燥，粉碎并完全通过60目筛，混匀，装瓶待用。

1.3.3.2　仪器

仪器主要有：① 超声清洗器，400W，功率可调，可加热；② 紫外-可见分光光度计；③ 粉碎机；④ 60 目筛；⑤ 天平，感量分别为 0.001g 和 0.0001g；⑥ 旋转蒸发仪；⑦ 恒温培养箱，温度可控制在（60 ± 1）℃。

1.3.4　实验步骤

1.3.4.1　水果皮渣多酚类提取物的制备

准确称取 10.0g 水果皮渣干粉，置于 250mL 平底烧瓶中，按料液质量比 1：10 加入 70% 乙醇，在 35℃、功率 160W 的超声条件下提取 30min，将粗提液过滤，滤渣洗入 60mL 70% 乙醇中，再次超声提取 20min 后过滤，合并两次滤液于 200mL 容量瓶，加 70% 乙醇至刻度。

1.3.4.2　皮渣提取液中总多酚含量的测定

采用没食子酸为标准样品，采用 Folin-Ciocalteu 试剂法分析上述水果皮渣多酚类提取液的总酚浓度。

1.3.4.3　水果皮渣多酚提取物在油脂中抗脂质氧化活性的测定

（1）加速氧化处理：取 3 份 50mL 葵花籽油，分至 3 支 150mL 锥形瓶中，向一支瓶中加 0.5mL 水果皮渣多酚类提取液（试样处理体系），向第二支瓶中加 0.5mL 1% BHA 乙醇溶液（BHA 处理体系），向第三支瓶中加 0.5mL 70% 乙醇（空白处理体系），充分搅拌，混匀后置于（60 ± 1）℃的恒温培养箱中，每隔 5h 搅拌一次，144h（或 192h）后，立即进行下列测定步骤，或者立即放入 –20℃冰箱暂存，待随后测定。

（2）过氧化值（POV）测定：分别准确移取步骤（1）中做出的 3 种氧化处理油样各适量，参照 1.1 中测定方法，分别测定它们的过氧化值。平行实验 3 次，求平均测定结果。

（3）共轭双键氢过氧化物（CDH）吸光度测定：准确移取步骤（1）中做出的 3 种氧化处理油样各 0.1mL，分别溶于 5mL 甲醇中，分别测定它们在 234nm 处的吸光度 A_{234}。平行实验 3 次，求平均测定结果。

1.3.4.4　水果皮渣多酚类提取物在乳状液体系中抗脂质氧化活力的测定

取 3 支 150mL 试管，向一支试管中加入 0.1mL 水果皮渣多酚类提取液，向第二支试管中加入 0.1mL 1% 的 BHA 乙醇溶液，向第三支试管中加入 0.1mL 70% 乙醇溶液。接着，分别向各试管里加入 5mL β-胡萝卜素-亚油酸乳状液，充分混合后，于 45℃保温，从而形成试样处理体系、BHA 处理体系和空白处理体系，分别于 0min 和 60min 两次测定它们在波长 460nm 处的吸光度。

1.3.5　结果计算与评价

（1）抗氧化剂在油脂中表现的抗脂质氧化活力，用其在上述 60℃加速氧化一定时间内抑制氧化产物生成的抑制率来表示。对过氧化物和共轭双烯的抑制率分别按下面两式计算。

$$POV抑制率(\%) = \frac{空白处理体系的POV - 试样或BHA处理体系的PVO}{空白处理体系的POV} \times 100$$

$$CDH抑制率(\%) = \frac{空白处理体系的A_{234} - 试样或BHA处理体系的A_{234}}{空白处理体系的A_{234}} \times 100$$

（2）抗氧化剂在乳状液中表现的抗脂质氧化活力，用其在上述 45℃加速氧化乳状液中于 60min 内抑制 β-胡萝卜素退色的抑制率来表示，该抑制率按下式计算。

$$\beta\text{-胡萝卜素退色抑制率}(\%) = \left(1 - \frac{S_{A_0} - S_{A_{60}}}{C_{A_0} - C_{A_{60}}}\right) \times 100$$

式中，S_{A_0}、C_{A_0} 分别为试样（或 BHA）处理体系和空白处理体系在 0min 的吸光度；$S_{A_{60}}$、$C_{A_{60}}$ 分别为试样（或 BHA）处理体系和空白处理体系在 60min 的吸光度。

（3）水果皮渣多酚类提取物抗脂质氧化功能的评价。根据以上实验步骤测得的水果皮渣多酚提取液的总酚浓度分析结果、在油脂中使用该提取液时的抗脂质氧化活力和在乳状液使用该提取液时的抗脂质氧化活力，对照 BHA 乙醇溶液的浓度、在油脂中使用该溶液时的抗脂质氧化活力和在乳状液中使用该溶液时的抗脂质氧化活力，评价不同天然抗氧化剂提取物的抗氧化活性。

1.3.6　注意事项

（1）抗氧化剂的抗氧化活力主要表现在抑制脂质氧化降解、清除自由基、抑制促氧化剂作用和发挥还原能力等几个方面。在食品中，测定抑制脂质氧化降解速度的方法是测定食品抗氧化剂活力最常用的方法。

（2）共轭双键氢过氧化物测定作为测量脂质氧化的一种简单的方法，已普遍用于样品抗氧化活性的测定。但此法只适合测定纯脂质体系中脂质氧化和抗氧化剂的研究。

（3）共轭双键氢过氧化物不稳定，在生成的同时会分解，因此共轭双键氢过氧化物的量反映的只是氧化早期阶段脂质氧化的程度。若要测定氧化次级产物，可采用前述 1.2 "脂肪深度氧化产物的测定"所述的硫代巴比妥酸法测定丙二醛的含量，或采用顶空色相色谱法测定脂肪氧化产生气体等方法。

（4）加速氧化不一定能够反映实际氧化情况，有时可能会导致错误的评价结果。因此，抗氧化剂抗脂质氧化活力的测定，没有一种方法完全可靠，通常几种方法联用，评价结果才较为全面。

（5）对于不同天然抗氧化剂的抗氧化活力测定，要求的氧化底物、氧化引发方法和氧化产物测定方法等方面往往有所不同，需综合考虑确定所用方法。

【复习与思考题】

1. 除了本实验介绍的几种方法，测定脂质氧化初级和次级产物的方法通常还有哪些？
2. 共轭双烯测定法的局限性是什么？
3. 通过乳状液体系测定样品的抗氧化性有何优点？

【本综合实验心得体会】

_____

_____

_____

_____

实验 2　发酵乳的品质检测

2.1　实验目的

（1）了解发酵乳的主要理化指标和检测项目，掌握发酵乳中主要理化指标测定的操作技能和注意事项。

（2）掌握发酵乳的感官指标及评价方法。

（3）掌握发酵乳中非脂乳固体和酸度的测定方法。

（4）掌握发酵乳中乳酸菌的测定程序和步骤。

（5）培养学生查询国家标准和对发酵乳进行综合分析的能力。学习实际样品的分析方法，通过对发酵乳主要理化指标的检测，包括试样的制备（分离提取）、分析条件及方法的选择、标准溶液的配制与标定及数据处理等内容，提高食品分析的综合技能。

2.2　相关标准及检测项目

《食品安全国家标准　发酵乳》（GB 19302—2010）规定，发酵乳包括酸乳和风味酸乳两大类，酸乳是指以生牛（羊）乳或乳粉为原料，经杀菌、接种嗜热链球菌和保加利亚乳杆菌（德氏乳杆菌保加利亚亚种）发酵制成的产品。风味酸乳是指以 80% 以上生牛（羊）乳或乳粉为原料，添加其他原料，经杀菌、接种嗜热链球菌和保加利亚乳杆菌（德氏乳杆菌保加利亚亚种），发酵前或后添加营养强化剂、果蔬、谷物等而制成的产品。

发酵乳要符合国家所规定的感官指标、理化指标、污染物限量标准、真菌毒素限量标准、微生物限量标准和乳酸菌数等要求。风味酸乳所使用的食品添加剂和营养强化剂质量应符合相应的安全标准和有关规定，其使用应符合 GB 2760—2014 和 GB 14880—2016 的规定。污染物限量应符合 GB 2762—2017 的规定。真菌毒素限量应符合 GB 2761—2017 的规定。本实验主要介绍发酵乳的感官分析方法，非脂乳固体、酸度和乳酸菌数的测定方法。

2.3　感官指标及分析方法

感官指标是产品质量的综合体现，可以衡量产品质量，区别产品质量的高低。酸乳的感官质量包括色泽、滋味、气味、组织状态等。

1）样品制备　　取适量样品放入 50mL 敞口透明容器中，置于 4～6℃冷藏环境中，不得与有毒、有害、有异味或对产品产生不良影响的物品同处存放。评鉴开始前取出，使评鉴时温度在 6～10℃。

2）实验室要求　　感官评鉴实验室应设置于无气味、无噪声区域。为了防止评鉴前通过身体或视觉的接触，使评鉴员得到一些片面的、不正确的信息，从而影响他们的感官反应和判断，评鉴员进入评鉴区时要避免经过准备区和办公区。

3）人员要求　　感官评鉴人员是以乳制品专业知识为基础，经过感官分析培训，能够运用自己的视觉、触觉、味觉和嗅觉等器官对乳制品的色、香、味和质地等诸多感官特性做出正确评价的人员。作为乳制品感官评鉴人员必须满足下列要求：参加人数不得少于 7 人；必须具备乳制品加工、检验方面的专业知识；通过感官分析测试合格者，具有良好的感官分析能力和良好的健康状况，不应患有色盲、鼻炎、龋齿、口腔炎等疾病；具有良好的表达能力，在对样品的感官特性进行描述时，能够做到准确、无误、恰到好处；热爱评鉴工作，有集中精力和不受外界影响的能力；对样品无偏见，无厌恶感，能够客观、公正地评价样品；工作前不使用香水、化妆品，不用香皂洗手；不在饮食后 1h 内进行评鉴工作；不在评鉴开始前 30min 内吸烟。

4）评鉴方法　　取适量试样置于 50mL 烧杯中，在自然光下观察色泽和组织状态。闻其气味，用温开水漱口，品尝滋味。

5）感官要求　　发酵乳制品要达到的感官要求见表 3.1；也可对产品进行百分制的评分鉴评，具体标准可参考《酸牛乳感官质量评鉴细则》。

表 3.1　发酵乳的感官要求（引自 RHB 103—2004）

项目	要求	
	发酵乳	风味发酵乳
色泽	色泽均匀一致，呈乳白色或微黄色	具有与添加成分相符的色泽
滋味、气味	具有发酵乳特有的滋味、气味	具有与添加成分相符的滋味、气味
组织状态	组织细腻、均匀，允许有少量乳清析出	风味发酵乳具有添加成分特有的组织状态

2.4　理化指标及分析方法

蛋白质是发酵乳制品中最重要的营养成分，不同类型的产品，其蛋白质含量的要求不同，发酵乳含蛋白质不低于 2.9%，风味发酵乳不低于 2.3%。脂肪是全脂发酵乳制品中又一种重要营养成分，根据种类的不同，脂肪含量也有差异，发酵乳含脂肪不低于 3.1%，风味发酵乳不低于 2.5%。非脂乳固体是反映发酵乳产品内在质量极为重要的指标，能够反映出产品中含有的除脂肪之外的其他物质的含量。国家标准规定，发酵乳中非脂乳固体含量不低于 8.1%。酸乳的酸度是直接影响成品质量、风味与口感的质量指标。具体指标见表 3.2。

表 3.2　发酵乳制品的理化指标（引自 RHB 103—2004）

项目	指标		指标方法
	发酵乳	风味发酵乳	
脂肪[a]含量 /（g/100g）	≥3.1	≥2.5	GB 5413.3—2016
非脂乳固体含量 /（g/100g）	≥8.1	—	GB 5413.39—2010
蛋白质含量 /（g/100g）	≥2.9	≥2.3	GB 5009.5—2016
酸度 /°T	≥70.0		GB 5413.34—2010

a. 仅适用于全脂产品

蛋白质、脂肪的测定方法在前面已有介绍，下面主要介绍非脂乳固体和酸度的测定方法。

2.4.1　非脂乳固体的测定

2.4.1.1　实验原理

先分别测定出乳及乳制品中的总固体含量、脂肪含量（如添加了蔗糖等非乳成分，也应扣除），再用总固体减去脂肪和蔗糖等非乳成分，即为非脂乳固体。

2.4.1.2　试剂和材料

所用试剂均为分析纯，水为 GB/T 6682—2008 规定的三级水。

主要材料如下。① 平底皿盒：高 20～25mm、直径 50～70mm 的带盖不锈钢或铝皿盒，或玻璃称量皿。② 短玻璃棒：适合于皿盒的直径，可斜放在皿盒内，不影响盖盖。③ 石英砂或海砂：可通过 500μm 孔径的筛子，不能通过 180μm 孔径的筛子；并通过下列适用性测试，将约 20g 的海砂同短玻璃棒一起放于一皿盒中，然后敞盖在（100±2）℃的干燥箱中至少烘 2h。把皿盒盖盖后放入干燥器中冷却至室温后称量，精确至 0.1mg。用 5mL 水将海砂润湿，用短玻璃棒混合海砂和水，将其再次放入干燥箱中干燥 4h。把皿盒盖盖好后放入干燥器中冷却至室温后称量，精确至 0.1mg，两次称量的质量差值不应超过 0.5mg。如果两次称量的质量差超过了 0.5mg，则需对海砂进行下面的处理后，才能使用：将海砂在体积分数为 25% 的盐酸溶液中浸泡 3 天，经常搅拌。尽可能地倾出上清液，用水洗涤海砂，直至中性。在 160℃条件下加热海砂 4h。然后重复进行适用性测试。

2.4.1.3　仪器和设备

天平（感量为 0.1mg），干燥箱，水浴锅等。

2.4.1.4　实验步骤

（1）总固体的测定：在平底皿盒中加入 20g 石英砂或海砂，在（100±2）℃的干燥箱中干燥 2h，于干燥器内冷却 0.5h，称量，并反复干燥至恒重。称取 5.0g（精确至 0.0001g）试样于恒量的平底皿内，置于水浴上蒸干，擦去皿外的水渍，于（100±2）℃干燥箱中干燥 3h，取出放入干燥器中冷却 0.5h，称量，再于（100±2）℃干燥箱中干燥 1h，取出冷却后称量，至前后两次质量相差不超过 1.0mg。试样中总固体的含量按下式计算。

$$\omega = \frac{m_1 - m_2}{m} \times 100$$

式中，ω 为试样中总固体的质量分数，g/100g；m_1 为皿盒、海砂加试样干燥后的质量，g；m_2 为皿盒和海砂的质量，g；m 为试样的质量，g。

（2）脂肪的测定：按 GB 5413.3—2016 中规定的方法测定。

（3）蔗糖的测定：按 GB 5413.5—2010 中规定的方法测定。

2.4.1.5　结果计算

$$\omega_{\mathrm{NFT}} = \omega - \omega_1 - \omega_2$$

式中，ω_{NFT} 为试样中非脂乳固体的质量分数，g/100g；ω 为试样中总固体的质量分数，g/100g；ω_1 为试样中脂肪的质量分数，g/100g；ω_2 为试样中蔗糖的质量分数，g/100g。

以重复性条件下获得的两次独立测定结果的算术平均值表示，结果保留三位有效数字。

2.4.2　发酵乳中酸度的测定

2.4.2.1　实验原理

以酚酞为指示液，得到用 0.1000mol/L 氢氧化钠标准溶液滴定 100g 试样至终点所消耗的氢氧化钠溶液的体积，经计算确定试样的酸度。

2.4.2.2　试剂和材料

除非另有规定，本方法所用试剂均为分析纯或以上规格，水为 GB/T 6682—2008 规定的三级水。

主要试剂如下。① 中性乙醇-乙醚混合液：取等体积的乙醇、乙醚混合后加 3 滴酚酞指示液，以氢氧化钠溶液（4g/L）滴至微红色。② 氢氧化钠标准溶液：浓度 0.1000mmol/L。③ 酚酞指示液：称取 0.5g 酚酞溶于 75mL 体积分数为 95% 的乙醇中，并加入 20mL 水，然后滴加氢氧化钠溶液至微粉色，再加入水定容至 100mL。

2.4.2.3　仪器和设备

天平（感量为 1mg）、电位滴定仪、滴定管（分刻度为 0.1mL）、水浴锅等。

2.4.2.4　实验步骤

称取 10g（精确到 0.001g）已混匀的试样，置于 150mL 锥形瓶中，加 20mL 新煮沸冷却至室温的水，混匀，用氢氧化钠标准溶液滴定至 pH 8.3 为终点；或于溶解混匀后的试样中加入 2.0mL 酚酞指示液，混匀后用氢氧化钠标准溶液滴定至微红色，并在 30s 内不退色，记录消耗的氢氧化钠标准溶液的体积 V（mL），代入下式中进行计算。

2.4.2.5　结果计算

试样的酸度按下式计算。

$$X = \frac{c \times V \times 100}{m \times 0.1}$$

式中，X 为试样的酸度，°T；c 为氢氧化钠标准溶液的物质的量浓度，mol/L；V 为滴定时消耗氢氧化钠标准溶液的体积，mL；m 为试样的质量，g；0.1 为酸度理论定义氢氧化钠的物质的量浓度，mol/L。

以重复性条件下获得的两次独立测定结果的算术平均值表示，结果保留三位有效数字。

精密度要求：在重复性条件下获得的两次独立测定结果的绝对差值不得超过 1.0°T。

2.5　乳酸菌数的测定

乳酸菌是指一类可发酵糖，主要产生大量乳酸的细菌的通称。其主要为乳杆菌属（*Lactobacillus*）、双歧杆菌属（*Bifidobacterium*）和链球菌属（*Streptococcus*）。

酸乳中乳酸菌的含量是评价产品对于人们营养与健康作用的重要指标，只有当乳酸菌活菌数达到一定水平时，才能起到有效促进人体消化、抑制肠道有害菌的生存、增强人体免疫力的作用。《食品安全国家标准　发酵乳》（GB 19302—2010）对乳酸菌数有明确规定，见表 3.3。

表 3.3　发酵乳中乳酸菌数的要求

项目	限量 /[CFU/g 或（mL）]	检验方法
乳酸菌数 [a]	$\geqslant 1 \times 10^6$	GB 4789.35—2016

a. 发酵后经热处理的产品对乳酸菌数不作要求

2.5.1　设备和材料

除微生物实验室常规灭菌及培养设备外，其他设备和材料如下：恒温培养箱，（36±1）℃；冰箱，2~5℃；均质器及无菌均质袋、均质杯或灭菌乳钵；天平，感量 0.1g；无菌试管，18mm×180mm，15mm×100mm；无菌吸管，1mL（具 0.01mL 刻度），10mL

（具 0.1mL 刻度）或微量移液器及吸头；无菌锥形瓶，500mL，250mL。

2.5.2　培养基和试剂

（1）MRS（de Man, Rogosa, Sharpe）培养基及莫匹罗星锂盐（Li-Mupirocin）改良 MRS 培养基：见 GB 4789.35—2016 附录 A 中 A.1。

（2）MC 培养基［改良的（Modified）Chalmers 培养基］：见 GB 4789.35—2016 附录 A 中 A.2。

2.5.3　操作步骤

2.5.3.1　样品制备

样品的全部制备过程均应遵循无菌操作程序。对于固体和半固体样品，以无菌操作称取 25g 样品，置于装有 225mL 生理盐水的无菌均质杯内，于 8000～10 000r/min 均质 1～2min，制成（1∶10）样品匀液；或置于 225mL 生理盐水的无菌均质袋中，用拍击式均质器拍打 1～2min 制成 1∶10 的样品匀液。

对于液体样品，应先将其充分摇匀后以无菌吸管吸取样品 25mL 放入装有 225mL 生理盐水的无菌锥形瓶（瓶内预置适当数量的无菌玻璃珠）中，充分振摇，制成 1∶10 的样品匀液。

2.5.3.2　实验步骤

A. 用 1mL 无菌吸管或微量移液器吸取（1∶10）样品匀液 1mL，沿管壁缓慢注入装有 9mL 生理盐水的无菌试管中（注意吸管尖端不要触及稀释液），振摇试管或换用 1 支无菌吸管反复吹打使其混合均匀，制成（1∶100）的样品匀液。另取 1mL 无菌吸管或微量移液器吸头，按上述操作顺序，做 10 倍递增样品匀液，每递增稀释一次，即换用 1 次 1mL 灭菌吸管或吸头。

B. 乳酸菌计数。

（1）乳酸菌总数：根据待检样品活菌总数的估计，选择 2 或 3 个连续的适宜的稀释度，每个稀释度吸取 0.1mL 样品匀液分别置于 2 个 MRS 琼脂平板，使用 L 形涂布棒进行表面涂布。（36±1）℃厌氧培养（48±2）h 后统计计数平板上的所有菌落数。从样品稀释到平板涂布要求在 15min 内完成。

（2）双歧杆菌计数：根据对待检样品双歧杆菌含量的估计，选择 2 或 3 个连续的适宜的稀释度，每个稀释度吸取 0.1mL 样品匀液于莫匹罗星锂盐改良 MRS 琼脂平板，使用灭菌 L 形涂布棒进行表面涂布，每个稀释度做两个平板，（36±1）℃厌氧培养（48±2）h 后统计计数平板上的所有菌落数。从样品稀释到平板涂布要求在 15min 内完成。

（3）嗜热链球菌计数：根据待检样品嗜热链球菌活菌数的估计，选择 2 或 3 个连续的适宜的稀释度，每个稀释度吸取 0.1mL 样品匀液分别置于两个 MC 琼脂平板，使用 L 形涂布棒进行表面涂布。（36±1）℃需氧培养（48±2）h 后统计计数。嗜热链球菌在 MC 琼脂平板上的菌落特征为：菌落中等偏小、边缘整齐光滑的红色菌落，直径（2±1）mm，菌落背面为粉红色。从样品稀释到平板涂布要求在 15min 内完成。

（4）乳杆菌计数：以上所测乳酸菌总数减去双歧杆菌与嗜热链球菌计数结果之和即得乳杆菌计数。

2.5.3.3　菌落计数

可用肉眼观察，必要时用放大镜或菌落计数器记录稀释倍数和相应的菌落数量。菌落数以菌落形成单位（colony forming unit，CFU）表示。

选取菌落数在30～300CFU，无蔓延菌落生长的平板计数菌落总数。低于30CFU的平板记录具体菌落数，大于300CFU的可记录为多不可计。每个稀释度的菌落数应采用两个平板的平均数。其中一个平板有较大片状菌落生长时，则不宜采用，而应以无片状菌落生长的平板作为该稀释度的菌落数；若片状菌落不到平板的一半，而其余一半中菌落分布又很均匀，即可计算半个平板后乘以2，代表一个平板菌落数。当平板上出现菌落间无明显界线的链状生长时，则将每条单链作为一个菌落计数。

2.5.3.4 结果计算

若只有一个稀释度平板上的菌落数在适宜计数范围内，计算两个平板菌落数的平均值，再将平均值乘以相应稀释倍数，作为1g（1mL）中菌落总数结果。当有两个连续稀释度的平板菌落数在适宜计数范围内时，按下式计算。

$$N = \frac{\sum C}{(n_1 + 0.1n_2)d}$$

式中，N 为样品中菌落数；$\sum C$ 为平板（含适宜范围菌落数的平板）菌落数之和；n_1 为第一稀释度（低稀释倍数）平板的个数；n_2 为第二稀释度（高稀释倍数）平板的个数；d 为稀释因子（第一稀释度）。

若所有稀释度的平板上菌落数均大于300CFU，则对稀释度最高的平板进行计数，其他平板可记录为多不可计，结果按平均菌落数乘以最高稀释倍数计算。

若所有稀释度的平板菌落数均小于30CFU，则应按稀释度最低的平均菌落数乘以稀释倍数计算。

若所有稀释度（包括液体样品原液）平板均无菌落生长，则以小于1乘以最低稀释倍数计算。

若所有稀释度的平板菌落数均不在30～300CFU，其中一部分小于30CFU或大于300CFU时，则以最接近30CFU或300CFU的平均菌落数乘以稀释倍数计算。

2.5.3.5 菌落数的报告

菌落数小于100CFU时，按"四舍五入"原则修约，以整数报告。菌落数大于或等于100CFU时，第3位数字采用"四舍五入"原则修约后，取前两位数字，后面用0代替位数；也可用10的指数形式来表示，按"四舍五入"原则修约后，采用两位有效数字。称量取样以CFU/g为单位报告，体积取样以CFU/mL为单位报告。

2.6 微生物指标

微生物限量应符合表3.4的规定，检验方法按照相应的国家标准操作。

表3.4　发酵乳微生物指标（引自相应的国家标准）

项目	采样方案[a]及限量（若非指定，均以CFU/g或CFU/mL表示）				检验方法
	n	c	m	MPN	
大肠菌群	5	2	1	5	GB 4789.3—2016 中平板计数法
金黄色葡萄球菌	5	0	0/25g（mL）	—	GB 4789.10—2016 中定性检验

续表

项目	采样方案 a 及限量（若非指定，均以 CFU/g 或 CFU/mL 表示）				检验方法
	n	c	m	MPN	
沙门氏菌	5	0	0/25g（mL）	—	GB 4789.4—2016
酵母			≤ 100		GB 4789.15—2016
霉菌			≤ 30		GB 4789.15—2016

注：MPN 为最可能数

a. 样品的分析及处理按 GB 4789.1—2016 和 GB 4789.18—2016 执行

根据国际微生物学会的二级采样方案，设有 n、c、m 值，n 为同一批次产品应采集的样品件数；c 为最大可允许超出 m 值的样品数；m 为微生物指标可接受水平的限量值

【复习与思考题】

1. 发酵乳的感官指标与鲜牛乳的感官指标有何区别？

2. 在测定总固体含量时为什么要加入石英砂或海砂？

3. 总酸度测定要如何控制好滴定的终点？

4. 测定发酵乳的乳酸菌数时，待检测样品应如何保存？

【本综合实验心得体会】

_____

_____

_____

_____

实验 3　腊肉的品质检测

3.1　实验目的

（1）了解腊肉品质检测的质量标准。

（2）熟悉腊肉的感官要求。

（3）掌握腊肉中食盐含量的测定方法。

（4）掌握腊肉中过氧化值和酸价的测定方法。

（5）培养学生查询国家标准和对腊肉制品进行综合分析的能力。学习实际样品的分析方法，通过对腊肉主要卫生指标的检测，包括试样的制备、分析条件和方法的选择及数据处理等内容，提高食品分析的综合技能。

3.2　相关标准及检测项目

腌腊制品是肉经腌制、酱制、晾晒（或烘烤、烟熏）等工艺加工而成的生肉类制品，食用前需经熟制加工，包括香肠、香肚、火腿、板鸭等。根据腌腊制品的加工工艺及产品特点将其分为咸肉类、腊肉类、酱（封）肉类和风干类。我国《肉与肉制品术语》（GB/T

19480—2009）规定，腊肉指的是以鲜肉为原料，配以各种调味料，经腌制、烘烤（或晾晒、风干、脱水）、烟熏（或不烟熏）等工艺加工而成的生肉制品。其卫生质量问题主要为亚硝酸盐残留、脂肪氧化酸败和霉变等。

我国《食品安全国家标准 腌腊肉制品》（GB 2730—2015）对腊肉有害元素（如砷、汞、铅、镉等）的残留都进行了规定，对于烟熏的腊肉还规定了苯并芘的限量标准，亚硝酸盐残留量过高严重危害消费者的健康，人体摄入 0.3～0.5g 亚硝酸盐即可引起中毒，3g 可致死。国家对亚硝酸盐的使用范围、最大使用量和残留量都做了明确的规定。肉制品易发生氧化酸败，所以规定了过氧化值和酸价。

3.3 感官指标

《食品安全国家标准 腌腊肉制品》（GB 2730—2015）规定，腊肉感官要求为：无黏液、无霉点、无异味、无酸败味。《进出口加工肉制品检验规程》（SN/T 0222—2011）中对腊肉感官指标规定了更详细的要求。

（1）组织状态：呈长条形，上下平整，形状整齐，肉身干爽结实，硬度适中并有弹性，不带毛和其他污物，不允许有皱皮和疤伤以影响美观。

（2）色泽：外表呈黄褐色与金黄色相间并有光泽，切面瘦肉呈玫瑰红色，肥肉呈透明金黄色。

（3）气味和滋味：具有腊肉固有的浓郁香味及甜咸味，无酸味、油腻味和其他异味。

3.4 理化指标

腊肉的理化指标包括表 3.5 所示的项目。

表 3.5 腊肉的理化指标（引自 GB 2730—2015）

项目	指标	检测方法及备注
水分质量分数 /%	≤20	参考《进出口加工肉制品检验规程》（SN/T 0222—2011）的标准；按照 GB 5009.3—2016 食品中水分的测定方法
盐分质量分数 /%	≤8	参考《进出口加工肉制品检验规程》（SN/T 0222—2011）的标准，按 GB 5009.44—2016 中 12.2 条的规定
蔗糖质量分数 /%	≤10	参考《出口腊肉检验规程》的标准，按 GB 5009.8—2016 食品中蔗糖的测定方法
过氧化值	≤0.50	样品处理按 GB 5009.44—2016 规定的方法操作，按 GB/T 5009.37—2003 规定的方法测定
酸价（以脂肪计）	≤4.0	按 GB 5009.44—2016 中 14.3 规定的方法测定
苯并芘含量 /（μg/kg）	≤5	按 GB 5009.27—2016 中 14.3 规定的方法测定，仅适用于经烟熏的腌制肉制品
铅（Pb）含量 /（mg/kg）	≤0.2	按 GB 5009.12—2017 规定的方法测定
无机砷含量 /（mg/kg）	≤0.05	按 GB 5009.11—2014 规定的方法测定
镉（Cd）含量 /（mg/kg）	≤0.1	按 GB 5009.15—2014 规定的方法测定
总汞（以 Hg 计）含量 /（mg/kg）	≤0.05	按 GB 5009.17—2014 规定的方法测定
亚硝酸盐残留量 /（mg/kg）	≤30	按 GB 5009.33—2016 规定的方法测定

本实验主要介绍腊肉中食盐含量和酸价的测定方法，其他指标的测定方法可参考其他章节或其他参考资料。

3.4.1　食盐含量的测定

3.4.1.1　实验原理

样品中食盐含量的测定采用炭化浸出法或灰化浸出法。浸出液以铬酸钾为指示液，用硝酸银标准溶液滴定，根据硝酸银消耗量计算含量。

3.4.1.2　试剂

硝酸银标准溶液 [$c(AgNO_3)$=0.1mol/L]、铬酸钾溶液（50g/L）等。

3.4.1.3　实验步骤

1）样品处理

（1）炭化浸出法：称取 1.00～2.00g 切碎、均匀的样品，置于瓷蒸发皿中，用小火炭化完全，炭化成分用玻璃棒轻轻研碎，然后加 25～30mL 水，用小火煮沸冷却后，过滤于 100mL 容量瓶中，并以热水少量分次洗涤残渣及过滤器，洗液并入容量瓶中，冷却至室温，加水至刻度，混匀备用。

（2）灰化浸出法：称取 1.00～10.00g 切碎、均匀的样品，置于瓷蒸发皿中，先以小火炭化后，再移入高温炉中于 500～550℃灰化，冷后取出，残渣用 50mL 热水分数次浸渍溶解，每次浸渍后过滤于 250mL 容量瓶中，冷至室温，加水至刻度，混匀备用。

2）滴定　　吸取 25mL 滤液于瓷蒸发皿中，加 1mL 铬酸钾溶液（50g/L），搅匀，用硝酸银标准溶液（0.1mol/L）滴定至初显橘红色即为终点，同时做空白试剂实验。

3）结果计算

$$\omega = \frac{(V_1 - V_2) \times c \times 0.0585}{m \times \dfrac{V_3}{V_4}}$$

式中，ω 为样品中食盐的质量分数（以氯化钠计），g/100g；V_1 为样品消耗硝酸银标准溶液的体积，mL；V_2 为空白试剂消耗硝酸银标准溶液的体积，mL；V_3 为滴定时吸取的样品滤液的体积，mL；V_4 为样品处理时定容的体积，mL；c 为硝酸银标准溶液的实际浓度，mol/L；0.0585 为氯化钠的摩尔质量，g/mmol；m 为样品的质量，g。

结果表述：报告中算术平均值精确至小数点后一位，在重复性条件下获得的两次独立测定结果的绝对差值不得超过算术平均值的 5%，即相对误差≤5%。

3.4.2　腊肉酸价测定

腌腊制品等含有脂肪的食品在长期存放之后，其中的脂肪会由于光、热、水、空气和微生物等物质的作用而发生水解、氧化和酸败反应，使其品质劣变，甚至产生有毒有害的物质，使产品失去原有的食用价值。

3.4.2.1　实验原理

样品中的游离脂肪酸用氢氧化钾标准溶液滴定，每克样品消耗的氢氧化钾的毫克数称为酸价。

3.4.2.2　试剂

中性乙醚-乙醇混合液：乙醚和乙醇以体积比 2∶1 混合，以酚酞为指示剂，用所配的 KOH 溶液中和至刚呈淡红色，且 30s 内不退色为止；氢氧化钾标准溶液 [c（KOH）=0.050mol/L]；酚酞指示液：10g/L 乙醇溶液。

3.4.2.3　实验步骤

称取用绞肉机绞碎的 100g 样品于 500mL 具塞的锥形瓶中，加 100～200mL 石油醚（沸程 30～60℃）振荡 10min 后，放置过夜，用快速滤纸过滤后，减压回收溶剂，得到油脂。然后称取所得到的油脂混匀试样 3.00～5.00g，置于锥形瓶中，加入 50mL 中性乙醚-乙醇混合液，振荡使油脂溶解，必要时可置于热水中，温热使其溶解。冷至室温，加入酚酞指示剂 2～3 滴，以氢氧化钾标准溶液滴定，至初显微红色，且 30s 内不退色为终点。

3.4.2.4　结果计算

$$X = \frac{V \times c \times 56.11}{m}$$

式中，X 为试样的酸价（以氢氧化钾计），mg/g；V 为试样消耗氢氧化钾标准溶液的体积，mL；c 为氢氧化钾标准溶液的实际浓度，mol/L；m 为试样的质量，g；56.11 为氢氧化钾的摩尔质量，mg/mmol。

计算结果保留两位有效数字。

【复习与思考题】

1. 简述腊肉中食盐含量过高的利与弊。
2. 腊肉测定酸价时与其他食品测定总酸指标有何区别和联系？
3. 腊肉中添加亚硝酸盐的作用是什么？对人的健康有何影响？

【本综合实验心得体会】

_____

_____

_____

_____

实验 4　果蔬汁饮料的品质检测

4.1　实验目的

（1）了解果蔬汁饮料的国家标准及质量要求。

（2）掌握果蔬汁饮料的主要指标及检测方法。

（3）培养学生查询国家标准和对果蔬汁饮料进行综合分析的能力。学习实际样品的分析方法，通过对果蔬汁主要卫生指标的检测，包括试样的制备、分析条件及方法的选择、数据处理等内容，提高食品分析的综合技能。

4.2　相关标准及检测项目

我国《饮料通则》（GB/T 10789—2015）规定：果汁和蔬菜汁指用水果和（或）蔬菜（包括可食用的根、茎、叶、花、果实）等原料，经加工或发酵制成的饮料。果汁饮料指在果汁或浓缩中加入水、食糖和（或）甜味剂、酸味剂等调制而成的饮料，可加入柑橘类的囊胞（或其他水果经切细的果肉）等果粒。蔬菜汁饮料指在蔬菜汁（浆）或浓缩菜汁（浆）中加入水、食糖和（或）甜味剂、酸味剂等调制而成的饮料。

我国农业行业标准《绿色食品　果蔬汁饮料》（NY/T 434—2016）规定，果蔬汁饮料包括果汁、蔬菜汁、浓缩果汁、浓缩蔬菜汁、果汁饮料、蔬菜汁饮料。定义如下：果汁指由完好的、成熟适度的新鲜水果或用适当物理方法保存的水果的可食部分制得的可发酵但未发酵的汁体；蔬菜汁指由完好的、成熟适度的新鲜蔬菜或用适当物理方法保存的水果的可食部分制得的可发酵但未发酵的汁体；浓缩果汁指由果汁经物理脱水制得的可溶性固形物提高50%以上的浓稠液体；浓缩蔬菜汁指由蔬菜汁经物理脱水制得的可溶性固形物提高50%以上的浓稠液体；果汁饮料指由果汁或浓缩果汁加水，还可加糖、蜂蜜、糖浆和甜味剂制得的稀释液体；蔬菜汁饮料指由蔬菜汁或浓缩蔬菜汁加水，还可加糖、蜂蜜、糖浆和甜味剂制得的稀释液体。果蔬汁饮料要满足一定的感官要求，理化指标如金属元素含量（包括铅、铜、锌、铁、锡等）不能超过限量标准，在果汁生产过程中允许添加少量的二氧化硫来抑制杂菌的生长，但是二氧化硫在饮料中的残留量过高影响人们的健康，残留量不能超过10mg/kg；对于苹果、山楂类水果霉变后会产生致病毒素——展青霉素，加工成的果汁饮料中要特别检测该指标不超过50μg/L；微生物指标也是果汁饮料的必检项目，菌落总数、大肠菌群、真菌、酵母菌都规定有限量标准，致病菌不得检出。

4.3　感官指标

1）果蔬汁感官分析步骤　　取50mL混合均匀的被测样品于洁净的样品杯（约100mL小烧杯）中，置于明亮处，用肉眼观察其色泽和可见杂质，嗅其气味，品其滋味。

2）果蔬汁感官标准　　产品具有所含原料水果、蔬菜应具有的色泽、香气和滋味，无异味，无肉眼可见的外来杂质。《绿色食品　果蔬汁饮料》（NY/T 434—2016）规定的果蔬汁的感官指标如表3.6所示。

表3.6　果蔬汁的感官指标

项目	指标
色泽	具有本品应有的色泽
滋味与气味	具有本品应有的滋味和香气，酸度适口，无异味
组织状态	清澈或浑浊均匀，除清汁外，允许有少量沉淀或轻微分层，但摇动后浑浊均匀，无结块
杂质	无肉眼可见的外来杂质

4.4　理化指标

果蔬汁饮料的理化指标主要包括以下内容，见表3.7。

表 3.7　果蔬汁饮料的理化指标（引自 GB 5009 系列）

项目	指标	检测方法
总砷浓度 (以 As 计)/(mg/L)	≤0.2	按 GB 5009.11—2014 规定的方法测定
铅 (Pb) 浓度 /(mg/L)	≤0.05	按 GB 5009.12—2017 规定的方法测定
铜 (Cu) 浓度 /(mg/L)	≤5	按 GB 5009.13—2017 规定的方法测定
锌 (Zn) 浓度 /(mg/L)	≤5	按 GB 5009.14—2017 规定的方法测定
铁 (Fe) 浓度 /(mg/L)	≤15	按 GB 5009.90—2016 规定的方法测定
锡 (Sn) 浓度 /(mg/L)	≤200	按 GB 5009.16—2014 规定的方法测定
锌、铜、铁总浓度 /(mg/L)	≤20	仅适用金属灌装
氧化硫残留物 (SO₂) 浓度 /(mg/kg)	≤10	按 GB 5009.34—2016 规定的方法测定
展青霉素浓度 /(μg/L)	≤50	仅适用于苹果汁、山楂汁

本实验主要介绍锡和展青霉素的测定方法。

4.4.1　锡的测定方法

4.4.1.1　实验原理

该测定方法是 GB 5009.16—2014 所规定食品中锡的测定方法中的第一法，即氢化物原子荧光光谱法。原理为：试样经酸加热消化，锡被氧化成四价锡，在硼氢化钠的作用下生成锡的氢化物，并由载气带入原子化器中进行原子化，在特制锡空心阴极灯的照射下，基态锡原子被激发至高能态，在去活化回到基态时，发射出特征波长的荧光，其荧光强度与锡含量成正比，与标准系列溶液比较进行定量。

4.4.1.2　试剂与材料

1）试剂　　硫酸（H_2SO_4），优级纯；硝酸（HNO_3），优级纯；高氯酸（$HClO_4$），优级纯；硫脲（CH_4N_2S）；抗坏血酸（$C_6H_8O_6$）；硼氢化钠（$NaBH_4$）；氢氧化钠（$NaOH$）。

2）试剂的配制

硝酸 - 高氯酸混合酸（4∶1）：量取 400mL 硝酸和 100mL 高氯酸，混匀。

硫酸溶液（1∶9）：量取 100mL 硫酸倒入 900mL 水中，混匀。

硫脲（150g/L）+ 抗坏血酸（150g/L）混合溶液：分别称取 15.0g 硫脲和 15.0g 抗坏血酸溶于水中，并稀释至 100mL（此溶液需置于棕色瓶中避光保存或临用前现配）。

氢氧化钠溶液（5g/L）：称取氢氧化钠 5.0g 溶于 1000mL 水中。

硼氢化钠溶液（7g/L）：称取 7.0g 硼氢化钠，溶于 1000mL 氢氧化钠溶液中（此溶液临用前现配）。

3）标准品金属——锡　　纯度为 99.99%。

4）标准溶液的配制

（1）锡标准溶液：准确称取 0.1000g 金属锡，置于小烧杯中，加 10mL 硫酸，盖以表面皿，加热至锡完全溶解，移去表面皿，继续加热至发生浓白烟，冷却，慢慢加入 50mL 水，移入 100mL 容量瓶中，用硫酸溶液多次洗涤烧杯，洗液并入容量瓶中，并稀释至刻度，混匀，此溶液每毫升相当于 1.0mg 锡（或直接使用商品化的锡标准溶液）。

（2）锡标准使用液：准确吸取锡标准溶液 1.0mL 于 100mL 容量瓶中，用硫酸溶液定容至刻度，此溶液浓度为 10μg/mL，准确吸取该溶液 10mL 于 100mL 容量瓶中，用硫酸溶液定容至刻度，此溶液为 1.0μg/mL。

4.4.1.3　仪器与设备

原子荧光光谱仪、电热板等。

4.4.1.4　实验步骤

1）试样消化　　称取试样 1.000～5.000g 于锥形瓶中，加 10.0mL 硝酸-高氯酸混合酸、1.0mL 硫酸和 3 粒玻璃珠，放置过夜。次日置于电热板上加热消化，如酸液过少，可适当补加硝酸，继续消化至冒白烟，待液体体积近 1mL 时取下冷却。用水将消化试样转入 50mL 容量瓶中，加水定容至刻度，摇匀备用。同时做空白实验（如样品液中锡含量超出标准曲线范围，则用水进行稀释，并补加硫酸，使最终定容后的硫酸浓度与标准系列溶液相同）。

分别取定容后的上述试样 10mL 于 25mL 比色管中，加入 3mL 硫酸溶液和 2mL 硫脲 + 抗坏血酸混合溶液，再用水定容至 25mL，摇匀。

2）仪器参考条件　　负高压：380V；灯电流：70mA；原子化温度：850℃；炉高：10mm；屏蔽气流量：1200mL/min；载气流量：500mL/min；测量方式：标准曲线法；读数方式：峰面积；延迟时间：1s；读数时间：15s；加液时间：8s；进样体积：2mL。

3）标准系列溶液的配制　　标准曲线：分别吸取锡标准使用液 0.00mL、0.50mL、2.00mL、3.00mL、4.00mL、5.00mL 于 25mL 比色管中，分别加入硫酸溶液 5.00mL、4.50mL、3.00mL、2.00mL、1.00mL、0.00mL，加入 2mL 硫脲 + 抗坏血酸混合溶液，再用水定容至 25mL，该标准系列溶液浓度为 0ng/mL、20ng/mL、80ng/mL、120ng/mg、160ng/mL、200ng/mL。

4）仪器测定　　按照仪器测量最佳条件，根据所用仪器的型号和工作站设置相应的参数，点火及对仪器进行预热，预热 15min 后进行标准曲线及样品溶液的测定。

4.4.1.5　结果计算

试样中锡含量按下列公式进行计算。

$$\omega = \frac{(\rho_1 - \rho_2) \times V_1 \times V_3 \times N}{m \times V_2 \times 1000}$$

式中，ω 为试样中锡的质量分数，mg/kg；ρ_1 为试样消化液测定的质量浓度，ng/mL；ρ_2 为试样空白消化液的质量浓度，ng/mL；V_1 为试样消化液定容后的总体积，mL；V_2 为测定用所取样品消化液的体积，mL；V_3 为测定用溶液最终的定容体积，mL；m 为试样的质量，g；N 为稀释倍数（若无稀释，则 $N=1$）。

计算结果保留到小数点后一位数字。在重复性条件下获得的两次独立测定结果的绝对差值不得超过算术平均值的 10%，本方法的检出限为 0.03mg/kg。本方法的线性范围为 20～200ng/mL，当取样量为 1.00g 时，本方法的定量限为 2.5mg/kg。

4.4.2　展青霉素的测定方法

4.4.2.1　实验原理

试样中展青霉素经提取、净化、浓缩、薄层展开后，利用薄层扫描仪进行紫外反射光扫描定量。该方法适用于苹果和山楂制品中展青霉素的测定。

4.4.2.2 实验试剂

硅胶 GF_{254}；乙酸乙酯；展青霉素标准品；1.5%碳酸钠溶液；无水硫酸钠；三氯甲烷；薄层色谱展开剂，横向为氯仿-丙酮（30：1.5），纵向为甲苯-乙酸乙酯-甲酸（50：15：1）；显色剂，溶解 0.1g MBTH·HC·H_2O（3-甲基-2-苯并噻唑酮腙水合盐酸盐）于 20mL 蒸馏水中，置于冰箱中保存，每 3 天重新配制。

4.4.2.3 实验仪器

薄层扫描仪；层析槽，内径 11.5cm，高 20cm；玻璃板，10cm×10cm；紫外线灯等。

4.4.2.4 实验步骤

1）提取 量取果汁 25mL，置于分液漏斗中，加入等体积的乙酸乙酯，振摇 2min，静置分层，重复以上步骤两次，合并有机相，加 2.5mL 1.5%碳酸钠振摇 1min，静置分层后，弃去碳酸钠层，同上步骤再用碳酸钠处理一次。将提取液滤入 100mL 梨形瓶中，于 40℃水浴上用真空减压浓缩至近干，用少许三氯甲烷清洗瓶壁，浓缩干，加三氯甲烷 0.40mL 定容，供薄层色谱测定用。

2）测定

（1）薄层板的制备：取硅胶 GF_{254} 5g，加水 15mL，涂布于 10cm×10cm 玻璃板上，一次涂成 5 块，薄层厚度为 0.3mm，阴干后，于 105℃烘烤 2h，放入干燥器中备用。

（2）点样：取一块薄板，在距底边和右边 10cm 处，用微量注射器滴加 1.0μg/mL 的展青霉素标准溶液 10μL，相距左边 4cm 处滴加 10μL 样液，在试样点同一垂直线上，距顶端 2cm 处点 20ng 的标准溶液，为位置参考点。

（3）展开：横向展开到顶端后取出挥干，进行纵向展开，至顶端后，取出挥干，在 254nm 紫外线灯下观察，出现黑色吸收点则试样为阳性，进行扫描定量测定。

（4）薄层色谱扫描测定：仪器操作条件是测定波长 270nm，参考波长 310nm，反射光测定，扫描速度 40nm/min，记录仪纸速 20nm/min，测定标准及试样中展青霉素的峰面积。

（5）阳性试样的确证：将阳性试样的薄层色谱板喷以 MBTH 显色剂，于 130℃烘烤 15min，冷至室温后，于 365nm 紫外线灯下观察，展青霉素应呈橙黄色点。

4.4.2.5 结果计算

果汁中展青霉素含量的计算见下列公式。

$$\rho = \rho_0 \times \frac{A}{A_0} \times \frac{V}{V_1} \times D$$

式中，ρ 为样品展青霉素的质量浓度，μg/mL；ρ_0 为展青霉素标准溶液的质量浓度，μg/mL；A 为样液展青霉素的峰面积；A_0 为展青霉素标准溶液的峰面积；V 为加入三氯甲烷定容的体积，mL；D 为样液点的稀释倍数；V_1 为液体试样的体积，mL。

在重复性条件下获得的两次独立测定结果的绝对差值不得超过算术平均值的 10%。

4.5 微生物指标

以罐头加工工艺生产的罐装果蔬汁饮料应符合商业无菌的要求，以其他工业包装的果蔬汁饮料微生物指标应符合表 3.8 的规定，检验的具体操作过程及方法参考《食品卫生微生物学检验 冷冻饮品、饮料检验》（GB/T 4789.21—2003）。

表 3.8　果蔬汁的微生物指标（引自 GB/T 4789.21—2003）

项目	指标（除低温复原果汁）	检测方法
菌落总数 /（CFU/mL）	≤100	
大肠菌群数量 /（MPN/100mL）	≤3	
真菌数量 /（CFU/mL）	≤20	按 GB/T 4789.21—2003 规定的方法检验
酵母数量 /（CFU/mL）	≤20	
致病菌（沙门氏菌、志贺氏菌、金黄色葡萄球菌）	不得检出	

【复习与思考题】

1. 查资料，了解原子荧光光谱仪使用过程中的注意事项有哪些。
2. 测定果蔬汁中锡的含量时，样品消化的步骤是什么？
3. 展青霉素对人体有何危害？还有哪些检测方法？

【本综合实验心得体会】

_____

_____

_____

_____

实验 5　罐头的品质检测

5.1　实验目的

（1）了解罐头产品的质量标准。

（2）学习罐头食品感官检验的方法、可溶性固形物含量的测定方法、净含量和固形物含量测定方法、pH 的测定方法和干燥物含量的测定方法。

（3）培养学生对罐头产品品质综合分析的能力，训练食品分析的基本技能。

5.2　相关标准及检测项目

罐头指将符合要求的原料经处理、分选、修整、烹调（或不经烹调）、装罐（包括马口铁罐、玻璃罐、复合薄膜袋或其他包装材料容器）、密封、杀菌、冷却或无菌包装而制成的所有食品，它不受地理、气候、工作条件的影响，在不同的季节都能保持品种多样化且运输便利，食用方便，保存时间长。

按照罐头所包装食品的不同，其类型可分为畜肉类罐头、禽类罐头、水产动物类罐头、水果类罐头、蔬菜类罐头（含食用菌罐头）、干果和坚果类罐头、谷类和豆类罐头及其他罐头。按照罐头产品的质量标准要求，任何一类罐头都有感官指标、理化指标和微生物指标要求。例如，《食品安全国家标准 罐头食品》（GB 7098—2015）规定了罐头食品卫生标准和检验方法。本实验主要介绍罐头的常规检查项目，包括感官检验的方法、可溶性固形物含量的测定方法、净含量和固形物含量的测定方法、pH 的测定方法和干燥物含量的测定方法。

5.3 感官分析

罐头的感官分析主要是根据产品标准中的感官指标要求，对罐头的外观、密封性、容器内外表面及内容物的色泽、气味、滋味、组织形态等方面进行评定。其主要任务是检验出样品与标准品之间，或样品与样品之间的差异，以及差异的程度，并客观评价出样品的特性。感官检验人员须有正常的味觉与嗅觉，感官鉴定过程不得超过 2h。

罐头食品一般要求包装容器密封完好、无泄漏和胖听现象存在。容器外表无锈蚀，内壁涂料无脱落。内容物具有该品种罐头食品的正常色泽、气味和滋味，汤汁清澈或稍有浑浊。

5.3.1 工具

白瓷盘、匙、不锈钢圆筛（丝直径 1mm，筛孔 2.8mm × 2.8mm）、烧杯、量筒、开罐刀等。

5.3.2 组织与形态检验

（1）畜肉、禽、水产类罐头：先经加热至汤汁熔化（有些罐头，如午餐肉、凤尾鱼等，不经加热），然后将内容物倒入白瓷盘中，观察其组织形态是否符合标准。

（2）糖水水果类及蔬菜类罐头：在室温下将罐头打开，先滤去汤汁，然后将内容物倒入白瓷盘中观察其组织形态是否符合标准。

（3）糖浆类罐头：开罐后，将内容物平倾于不锈钢圆筛中，静置 3min，观察其组织形态是否符合标准。

（4）果酱类罐头：在室温（15～20℃）下开罐后，用匙取果酱（约 20g）置于干燥的白瓷盘上，在 1min 内观察其酱体有无流散和汁液析出现象。

（5）果汁类罐头：开罐后把内容物倒在玻璃容器内静置 30min 后，观察其沉淀程度、分层情况和油圈现象。

（6）其他类罐头：参照上述类似的方法。

5.3.3 色泽检验

（1）畜肉、禽、水产类罐头：在白瓷盘中观察其色泽是否符合标准，将汤汁注入量筒中，静置 3min 后观察其色泽和澄清程度。

（2）糖水水果类及蔬菜类罐头：在白瓷盘中观察其色泽是否符合标准，将汁液倒在烧杯中，观察其汁液是否清亮透明、有无夹杂物及引起浑浊的果肉碎屑。

（3）糖浆类罐头：将糖浆全部倒入白瓷盘观察其是否浑浊、有无胶冻和大量果屑及夹杂物存在。将不锈钢圆筛上的果肉倒入盘内，观察其色泽是否符合标准。

（4）果酱类罐头及番茄酱罐头：将酱体全倒入白瓷盘中，随即观察其色泽是否符合标准。

（5）果汁类罐头：倒在玻璃容器中静置 30min 后，观察其色泽是否符合标准。

5.3.4　滋味和气味检验

（1）畜肉、禽、水产类罐头：检查其是否具有该产品应有的滋味与气味、有无哈喇味及异味。

（2）果蔬类罐头：检验其是否具有与原果蔬相近的香味。果汁类罐头应先嗅其香味（浓缩果汁应稀释至规定浓度），然后评定酸甜是否适口。

5.4　可溶性固形物含量的测定方法

5.4.1　实验原理

在 20℃条件下用折光计测量试样的折光率，用折光率与可溶性固形物含量的换算表查出可溶性固形物的含量，也可从折光计上直接读出。用折光计法测定的可溶性固形物含量，在规定的制备条件和温度下，水溶液中蔗糖的浓度和所分析的样品有相同的折光率，此浓度以质量分数表示。

5.4.2　实验仪器

（1）阿贝折光计或糖度计。

（2）组织捣碎器。

5.4.3　实验步骤

5.4.3.1　测试溶液的制备

（1）透明的液体制品：充分混匀待测样品后直接用于测定。

（2）果酱、菜浆非黏稠制品：充分混匀待测样品，用 4 层纱布挤出滤液，用于测定。

（3）黏稠制品（果酱、果冻）：称取适当量（40g 以下，精确到 0.01g）待测样品到已称量的烧杯中，加 100～150mL 蒸馏水，用玻璃棒搅拌，并缓和煮沸 2～3min，冷却并充分混匀，20min 后称量，精确到 0.01g，然后用槽纹漏斗或布氏漏斗过滤到干燥容器里，留滤液供测定用。

（4）固相和液相分开的制品：按固液相的比例，将样品用组织捣碎器捣碎后，用 4 层纱布挤出滤液用于测定。

5.4.3.2　测定

（1）折光计在测定前按说明书进行校正。

（2）分开折光计的两面棱镜，以脱脂棉蘸乙醚或乙醇擦净。

（3）用末端熔圆的玻璃棒蘸取制备好的样液 2～3 滴，仔细滴于折光计棱镜平面中央（注意勿使玻璃棒触及棱镜）。

（4）迅速闭合上下两棱镜，静置 1min，要求液体均匀无气泡并充满视野。

（5）对准光源，由目镜观察，调节指示规，使视野分成明暗两部分，再旋动微调螺旋，使两部分界限明晰，其分线恰在接物镜的十字交叉点上，读取读数。

（6）如折光计标尺刻度为百分数，则读数即可溶性固形物的百分率，按可溶性固形物对温度校正表（表 3.9 和表 3.10）换算成 20℃时标准的可溶性固形物的百分率。

表 3.9　可溶性固形物对温度校正表（减校正值）（引自高向阳和宋莲军，2013）

温度 /℃	可溶性固形物含量读数 /%									
	5	10	15	20	25	30	40	50	60	70
15	0.29	0.31	0.33	0.34	0.34	0.35	0.37	0.38	0.39	0.40
16	0.24	0.25	0.26	0.27	0.28	0.28	0.30	0.30	0.31	0.32
17	0.18	0.19	0.20	0.21	0.21	0.21	0.22	0.23	0.23	0.24
18	0.13	0.13	0.14	0.14	0.14	0.14	0.15	0.16	0.16	0.16
19	0.06	0.06	0.07	0.07	0.07	0.07	0.08	0.08	0.08	0.08

表 3.10　可溶性固形物对温度校正表（加校正值）（引自高向阳和宋莲军，2013）

温度 /℃	可溶性固形物含量读数 /%									
	5	10	15	20	25	30	40	50	60	70
21	0.07	0.07	0.07	0.07	0.08	0.08	0.08	0.08	0.08	0.08
22	0.13	0.14	0.14	0.15	0.15	0.15	0.15	0.16	0.16	0.16
23	0.20	0.21	0.22	0.22	0.23	0.23	0.23	0.24	0.24	0.24
24	0.27	0.28	0.29	0.30	0.30	0.31	0.31	0.31	0.32	0.32
25	0.35	0.36	0.37	0.38	0.38	0.39	0.40	0.40	0.40	0.40

（7）如折光计读数标尺刻度为折光率，可读出其折光率，然后按折光率与可溶性固形物换算表（表 3.11）查得样品中可溶性固形物的百分率，按可溶性固形物对温度校正表（表 3.9 和表 3.10）换算成 20℃标准的可溶性固形物的百分率。

表 3.11　折光率与可溶性固形物换算表（引自高向阳和宋莲军，2013）

折光率	可溶性固形物含量 /%	折光率	可溶性固形物含量 /%	折光率	可溶性固形物含量 /%	折光率	可溶性固形物含量 /%
1.3330	0	1.3478	10	1.3638	20	1.3811	30
1.3344	1	1.3494	11	1.3655	21	1.3829	31
1.3359	2	1.3509	12	1.3672	22	1.3847	32
1.3373	3	1.3525	13	1.3689	23	1.3865	33
1.3388	4	1.3541	14	1.3706	24	1.3883	34
1.3403	5	1.3557	15	1.3723	25	1.3902	35
1.3418	6	1.3573	16	1.3740	26	1.3920	36
1.3433	7	1.3589	17	1.3788	27	1.3939	37
1.3448	8	1.3605	18	1.3775	28	1.3958	38
1.3463	9	1.3622	19	1.3793	29	1.3978	39

续表

折光率	可溶性固形物含量 /%	折光率	可溶性固形物含量 /%	折光率	可溶性固形物含量 /%	折光率	可溶性固形物含量 /%
1.3997	40	1.4243	52	1.4511	64	1.4803	76
1.4016	41	1.4265	53	1.4535	65	1.4829	77
1.4036	42	1.4286	54	1.4558	66	1.4854	78
1.4056	43	1.4308	55	1.4582	67	1.4880	79
1.4076	44	1.4330	56	1.4606	68	1.4906	80
1.4096	45	1.4352	57	1.4630	69	1.4933	81
1.4117	46	1.4374	58	1.4654	70	1.4959	82
1.4137	47	1.4397	59	1.4679	71	1.4985	83
1.4158	48	1.4419	60	1.4703	72	1.5012	84
1.4179	49	1.4442	61	1.4728	73	1.5039	85
1.4301	50	1.4465	62	1.4753	74		
1.4222	51	1.4488	63	1.4778	75		

5.4.3.3 测定温度

测定时温度最好控制在 20℃左右，尽可能缩小校正范围。

5.4.3.4 测定次数

同一个测试样品进行两次测定。

5.4.4 分析结果的表示

（1）如果是不经稀释的透明液体、非黏稠制品或固相和液相分开的制品，可溶性固形物含量与折光计上读得的数相等。

（2）如果是经稀释的黏稠制品，则可溶性固形物含量按下列公式计算。

$$\omega_0 = \frac{\omega_1 \times m_1}{m_0}$$

式中，ω_0 为样品中可溶性固形物的质量分数，g/100g；ω_1 为稀释溶液里可溶性固形物的质量分数，g/100g；m_1 为稀释后的样品质量，g；m_0 为稀释前的样品质量，g。

注：如果测定的重现性已满足要求，取两次测定的算术平均值作为结果。由同一个分析者连续两次测定的结果之差不应超过 0.5%。

5.5 净含量和固形物含量的测定方法

5.5.1 圆筛的规格

（1）净含量小于 1.5kg 的罐头，用直径 200mm 的圆筛。

（2）净含量等于或大于 1.5kg 的罐头，用直径 300mm 的圆筛。

（3）圆筛用不锈钢制成，其直径为 1mm，孔眼为 2.8mm×2.8mm。

5.5.2　实验步骤

5.5.2.1　净含量

擦净罐头外壁，用天平称取罐头总质量。如果是畜肉、禽及水产类罐头需将罐头加热，将凝冻的汤汁熔化后开罐。果蔬类罐头不经加热，直接开罐。内容物倒出后，将空罐洗净，擦干后称量。按下列公式计算净质量。

$$m = m_3 - m_2$$

式中，m 为罐头的净质量，g；m_3 为罐头的总质量，g；m_2 为空罐的质量，g。

5.5.2.2　固形物含量

1）水果蔬菜类罐头　　开罐后，将内容物倾倒在预先称量的圆筛上，不搅动产品，倾斜筛子，沥干 2min 后，将圆筛和沥干物一并称量，按下列公式计算固形物的质量分数。

$$\omega = \frac{m_5 - m_4}{m_7} \times 100$$

式中，ω 为样品固形物的质量分数，g/100g；m_5 为果肉或蔬菜沥干物加圆筛的质量，g；m_4 为圆筛的质量，g；m_7 为罐头标明的净含量，g。

注：带有小配料的蔬菜罐头，称量沥干物时应扣除小配料。

2）畜肉禽罐头、水产类罐头和黏稠的粥类罐头　　将罐头在（50±5）℃的水浴中加热 10～20min 或在 100℃水中加热 2～7min（视罐头大小而定）使凝冻的汤汁熔化，开罐后，将内容物倾倒在预先称量的圆筛上，圆筛下方配接漏斗，架于容量合适的量筒上，不断搅动产品，倾斜圆筛，沥干 3min（黏稠的粥类罐头沥干 5min）后，将筛子和沥干物一并称量（g）。将量筒静置 5min，使油与汤汁分为两层，量取油层的毫升数乘以密度 0.9（g/mL），即得油层质量（g）。按下列公式计算固形物的质量分数。

$$\omega = \frac{(m_5 - m_4) + m_6}{m_7} \times 100$$

式中，ω 为样品固形物的质量分数，g/100g；m_4 为圆筛的质量，g；m_5 为沥干物加圆筛的质量，g；m_6 为油脂的质量，g；m_7 为罐头标明的净含量，g。

5.6　pH 的测定方法

5.6.1　实验原理

测定被测液与电极对组成的原电池的电动势，并与标准 pH 溶液比较进行定量。

5.6.2　实验仪器

1）pH 计　　刻度为 0.1 pH 单位或更小。如果仪器没有温度校正系统，此刻度只适用于在 20℃进行测量。

2）玻璃电极　　各种形状的玻璃电极都可以用，这种电极应浸在蒸馏水中保存。

3）甘汞电极　　按制造厂的说明书保存甘汞电极，或将此电极保存在饱和氯化钾溶液中。

5.6.3 实验步骤

5.6.3.1 试液的制备

（1）液态制品混匀备用，固相和液相分开的制品则取混匀的液相部分备用。

（2）稠厚或半稠厚制品及难以从中分出汁液的制品［如糖浆、果酱、果（菜）浆类、果冻等］：取一部分样品在混合机或研钵中研磨，如果得到的样品仍太稠厚，加入等量的刚煮沸过的蒸馏水，混匀备用。

5.6.3.2 pH 计的校正

用已知精确 pH 的缓冲溶液（尽可能接近待测溶液的 pH），在测定采用的温度下校正 pH 计。如果 pH 计无温度校正系统，缓冲溶液的温度应保持在（20±2）℃。

5.6.4 测定

将电极插入被测样液中，并将 pH 计的温度校正器调节到被测液的温度。如果仪器没有温度校正系统，被测样液的温度应调到（20±2）℃。采用适合于所用 pH 计的步骤进行测定。当读数稳定后，从仪器的标度上直接读出 pH，精确到 0.05 pH 单位。同一个制备试样至少要进行两次测定。

5.6.5 计算方法

如果有关重现性的要求已能满足，取两次测定的算术平均值作为结果，报告精确到 0.05 pH 单位。

5.6.5.1 重现性

同一人操作，同时或连续两次测定结果之差应不超过 0.1 pH 单位。

5.6.5.2 缓冲液

下列各种缓冲液可作校正之用。

（1）pH 3.57（20℃时）缓冲溶液的配制：用分析试剂级的酒石酸氢钾（$KHC_4H_4O_6$）在 25℃配制的饱和水溶液。此溶液的 pH 在 25℃时为 3.56，而在 30℃时为 3.55。

（2）pH 6.88（20℃时）缓冲溶液的配制：称取 3.402g（精确到 0.001g）磷酸二氢钾（KH_2PO_4）和 3.549g 磷酸氢二钠（Na_2HPO_4），溶解于蒸馏水中，并稀释到 1000mL。此溶液的 pH 在 10℃时为 6.92，在 30℃时为 6.85。

（3）pH 4.0（20℃时）缓冲溶液的配制：称取 10.211g（精确到 0.001g）苯二甲酸氢钾 [$KHC_6H_4(COO)_2$]（在 125℃烘烤 1h 至恒重）溶解于蒸馏水中，并稀释到 1000mL。此溶液的 pH 在 10℃时为 4.00，在 30℃时为 4.01。

（4）pH 5.00（20℃时）缓冲溶液的配制：将分析试剂级的柠檬酸氢二钠（$Na_2HC_6H_5O_7$）配制成 0.1mol/L 溶液即可。

（5）pH 5.45（20℃时）缓冲溶液的制备：取 500mL 0.067mol/L 柠檬酸水溶液与 375mL 0.2mol/L 的氢氧化钠水溶液混匀。此溶液在 10℃时的 pH 为 5.42，在 30℃时为 5.48。

5.7 干燥物含量的测定方法

5.7.1 实验原理

以真空干燥至恒重，计算干燥物含量，以质量分数表示。

5.7.2 实验仪器

扁形玻璃称量瓶、真空干燥箱、干燥器、不锈钢小勺或玻璃棒、烘箱等。

5.7.3 实验步骤

取 10~15g 干净细砂（40 目海砂）于扁平玻璃称量瓶中，并与不锈钢小勺或玻璃棒一起置于 100~105℃烘箱中烘干至恒重。取出，置于干燥器内冷却 30min，称量（精确至 0.001g）。以减量法在瓶中称取试样约 5.000g（精确至 0.001g），用勺或玻璃棒将试样与砂搅匀，铺成薄层，于水浴上蒸发至近干，移入温度 70℃、压力 13 332.2Pa（100mmHg，1mmHg=0.133kPa，下同）以下的真空干燥箱内烘 4h。取出，置于干燥器中冷却 30min，称量后再烘，每两小时取出冷却称量一次（两次操作应相同），直至两次质量差不大于 0.003g为止。

5.7.4 结果计算

$$\omega = \frac{m_9 - m_8}{m_{10}} \times 100$$

式中，ω 为试样中干燥物的质量分数，g/100g；m_8 为不锈钢小勺（或玻璃棒）、净砂及称量瓶的质量，g；m_9 为烘干后试样、不锈钢小勺（或玻璃棒）、净砂及称量瓶的质量，g；m_{10}为试样的质量，g。

平行试样结果允许有 0.5% 的误差。

【复习与思考题】

1. 对罐头食品进行感官检验时，对周围环境和检验人员有何要求？
2. 引起罐头感官变化的因素有哪些？
3. 查国家标准，了解肉类、果蔬等不同类型的罐头具体理化指标有何异同。
4. 查资料，了解不同罐头产品感官指标、可溶性固形物含量、净含量和固形物含量、pH 和干燥物含量等指标的要求。

【本综合实验心得体会】

_____

_____

_____

_____

实验 6　方便面的品质检测

6.1　实验目的

（1）了解方便面的质量标准和检测方法。

（2）熟悉方便面感官分析的基本方法和感官要求。

（3）重点掌握方便面中脂肪羰基价的测定原理和方法。

（4）培养学生查询国家标准和对方便面产品质量进行综合分析的能力，学习实际样品的分析方法，提高食品分析的综合技能。

6.2　相关标准及检测项目

方便面是指以小麦粉为主要原料，添加或不添加淀粉等食品添加剂，经加水及食盐等调制、成型、糊化处理，达到一定糊化度，添加或不添加配料的面条类方便食品。根据加工工艺的不同，可分为油炸方便面和非油炸方便面。油炸方便面是指经食用油脂煎炸、脱水的方便面；非油炸方便面是指经速冻、微波、真空和热风等方法干燥的方便面。

《食品安全国家标准　方便面》（GB 17400—2015）对方便面中的理化指标和微生物指标都有规定。方便面的水分含量是影响微生物指标的因素之一，水分高的产品容易引起微生物的滋生和繁殖。油炸方便面的面块是经棕榈油或其他食用油煎炸而成的，油炸后可减少面中水分，延长保质期。酸价是判断油脂酸败程度的重要指标。过氧化值是反映油脂与空气中的氧发生氧化作用的程度，与油脂新鲜度有密切关系。酸价和过氧化值超标的油炸方便面有酸涩味和哈喇味，说明已变质。生产用原料总砷、铅超标或生产中加工器具的污染会造成产品的总砷和铅超标，长期食用总砷、铅超标的食品会对人体肝肾造成损害。微生物指标包括菌落总数、大肠菌群、致病菌（沙门氏菌、志贺氏菌、金黄色葡萄球菌），是涉及人体健康的重要卫生指标，也是衡量企业管理水平的重要指标之一。影响微生物指标的因素较多，主要有产品水分的高低，生产设备是否清洗干净，生产的环境条件，成品的储存、运输条件，包装材料的消毒是否彻底，生产人员的卫生状况是否达到要求等。

6.3　感官分析

6.3.1　实验原理

方便面感官评价包括外观评价和口感评价两个过程。外观评价，即在面饼未泡（煮）之前，由评价员主要利用视觉感官评价方便面的色泽和表观状态；口感评价，即在规定条件下将面饼泡（煮）后，由评价员主要利用口腔触觉和味觉感官评价方便面的复水性、软硬度、韧性、黏性、耐泡性等。评价的方法可采用标度（评分）法。评价的结果采用统计检验法处理异常值后进行分析统计。

6.3.2　实验步骤

进行方便面的感官分析时对评价环境、评价员及评价小组、评价器具和评价时间都有规定；可依据《感官分析　方便面感官评价方法》（GB/T 25005—2010），评价的主要步骤如下。

（1）外观评价：在规定的照明条件下，评价方便面面饼的色泽和表观状态，根据评价结果进行标度评价。

（2）口感评价：用量杯量取 5 倍以上面饼质量（保证加水量完全浸没面饼）的沸水（蒸馏水）注入评价容器中，加盖盖严（对于泡面的面饼）；或者用量杯量取 5 倍以上面饼质量

（保证加水量完全浸没面饼）的蒸馏水，注入锅中，加热煮沸后将待评价面饼放入锅中进行煮制（对于煮面的面饼），用秒表开始计时，达到这种方便面标记的冲泡或煮制时间后（如泡面一般为 4min），取用适量的面条，由评价员主要利用口腔触觉和味觉感官评价方便面的复水性、光滑性、软硬度、韧性、黏性、耐泡性等，根据评价结果进行标度评价。

6.3.3　感官要求

方便面的色泽、滋味、气味、状态都要符合 GB 17400—2015 的要求。
（1）色泽：呈该品种应有的色泽。
（2）滋味、气味：无异味、无异嗅。
（3）状态：外形整齐或一致，无正常视力可见外来异物。

6.4　理化指标

方便面的理化指标主要包括水分含量、酸价、过氧化值、羰基价、铅和总砷，见表 3.12。

表 3.12　方便面的理化指标

项目	指标		测定方法
	油炸面	非油炸面	
水分含量 /(g/100g)	8.0	12.0	GB 5009.3—2016
酸价（以脂肪计算）(KOH)/(mg/g)	1.8		按 GB 5009.56—2003 规定提取脂肪
过氧化值（以脂肪计算）/(g/100g)	0.25		酸价、过氧化值、羰基价的分析
羰基价（以脂肪计算）/(meq/kg)	20		按 GB 5009.37—2003 规定的方法测定
铅（Pb）含量 /(mg/g)		0.5	按 GB 5009.11—2014 规定的方法测定
总砷含量（以 As 计算）/(mg/kg)		0.5	按 GB 5009.12—2017 规定的方法测定

6.4.1　实验原理

羰基价是指每千克样品中含醛类物质的物质的量（mmol）。用羰基价来评价油脂中氧化产物的含量和酸败劣度，具有较好的灵敏度和准确性。常用比色法测定总羰基价，其原理如下：羰基化合物和 2,4-二硝基苯胺的反应产物在碱性溶液中形成褐红色或酒红色，在 440nm 波长下测定吸光度，可计算出油样中的总羰基价。方便面中脂肪羰基价≤10mmol/kg。

6.4.2　实验试剂

（1）精制乙醇溶液：取 1000mL 无水乙醇，置于 2000mL 圆底烧瓶中，加入 5g 铝粉、10g 氢氧化钾，接好标准磨口的回流冷凝管，水浴中加热回流 1h，然后用全玻璃蒸馏装置蒸馏，收集馏出液。

（2）精制苯溶液：取 500mL 苯，置于 1000mL 分液漏斗中，加入 50mL 硫酸，小心振摇 5min，开始振摇时注意放气。静置分层，弃除硫酸层，再加 50mL 硫酸重复处理一次，将苯层移入另一分液漏斗，用水洗涤三次，然后经无水硫酸钠脱水，用全玻璃蒸馏装置蒸馏，收集馏出液。

（3）2,4-二硝基苯肼溶液：称取 50mg 2,4-二硝基苯肼，溶于 100mL 精制苯中。

（4）三氯乙酸溶液：称取 4.3g 固体三氯乙酸，加 100mL 精制苯溶解。

（5）氢氧化钾-乙醇溶液：称取 4g 氢氧化钾，加 100mL 精制乙醇使其溶解，置于冷暗处过夜，取上部澄清液使用。如溶液变成黄褐色则应重新配制。

6.4.3 实验仪器

分光光度计等。

6.4.4 实验步骤

6.4.4.1 取样和脂肪提取

取样时要把方便面在玻璃乳钵中碾碎，混合均匀后放置在广口瓶内保存于冰箱中备用。称取混合均匀的试样 100g 左右，置于 500mL 具塞锥形瓶中，加 100～200mL 石油醚（沸程 30～60℃），放置过夜，用快速滤纸过滤后，减压回收溶剂，得到油脂供测定酸价、过氧化值、羰基价用。

6.4.4.2 分析步骤

精密称取 0.025～0.500g 提取的方便面脂肪，置于 25mL 容量瓶中，加苯溶解试样并稀释至刻度。吸取 5.0mL 置于 25mL 具塞试管中，加 3mL 三氯乙酸溶液及 5mL 2,4-二硝基苯肼溶液，仔细振摇混匀，在 60℃水浴中加热 30min，冷却后沿试管壁慢慢加入 10mL 氢氧化钾-乙醇溶液，使成为两液层，塞好，剧烈振摇混匀，放置 10min。以 1cm 比色杯，用空白试剂调节零点，于波长 440nm 处测吸光度。

6.4.4.3 结果计算

试样的羰基价按下式进行计算。

$$b = \frac{A \times V_1 \times 1000}{854 \times m \times V_2}$$

式中，b 为试样的羰基价，mmol/kg；A 为测定时样液的吸光度；m 为试样的质量，g；V_1 为试样稀释后的总体积，mL；V_2 为测定用试样稀释液的体积，mL；854 为各种醛的毫摩尔吸光系数的平均值。

6.4.5 注意事项

（1）计算结果保留三位有效数字，在重复性条件下获得的两次独立测定结果的绝对差值不得超过算术平均值的 5%。

（2）测定方便面油脂中羰基价时，如果过氧化值过高（超过 20mmol/kg）将影响羰基价的测定，最好先除去油样的过氧化值。

6.5 微生物指标要求

方便面的微生物指标要求及检测方法参见表 3.13。

表 3.13　方便面的微生物指标要求

项目	面块	面块和调料	测定方法
菌落总数 /(CFU/g)	1 000	50 000	按 GB 4789.2—2016 执行
大肠菌群 /(MPN/100g)	30	150	按 GB 4789.3—2016 执行
致病菌（沙门氏菌、金黄色葡萄球菌、志贺氏菌）	不得检出		按 GB 4789.4—2016 检验沙门氏菌
			按 GB 4789.10—2016 检验金黄色葡萄球菌
			按 GB 4789.5—2012 检验志贺氏菌

6.6　添加剂的检测

方便面中添加剂的使用及卫生标准要符合《食品添加剂使用标准》（GB 2760—2014），包括防腐剂（如山梨酸、苯甲酸）、抗氧化剂 [如叔丁基羟基茴香醚 (BHA) 与 2,6- 叔丁基对甲酚 (BHT)]、着色剂（如诱惑红）等的使用量和使用范围都要按相关标准执行。测定方法参考如下国家标准。

（1）GB 5009.28—2016《食品安全国家标准　食品中苯甲酸、山梨酸和糖精钠的测定》。

（2）GB 5009.30—2003《食品中叔丁基羟基茴香醚（BHA）与 2,6- 二叔丁基对甲酚 (BHT) 的测定》。

（3）GB 5009.35—2016《食品安全国家标准　食品中合成着色剂的测定》。

（4）GB 5009.141—2016《食品安全国家标准　食品中诱惑红的测定》。

（5）GB 5009.32—2016《食品安全国家标准　食品中 9 种抗氧化剂的测定》。

【复习与思考题】

1. 对方便面的品质进行分析时，相关指标的分析顺序是否有讲究？有何讲究？
2. 油炸方便面和非油炸方便面的检测指标有何异同？

【本综合实验心得体会】

_____

_____

_____

_____

实验 7　植物油的品质检测

7.1　实验目的

（1）通过对食用植物油主要特性的分析，掌握试样的制备、分离提纯、分析条件及方法的选择、标准溶液的配制及标定、标准曲线的制作及数据处理等内容，综合训练食品分析的基本技能。

（2）根据实验任务学会选择正确的分析方法及合理安排实验的顺序和实验时间。

（3）了解感官分析植物油的基本方法。

（4）掌握油脂的酸价、碘值、过氧化值的分析方法和步骤。

7.2　实验原理

食用植物油品质的好坏可通过感官分析进行直观快速的判断，也可通过测定其理化指标如酸价、碘值、过氧化值等来判断。

1）感官分析　　感官分析就是人们利用自身感官通过视觉、味觉、嗅觉、触觉客观地对食品本身的形态、色泽、滋味、气味及软硬度进行卫生评价的过程，同时以语言、文字、符号作为分析数据对食品的色泽、风味、气味、组织状态、硬度等外部特征进行评价的方法。我国《食品安全国家标准　植物油》（GB 2716—2018）规定食用植物油的感官要求为：具有产品正常的色泽、透明度、气味和滋味，无焦臭、酸败及其他异味。

2）油脂酸价　　酸价（酸值）是指中和 1.0g 油脂所含游离脂肪酸所需氢氧化钾的毫克数。酸价是反映油脂质量的主要技术指标之一，同一种植物油的酸价越高，说明其质量越差，越不新鲜。测定酸价可以评定油脂品质的好坏和储藏方法是否恰当。《食品安全国家标准　植物油》（GB 2716—2018）规定：食用植物油酸价≤3mg/g。

3）碘值　　　测定碘值可以了解油脂脂肪酸的组成是否正常、有无掺杂等。最常用的是氯化碘-乙酸溶液法（韦氏法），其原理是在溶剂中溶解试样并加入韦氏碘液，氯化碘则与油脂中的不饱和脂肪酸起加成反应，游离的碘可用硫代硫酸钠溶液滴定，从而计算出被测样品所吸收的氯化碘（以碘计）的质量（g），求出碘值。常见油脂的碘值为：大豆油120～141；棉籽油99～113；花生油84～100；菜籽油97～103；芝麻油103～116；葵花子油125～135；茶籽油80～90；核桃油140～152；棕榈油44～54；可可脂35～40；牛脂40～48；猪油52～77。碘值大的油脂，说明其组成中不饱和脂肪酸含量高或不饱和程度高。

4）过氧化值　　检测油脂中是否存在过氧化值，以及含量的大小，即可判断油脂是否新鲜及酸败的程度。常用滴定法测过氧化值，其原理是：油脂氧化过程中产生过氧化物，与碘化钾作用，生成游离碘，以硫代硫酸钠溶液滴定，计算含量。我国《食品安全国家标准　植物油》（GB 2716—2018）规定：过氧化值≤0.25g/100g。

7.3　试剂与仪器

7.3.1　试剂

试剂：① 酚酞指示剂（10g/L）：溶解 1g 酚酞于 90mL（95%）乙醇与 10mL 水中。② 氢氧化钾标准溶液 [c（KOH）=0.05mol/L]。③ 碘化钾溶液（100g/L）：称取 10.0g 碘化钾，加水溶解至 100mL，储于棕色瓶中。④ 硫代硫酸钠标准溶液 (0.1mol/L)：按 GB/T 601—2016 配制与标定，标定后 7 天内使用。⑤ 韦氏碘液试剂：分别在两个烧杯内称入三氯化碘 7.9g 和碘 8.9g，加入冰醋酸，稍微加热，使其溶解，冷却后将两溶液充分混合，然后加冰醋酸并定容至 1000mL，或采用市售韦氏（Wijs）试剂。⑥ 三氯甲烷（分析纯）。⑦ 环己烷

（分析纯）。⑧ 冰醋酸（分析纯）。⑨ 可溶性淀粉（分析纯）。⑩ 饱和碘化钾溶液：称取 14g 碘化钾，加 10mL 水溶解，必要时微热使其溶解，冷却后储于棕色瓶中。⑪ 精制乙醇溶液：取 1L 无水乙醇，置于 2000mL 圆底烧瓶中，加入 5g 铝粉、10g 氢氧化钾，接好标准磨口的回流冷凝管，水浴中加热回流 1h，然后用全玻璃蒸馏装置蒸馏收集馏出液。

7.3.2　现配及标定试剂

具体配制方法如下。

（1）氢氧化钾标准溶液（0.05mol/L）的标定：按 GB/T 601—2016 标定或用标准酸标定。

（2）中性乙醚 - 乙醇混合液：乙醚与乙醇以体积比 2∶1 混合，以酚酞为指示剂，用所配的 KOH 溶液中和至刚呈淡红色，且 30s 内不退色为止。

（3）三氯甲烷 - 冰醋酸混合液：量取 40mL 三氯甲烷，加 60mL 冰醋酸，混匀。

（4）淀粉指示剂（10g/L）：称取可溶性淀粉 0.50g，加少许水，调成糊状，倒入 50mL 沸水中调匀，煮沸至透明，冷却。

（5）硫代硫酸钠标准溶液（0.0020mol/L）：用 0.1mol/L 硫代硫酸钠标准溶液稀释，标定。

7.3.3　仪器

250mL 碘量瓶、分析天平、分光光度计、10mL 具塞玻璃比色管、常用玻璃仪器等。

7.4　植物油常规品质评价

7.4.1　感官检验

7.4.1.1　色泽分析

试样混匀过滤于烧杯中（直径 50mm，杯高 100mm），油层高度不得小于 5mm，室温下先对着自然光观察，再于白色背景前借其反射光线观察并按下列词句描述：白色、灰白色、柠檬色、淡黄色、黄色、橙色、棕黄色、棕色、棕红色、棕褐色等。

7.4.1.2　气味及滋味分析

试样倒入 150mL 烧杯中，于水浴上加热至 50℃，以玻璃棒迅速搅拌，嗅其气味，并蘸取少许试样，辨尝其滋味，用正常、焦煳、酸败、苦辣等词句描述。

7.4.2　酸价测定（参照 GB/T 5009.37—2003《食用植物油卫生标准的分析方法》）

7.4.2.1　实验步骤

称取 3.00～5.00g 混匀的试样，置于锥形瓶中，加入 50mL 中性乙醚-乙醇混合液，振摇使油溶解，必要时可置于热水中，温热使其溶解。冷至室温，加入酚酞指示剂 2～3 滴，以氢氧化钾标准溶液滴定，至初显微红色且 30s 内不退色为终点。

7.4.2.2　结果计算

$$X = \frac{V \times c \times 56.11}{m}$$

式中，X 为试样的酸价 (以氢氧化钾计)，mg/g；V 为试样消耗氢氧化钾标准溶液的体积，mL；c 为氢氧化钾标准溶液的实际浓度，mol/L；m 为试样的质量，g；56.11 为与 1.0mL 氢

氧化钾标准溶液 [c（KOH）=1.000mol/L] 相当的氢氧化钾的质量（g）。计算结果保留两位有效数字。

7.4.3　碘值测定（参照GB/T 5532—2008《动植物油脂　碘值的测定》）

7.4.3.1　实验步骤

称样量根据估计的碘值而异（碘值高，油样少；碘值低，油样多），一般在 0.25g 左右。将称好的试样放入 500mL 锥形瓶中，加 20mL 环己烷 - 冰醋酸等体积混合液，溶解试样，准确加 25.00mL 韦氏试剂，盖好塞子，摇匀后放于暗处 30min 以上［碘值低于 150 的样品，应放 1h；碘值高于 150、已聚合、含有共轭脂肪酸 (如桐油、脱水蓖麻油)、含有任何一种酮类脂肪酸及氧化到相当程度的样品，应放 2h］。反应结束后，加入 20mL 碘化钾溶液（100g/L）和 150mL 水。用 0.1mol/L 硫代硫酸钠标准溶液滴定至浅黄色，加几滴淀粉指示剂继续滴定至剧烈摇动后蓝色刚好消失。在相同条件下，同时做空白实验。

7.4.3.2　结果计算

$$X = \frac{(V_2 - V_1) \times c \times 0.1269}{m} \times 100$$

式中，X 为试样的碘值；V_1 为试样消耗的硫代硫酸钠标准溶液的体积，mL；V_2 为空白试剂消耗硫代硫酸钠的体积，mL；c 为硫代硫酸钠的浓度，mol/L；m 为试样的质量，g；0.1269 为碘 $\left(\frac{1}{2}I_2\right)$ 的摩尔质量，g/mmol。

7.4.4　过氧化值的测定（参照GB/T 5009.37—2003《食用植物油卫生标准的分析方法》第一法）

7.4.4.1　实验步骤

称取 2.00～3.00g 混匀（必要时过滤）的试样，置于 250mL 碘量瓶中，加 30mL 三氯甲烷-冰醋酸混合液，使试样完全溶解。加入 1.00mL 饱和碘化钾溶液，紧密塞好瓶盖，并轻轻摇匀 0.5min，然后在暗处放置 3min。取出加 100mL 水，摇匀后立即用硫代硫酸钠标准溶液（0.0020mol/L）滴定，至淡黄色时，加 1mL 淀粉指示液，继续滴定至蓝色消失为终点。用相同量的三氯甲烷-冰醋酸溶液、碘化钾溶液、水，按同一方法做空白试剂实验。

7.4.4.2　结果计算

试样的过氧化值按下式进行计算。

$$b_1 = \frac{0.1269 \times (V_2 - V_1) \times c}{m} \times 100$$
$$b_2 = 78.0 b_1$$

式中，b_1 为试样的过氧化值，g/100g；b_2 为试样的过氧化值，mmol/kg；V_1 为空白试剂消耗硫代硫酸钠标准溶液的体积，mL；V_2 为试样消耗硫代硫酸钠标准溶液的体积，mL；c 为硫代硫酸钠标准溶液的浓度，mol/L；m 为试样的质量，g；0.1269 为碘 $\left(\frac{1}{2}I_2\right)$ 的摩尔质量，g/mmol；78.0 为换算因子。

计算结果保留两位有效数字。在重复性条件下获得的两次独立测定结果的绝对差值不得超过算术平均值的 10%。

7.5　脂类氧化静态测定

酸败是指由脂解（水解酸败）或者脂类氧化（氧化酸败）引起的不良气味和味道。脂解是指脂肪酸从甘油酯上水解下来，由于其挥发性，短链脂肪酸的水解常产生不良风味。

当油脂中发生脂氧化（也称自然氧化）时，引发连续自由基反应，并生成氢过氧化物（起始或初级产物），经分裂后形成包括醛、酮、有机酸和烃类等各种化合物（最终或次级产物）（图 3.1）。

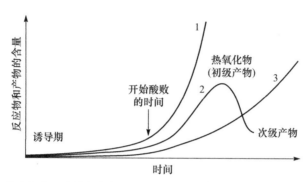

图 3.1　脂肪氧化反应物与产物的含量随时间的变化（引自杨严俊等，2002）

1. 氧气摄取氧化酸败曲线；2. 加热氧化酸败曲线；3. 自然氧化酸败曲线

在生物组织（包括食品）中，烷氧基和过氧化自由基通过吸收和重排反应得到了内过氧化物和环氧化物等次级产物。目前已经建立了许多方法用于测定氧化反应期间形成或降解的各种不同化合物。由于反应系统是动态的，因此往往推荐两种或两种以上测定方法以便更全面地了解脂类氧化反应。

油脂的氧化状态可通过采用过氧化值、胺值、已醛值测定和硫代巴比妥酸检测等分析方法测定。其中有些方法针对一些具体生物组织的分析已经作了修改（主要是为适应待测样品量）。其他监测脂类氧化的方法包括碘价、酸值、Kreis 检测和环氧乙烷（oxirane）检测等分析方法，以及共轭双烯和三烯烃、总羰基化合物和挥发性羰基化合物、极性化合物及气态烃的测定。

一般来说，用上述的一种或多种方法对脂类氧化进行定量测定已经足够了。在某些情况下，需要"显示"食品或食品配料中的脂类和脂类氧化所处的位置，则荧光显微镜法采用脂肪特异性染色可解决这个问题。例如，染料尼罗蓝（Nile blue）[含活性成分尼罗红（Nile red）]能与含脂待测样品结合后在荧光显微镜下进行观察，脂类显示出很强的黄色荧光，并随脂肪性质的不同及脂肪的氧化而发生变化。分析实例包括谷类产品中氧化脂类的定位测定；显示脂类与乳化剂发生的相互作用；以及奶酪、糖霜和巧克力中脂肪的定位测定。

7.5.1　胺值和 T

7.5.1.1　实验原理

胺值是指油脂中醛基（主要是 2-烯醛和 2,4-二烯醛）的总量。醛基化合物与对-甲氧基苯胺反应产生颜色后，用分光光度法测定。T（totox value）是用来表示待测样品氧化状态的总体指标，其值等于胺值与 2 倍过氧化值之和。

$$T = 胺值 + 2 \times 过氧化值$$

7.5.1.2　实验步骤

将油脂溶解在异辛烷中与甲氧基苯胺反应，10min 后在 350nm 处测吸光度。胺值的计算见下式。

$$胺值 = \frac{25 \times (1.2A_S - A_B)}{待测样品质量(g)}$$

式中，A_S 为反应后的吸光度；A_B 为反应前的吸光度。

7.5.1.3　应用

因为在脂类氧化过程中，过氧化值法测得的氢过氧化物的分析值是先升后降，而胺值法测得乙醛的分析值（氢过氧化物的酸败产物）则是不断增加的，所以 T 在此过程中通常是不断增加的。虽然胺值法和 T 值法在美国不太常用，但在欧洲已被广泛采用。

7.5.2　己醛值测定

7.5.2.1　实验原理

脂类氧化期间会形成各种产物，常见的产物为己醛。顶空法测定己醛是检验脂类氧化程度的方法之一。该法通常直接采用顶空取样分析，这就需要从置有待测样品的密闭容器的顶空获得一定体积的气体来进行色谱分析。

7.5.2.2　实验步骤

己醛值的测定目前还没有法定方法，有些论文介绍了一些可用于各种待测样品的现行方法。较典型的方法是将少量待测样品置于容器中，可加入内标物，如 4-庚酮。将该容器密封并加热一定时间。加热使容器顶空的易挥发物质的浓度增加。用一个气体注射器等分吸取容器顶空的气体，然后采用带氢焰离子化检测器的气相色谱仪进行分析测定。根据色谱峰面积计算己醛的量。

7.5.2.3　应用

己醛值与脂类氧化的感官评定有密切联系，因为己醛是一些食品主要的不良风味物质。其他脂类氧化产物（如戊醛）很容易和己醛一起被测定，从而可增加对各种不同食品特性的了解。该测定方法的优点之一是不需要先进行脂类萃取。自动顶空取样器能自动加热待测样品，并确保分析体积保持不变。

7.5.3　硫代巴比妥酸测定法

7.5.3.1　实验原理

硫代巴比妥酸（TBA）测定法测定脂类氧化的次级产物——丙醛。丙醛（包括丙醛型产物）与 TBA 反应产生的有色化合物可通过分光光度法进行测定。因为该反应不是丙醛所特有的反应，所以有时在报道时就把该反应产物说成 TBA 反应物（TBARS）。待测食品样品或许可直接与 TBA 反应，但在实际测定中还是经常采用蒸馏法尽量先去除杂质，然后将馏分与 TBA 反应。该测定法已经得到了许多改进。

7.5.3.2　实验步骤

与直接测定油脂的方法相反，TBA 测定法常常要求在分析前先将食品待测样品进行蒸馏。一定量的待测样品与蒸馏水混合，调节待测样品 pH 至 1.2，移入蒸馏瓶中，然后加一定量的 BHT、消泡剂和沸石，快速煮沸，收集前 50mL 馏分。等分的馏分与 TBA 试剂混合，并在沸水浴中 35min 后在 530nm 处测定吸光度。最后利用标准曲线将吸光度转换为每千克待测样品含丙醛（或 TBARS）的质量（mg）。

7.5.3.3　应用

TBA 测定法与酸败食品感官评定的相关性要好于过氧化值法，但是与过氧化值测定一样，所测定的只是氧化的中间产物（如丙醛与其他化合物可迅速发生反应）。尽管 TBA 测定法存在着特异性不够高及需要大量待测样品（根据方法）的缺点，但该法几乎不加修改就经常用来测定脂肪的氧化程度，特别是对肉制品的测定。

另一个替代上述分光光度法的测定方法是高效液相色谱法分析蒸馏物中丙醛的含量。

7.6　脂类氧化稳定性评价

因为脂类和食品原料的固有性质（如不饱和性和天然抗氧化性）与外部因素（如添加抗氧化剂、加工和储藏条件）不同，所以它们抗腐败变质的稳定性各不相同。脂肪抗氧化能力就是所谓的脂类氧化稳定性。由于在实际储存的环境下（通常是室温）或在实际货架寿命期间的氧化稳定性测定需长达数月甚至数年的时间，因此现已建立了加速测定法测定脂肪和食品原料的氧化稳定性。加速测定法是人为地给待测样品提供热量、氧气、金属催化剂、光照或酶解等条件以加速脂类氧化。

加速反应的主要问题是该法假设在提高的温度和人工条件下的反应与产品在实际储存温度条件下应发生的反应相同（而实际上有时会有不同）。另一个问题是要保证测定所用的仪器洁净，不含金属污染物及以前残余的过氧化物。因此，如果脂类氧化是影响产品货架寿命的主要因素，在实际条件下测得的货架寿命应与脂类氧化稳定性加速测定的结果相一致。

诱导期是指能测出的腐败前的时间期限或脂肪开始加速氧化前的时间期限（图 3.1）。诱导期能通过测定次级产物的最大值或通过切线法作图来计算（图 3.2）。诱导期的测定可以用于比较含不同种类脂肪的待测样品的氧化稳定性，或不同储藏条件下待测样品的氧化稳定性，以及测定各种抗氧化剂的功效。

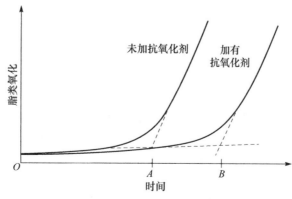

图 3.2　脂类氧化随时间变化图（表明抗氧化剂对诱导期的影响）（引自杨严俊等，2002）

A. 没有加抗氧化剂的时间；*B.* 加了抗氧化剂的时间

7.6.1　烘箱法

烘箱法是一种常用的测定脂类氧化稳定性的加速测定法。该法是将一定质量的待测样品加热至某一温度（通常是 60℃）。由于温度、加热类型、待测样品容器大小、待测样品组分及其他参数都没有专门的规定，因此该法不是法定方法。为了让其他实验室能够平行重复其实验报告，必须注明这些实验的具体条件。当然 60℃ 是比较理想的储藏温度，因为脂肪在此温度下氧化的机理跟室温下的完全相同，但在更高温度（如 100℃）下脂肪发生反应的机理就不同了。

测定诱导期和氧化稳定性可采用烘箱法和一些测定酸败的方法相结合起来使用，如感官评定法和过氧化值测定法。在 60℃ 左右测定氧化稳定性获得的实验值与实际货架寿命的测定值很相近。

7.6.2　油稳定指数法和活性氧测定法

7.6.2.1　实验原理

油稳定指数法 (OSI) 可测定油的诱导期。具体方法是将纯化的空气通入加热的待测油脂样品（通常是 110℃ 或 130℃），然后将易挥发性酸（主要是甲酸）通入去离子水收集器，连续测定水的电导率，最终所得的结果和图 3.2 十分接近。结果应注明测定所采用的温度及得到的诱导期的长短。可用于该测定的两种自动化仪器分别是 Rancimat 测定仪和氧化稳定性测定仪。至于人们更为熟悉的活性氧测定法（AOM）则测定非常费力，已经过时，该方法除了诱导期是通过不连续法测定过氧化值或感官评定腐败气味外，其他都类似于 OSI。

7.6.2.2　应用

上述方法最初是被设计用于测定抗氧化剂的功效。OSI 比烘箱法快，但后者与实际货架寿命更接近。一些有关油脂特性的表格都详细列上了 AOM，以便于那些对 AOM 较熟悉的研究工作者进行对比。AOM 和 OSI 可以相互转换。

为了能适用于所有油脂待测样品的测定，OSI 还被开发用于低水分的休闲食品的测定（如土豆片和玉米饼）。该方法在测定过程中待测样品连续暴露在流通的空气中，易脱水而导致所测定的结果不准确。

7.6.3　氧弹法

7.6.3.1　实验原理

脂类氧化时会摄取周围环境中的氧（图 3.1），因此可通过测定置于密闭容器中的脂肪从氧化开始到耗尽氧所需的时间来衡量脂类氧化稳定性。

7.6.3.2　实验步骤

氧弹由一个可测压力的厚壁容器组成。待测样品置于该厚壁容器中并通入氧气至 6.9MPa 压力，并进行沸水浴，然后通过测定发生压力急剧下降的时间来确定其诱导期。压力的下降是由待测样品快速吸收消耗氧气引起的。

7.6.3.3　应用

氧弹法测定食品酸败比 AOM 准确。与 OSI（或 AOM）相比，该法的另一个优点是可直接采用食品原料进行测定，而不必进行脂肪萃取。

7.7 注意事项

（1）测定食用植物油的感官指标，要确保实验场所安静、卫生、无异味、光线柔和，最好在感官分析实验室进行。

（2）测酸价时，如样液颜色较深时，可减少试样用量，或适当增加混合溶剂的用量。

（3）测碘值时，光线和水分会对氯化钾起作用，影响很大，要求所用仪器必须清洁、干燥，碘液试剂必须用棕色瓶盛装且放于暗处。

（4）在过氧化值的测定中，饱和碘化钾溶液中不可存在游离碘和碘酸盐；三氯甲烷与冰醋酸的比例，以及加入碘化钾后静置时间的长短、加水量的多少等对测定结果均有影响，应严格控制试样与空白实验的测定条件保持一致。

【复习与思考题】

1. 油脂中游离脂肪酸与酸价有何关系？测定酸价时加入乙醇有何目的？
2. 哪些指标可以表明油脂的特点？它们表明了油脂哪些方面的特点？
3. 本实验用了哪几种滴定法？各有什么特点？影响准确度和精密度的因素有哪些？
4. 查阅相关国家标准，说明食用油的理化指标还有哪些需要测定？

【本综合实验心得体会】

_____

_____

_____

_____

实验 8 食品加工贮藏过程中常见的综合型实验选题指南

8.1 加工工艺对食品产品质量的影响

8.1.1 影响糖果结晶因素实验

1）目的要求　　通过实验研究，了解影响糖果结晶的因素，探索配方和结晶工艺对奶糖硬度和质地的影响。

2）实验内容提要

（1）研究淡炼乳、有机酸、糖类不同配比对奶糖结晶韧度、质量的影响。

（2）各加工工序如熬糖、结晶温度等条件对产品质量的影响。

（3）反映产品质量相关指标的测定。

8.1.2 影响蛋黄酱乳状液形成和稳定因素实验

1）目的要求　　通过蛋黄酱的制作，了解影响乳状液形成和稳定的因素，配料组分在乳化体系中的作用，以及油脂、乳化剂种类及其浓度变化对蛋黄酱黏度和风味的影响。

2）实验内容提要

（1）设计并完成一套在实验室条件下生产蛋黄酱的配方及工艺。

（2）影响蛋黄酱产品质量因素实验。

8.1.3 提高肉制品持水性实验

1）目的要求　　肉类加工中肌肉保水性与肉制品嫩度密切相关，也是衡量肉制品质量品质的重要指标。通过本实验进一步掌握肌肉保水机理及影响因素。

2）实验内容提要

（1）分析影响肉制品持水性的因素。

（2）提高肉制品保水性实验。

（3）反映保水性指标的测定。

8.1.4 影响面团形成及面包品质因素实验

1）目的要求　　通过本实验了解面包配方各主要组分在面团形成中所起的作用及其对产品质量的影响，掌握反映面包质量指标的测定项目及方法。

2）实验内容提要

（1）设计在实验室条件下生产面包的基本配方和工艺。

（2）改变配方中主要组分对面团形成及面包质量品质的影响实验。

（3）设计测定和评价面包品质的方法。

8.1.5 蛋白质的功能性质在食品中的应用

1）目的要求　　通过选择不同的蛋白质作主要原料或辅料，在一定条件下制作出不同的食品，观察其表现出来的功能性质，掌握蛋白质的水化性质、表面性质、结构性质、感官性质等功能性质在食品中的应用及影响这些性质的主要条件。

2）实验内容提要

（1）根据给出的大豆蛋白粉、谷朊粉、鸡蛋、鱼肉、猪肉、牛奶、明胶等，设计选择其中合适的蛋白质种类，制作豆腐、腐皮、蛋糕、肉丸、豆乳、乳酪等多种食品。

（2）观测食品的组织结构强度、弹性、乳化稳定性、发泡体积等特性指标。

8.2 食品加工贮藏过程中成分变化及其保护

8.2.1 绿色蔬菜加工过程中失绿机制及其控制

1）目的要求　　通过实验认识到"失绿"是绿色蔬菜加工中普遍存在的现象，而"护绿"是亟待解决的工艺难点。在理解叶绿素呈色机理及其影响因素的基础上，综合运用专业理论知识，对实验材料及加工产品提出可行的"护绿"措施。熟悉并掌握叶绿素的分析方法。

2）实验内容提要

（1）以一种富含叶绿素的蔬菜为原料，选择合适的加工工艺（罐藏或脱水蔬菜），拟定生产流程。

（2）观察并测定加工过程中蔬菜"失绿"状况，并制订控制"失绿"的措施。

（3）与"失绿"相关指标的测定。

（4）叶绿素提取分离和稳定性评价。

8.2.2　果蔬制品褐变机制及其防止措施

1）目的要求　　通过实验进一步认识食品在储藏和加工过程中各类型褐变的机理、反应的途径，防止褐变应采用的措施。

2）实验内容提要

（1）选择一种易出现褐变的果蔬原料及一种适当的加工方法，加工成产品。测定加工过程各工序中物料褐变状况。

（2）采用不同的防止褐变措施，观察防止褐变的效果。

8.2.3　果蔬加工及其制品中维生素C的保存

1）目的要求　　通过实验进一步了解维生素 C 的理化特性，果蔬加工过程中影响维生素 C 损失的主要因素及防止途径。

2）实验内容提要

（1）以富含维生素 C 的果蔬作原料，根据实验室具备的条件，制作一种加工制品。

（2）测定加工过程中没有保护措施和采取了保护措施时维生素 C 含量的动态。

（3）维生素 C 测定方法的筛选。

8.2.4　影响植物色素稳定性因素实验

1）目的要求　　通过本实验进一步认识 pH、金属离子、温度和氧化剂对植物色素稳定性的影响，学习简单提取不同类型植物色素的方法及它们在不同条件下变色及护色的方法。

2）实验内容提要

（1）三大类植物色素提取实验。

（2）pH、金属离子、温度、氧化剂影响色素稳定性实验。

（3）护色实验。

8.3　食品质量评价实验

8.3.1　方便面质量评价

1）目的要求　　通过实验掌握方便面质量评价及方便面的质量要求，进一步巩固已学过的分析方法与技术。

2）实验内容提要

（1）选择市面出售的油炸方便面或非油炸方便面，按照国家标准要求进行感官、理化及卫生指标测定。

（2）对比评价各种方便面的质量品质。

8.3.2　消毒牛乳质量评价

1）目的要求　　通过本实验掌握评价消毒牛乳的质量标准，掌握评价消毒牛乳质量指标的分析测定方法。

2）实验内容提要

（1）选择市售消毒牛乳，按国家标准要求进行感官、理化及卫生指标测定。

（2）比较不同品牌消毒牛乳的质量品质。

8.3.3　果汁新产品开发可行性分析

1）目的要求　　通过本实验学会运用食品分析检验技术并掌握食品感官评价等知识。对现有各品牌果汁进行综合分析与评价，为开发高质量新果汁产品提供依据。

2）实验内容提要

（1）通过市场调查，选择一定数量、品牌的果汁，选择能反映其质量、品质的相关指标进行测定。

（2）对测定结果开展综合分析与评价。

8.4　添加剂对食品的作用实验

8.4.1　抗氧化剂在富含脂肪食品加工、储藏过程中对脂肪的保护

1）目的要求　　通过实验进一步认识到含脂食品在加工和储藏过程中最主要的品质缺陷是脂肪氧化，要求学生在复习巩固脂肪氧化机理与途径的基础上，初步掌握常用抗氧化剂的抗氧化效果及发展趋势。

2）实验内容提要

（1）以某些含脂类丰富的食品为原材料，选择适宜的加工方法制备食品。

（2）抗氧化剂添加实验，选择一些天然的或人工合成的抗氧化剂，在食品加工适宜的工序中添加进去，进行对比实验。

（3）选用已学过的、反映脂肪氧化程度的指标，开展食品中脂肪氧化程度测定。

8.4.2　食品工业中常用食用胶的溶解性和凝胶特性的比较

1）目的要求　　掌握常见的几种食用胶的水溶特性及凝胶条件；了解多种因素对其凝胶性能（凝胶强度、持水性、熔点、凝固点和透明度）的影响；了解不同增稠剂在食品加工中的性质特点。

2）实验内容提要

（1）羧甲基纤维素、海藻酸钠、黄原胶、卡拉胶、琼脂等常用食用胶在水中的溶解性能比较。

（2）不同条件下食用胶凝胶实验。

（3）果冻制作：根据上述实验结果，找出一种合适的食用胶的果冻，要求所制作的果冻具有较好的弹性、韧性、甜酸比及合适的颜色。

8.4.3　食用添加剂对果味饮料感官质量的影响

1）目的要求　　通过本实验了解不同甜味剂、增稠剂、酸味剂、色素及香精等对果味饮料风味、稠度、色泽等感官质量的影响；了解影响果味饮料品质的添加剂的种类与特性。

2）实验内容提要

（1）以市场上某品牌果味饮料为标准样，选用不同的甜味剂（如蔗糖、甜蜜素、糖精

钠、甜味素等）、增稠剂（如羧甲基纤维素、黄原胶、卡拉胶、琼脂等）、酸味剂（如柠檬酸、苹果酸、葡萄糖酸、乳酸等）、色素和香精进行比较，找出其合适的种类并确定其最佳用量，使配制出的饮料从风味、色泽、稠度等方面接近该品牌的果味饮料。

（2）应用感官检验及物理检验方法对试制品作评价。

8.4.4 羧甲基淀粉钠的制备及黏度评价

1）目的要求　　通过本实验巩固食品添加剂理论课学到的知识，掌握实验室中羧甲基淀粉钠合成的方法和技术要点。

2）实验内容提要

（1）根据实验室具备的条件，参照工业合成工艺，在实验室中合成羧甲基淀粉钠。

（2）对合成的产品与市售羧甲基淀粉钠的黏度作比较。

8.5 分析方法的筛选与比较

8.5.1 不同分析方法的比较实验

1）目的要求　　通过本实验来认识测定某种成分所用的分析方法不同得到的结果有差异，通过对比来了解不同分析方法的优缺点，认识选择分析方法的重要性。

2）实验内容提要　　给出某一食品，提出要求测定的成分，让学生用不同的分析方法测定这一成分，根据操作的难易、时间的快慢、结果的对比来比较不同分析方法的优缺点。

8.5.2 分析项目和分析方法的筛选

1）目的要求　　通过本实验使学生灵活运用本课程所学知识，从而培养学生分析问题、应用知识、解决问题等方面的能力。

2）实验内容提要　　给出不同品牌的某种食品，要求学生比较它们营养价值的高低或安全性。这需要学生分析判断应测定哪种是最代表营养或危害健康的主要成分，并依据分析样品的特性确定应采用的分析方法，再动手做实验，最后对结果进行分析和合成来达到目的。

实验 9　能力提升实训素材

9.1 奶粉的真假辨别实验

2004 年 5 月，阜阳市 229 名婴儿食用蛋白质营养不足的奶粉导致营养不良，其中死亡 12 人。事件发生后，阜阳市查获 55 种不合格奶粉，共 10 多万袋。仅仅一个月之后，湖南省衡阳市又查封蛋白质含量不足的奶粉近 5 万袋。

时隔一年，也就是 2005 年，株洲再现食用蛋白质含量严重不足的婴儿奶粉导致“大头娃娃”的事件。2006 年呼和浩特市又查到劣质奶粉，说明在奶制品市场确实存在一些问题。

乳粉是一种干燥粉末状乳制品，具有耐藏、使用方便等特点。乳粉的主要营养成分是脂肪、蛋白质和乳糖等，由于生产方式不同，可将乳粉分为全脂乳粉、全脂加糖乳粉和脱脂乳粉等。每种乳粉的质量均有规定，如果不符合要求就有可能掺假。各种乳粉的主要成分及其含量见表 3.14。

表 3.14　各种乳粉的质量标准（引自高海生，2002）

品种		水分 /(g/100g)	脂肪 /(g/100g)	乳糖 /(g/100g)	蔗糖 /(g/100g)	杂质度 /(mg/kg)
全脂乳粉	特级品	2.50	25～30	42	0	<6
	一级品	2.75	25～30	42	0	<12
全脂加糖乳粉	特级品	2.50	20～25	30	20	<6
	一级品	2.75	20～25	30	20	<12
脱脂乳粉	特级品	4.00	<1.5	52	0	<6
	一级品	4.00	<1.75	52	0	<12

9.1.1　奶粉质量优劣快速辨别

乳粉的质量优劣可从感官方面快速检验，具体从以下几个方面加以考虑。

1）优质乳粉

色泽：正常乳粉呈浅乳黄色，色泽均匀一致有光泽。

气味及滋味：具有冲调后消毒牛乳的纯香味，甜味纯正，无异味。

组织状态：干燥粉末，颗粒细小、均匀一致，无结块。

冲调性：湿润下沉快，冲调完全后呈胶态液体，无沉淀，无杂质。

2）劣质乳粉

色泽：乳粉色泽呈淡白色或灰白色，无光泽。

气味及滋味：乳香味变淡，消毒后有焦粉味或轻微臭味及异味。

组织状态：有结块但易松散，或有小颗粒、小黑点等。

冲调性：冲调后有少量团块，或有细小颗粒沉淀，有少量脂肪析出，表面有悬浮物。

3）变质乳粉

色泽：变质乳粉色泽灰暗或呈褐色，失去黄色光泽。

气味及滋味：有陈腐味、乳霉味或酸败味、苦涩味。

组织状态：有较硬的结块。

冲调性：冲调后胶态不均匀，或是水、乳分离，具有大量的沉淀物。

9.1.2　奶粉掺假鉴别

乳粉的掺假主要有蔗糖、豆粉和面粉等，其检验方法为：取样品适量溶解于水中，然后按照鲜乳中掺有蔗糖、豆粉和面粉等杂质的检验方法进行检验。

乳粉的掺假可从感官方面快速鉴别，具体从以下几个方面加以考虑。

1）手捏鉴别

真奶粉：用手捏住袋装奶粉的包装来回摩擦，真奶粉质地细腻，发出"吱、吱"声。

假奶粉：用手捏住袋装奶粉的包装来回摩擦，假奶粉由于掺有白糖、葡萄糖而颗粒较粗，发出"沙、沙"的声响。

2）色泽鉴别

真奶粉：呈天然浅乳黄色。

假奶粉：颜色较白，细看呈结晶状，并有光泽，或呈漂白色。

3）气味鉴别

真奶粉：牛奶特有的奶香味。

假奶粉：乳香味甚微或没有乳香味。

4）滋味鉴别

真奶粉：细腻发黏，溶解速度慢，无糖的甜味。

假奶粉：入口后溶解快，不粘牙，有甜味。

5）溶解速度鉴别

真奶粉：用冷开水冲时，需经搅拌才能溶解成乳白色混悬液；用热水冲时，有悬漂物上浮现象，搅拌时粘住调羹。

假奶粉：用冷开水冲时，不经搅拌就会自动溶解或发生沉淀；用热水冲时，其溶解迅速，没有天然乳汁的香味和颜色。

奶粉真假鉴别除了上述通过感官快速鉴别外，还可以根据《食品安全国家标准　乳粉》（GB 19644—2010）相关指标要求进行分析检验。

9.2　蜂蜜的真假鉴定实验

蜂蜜中主要含葡萄糖、果糖和蔗糖，还含有丰富的蛋白质、氨基酸、有机酸及多种维生素和矿物质等，特别是其含有多种活性酶类，如淀粉酶、蔗糖转化酶、过氧化氢酶和脂酶等。因此，蜂蜜是一种富含营养的天然食品。《食品安全国家标准　蜂蜜》（GB 14963—2011）国家强制性标准，明确提出蜂蜜产品中"不得添加或混入任何淀粉类、糖类、代糖类物质"。GB 14963—2011 国家标准规定，蜂蜜的果糖和葡萄糖的含量必须在 60% 以上。近年来，发现有些不法商贩向蜂蜜中掺杂使假、以次充优，坑害消费者以获得高利。蜂蜜中常见的掺假物质有糖、食盐、明矾、淀粉类物质、羧甲基纤维素钠等，更有甚者掺入尿素，严重损害了广大消费者的利益和健康。可采用物理、化学等简易方法对蜂蜜的掺假进行快速鉴别检验，同时介绍伪造蜜和有毒蜂蜜的识别检验，其方法简便易行、检测结果明显。

真的蜂蜜口服后，喉部会有一种辛辣的感觉，蜂蜜里一般有一些生物碱，所以说会刺激人的喉部，产生这种辛辣的感觉，而造假的蜂蜜没有这些物质，所以说它被喝下去以后只是一种甜的味道，没有辛辣感觉。

一般来说，有一些特定的蜂蜜品种，如一些椴树蜜、油菜蜜，容易结晶，结晶的温度一般在 13～14℃，也就是说温度较低时容易结晶，但反而掺入了一些果脯糖浆的假蜂蜜不结晶，所以消费者从这点上也可以鉴别。

9.2.1　蜂蜜的感官鉴别

1）判断方法　　蜂蜜的感官鉴别可通过看色泽、品味道、试性能、查结晶等来进行判断。

（1）看色泽：每一种蜂蜜都有固定的颜色。例如，刺槐蜜、紫云英蜜为白色或浅琥珀色，芝麻蜜呈浅黄色等。纯正的蜂蜜一般色淡、透明度好，如掺有糖类或淀粉则色泽昏暗，液体浑浊并有沉淀物。

（2）品味道：质量好的蜂蜜，嗅、尝均有花香；掺糖加水的蜂蜜，花香皆无，且有糖水味；好蜂蜜吃起来有清甜的葡萄糖味，而劣质的蜂蜜蔗糖味浓。

（3）试性能：纯正的蜂蜜用筷子挑起后可拉起柔韧的长丝，断后断头回缩并形成下粗上细的塔状且慢慢消失；低劣的蜂蜜挑起后呈糊状并自然下沉，不会形成塔状物。

（4）查结晶：纯蜂蜜结晶呈黄白色，细腻、柔软；假蜂蜜结晶粗糙，透明。

2）蜂蜜类别分析　　下面介绍几种常见蜂蜜的色香味及结晶，据此可初步判断是哪种蜂蜜。

紫云英蜜：有清香气，味鲜洁，甜而不腻，不易结晶，结晶后呈粒状。

苕子蜜：色味均与紫云英蜜相似，但不如紫云英蜜味鲜洁，甜味也略差。

油菜花蜜：浅白黄色，有油菜花的清香味，稍浑浊，味甜润，最易结晶，其晶粒特别细腻，呈油状结晶。

棉花蜜：淡黄色，味甜而稍涩，结晶颗粒较粗。

乌桕蜜：呈浅黄色，具轻微酵酸甜味，回味较重，润喉较差，易结晶，呈粗粒状。

芝麻蜜：呈浅黄色，味甜，一般清香。

枣花蜜：呈中等琥珀色，深于乌桕蜜，蜜汁透明，味甜，具有特殊浓烈气味，结晶粒粗。

荞麦蜜：呈金黄色，味甜而腻，吃口重，有强烈的荞麦气味，颇有刺激性，结晶呈粒状。

柑橘蜜：品种繁多，色泽不一，一般呈浅黄色，具有柑橘的香甜味，食之微有酸味，结晶粒粗呈油脂状结晶。

槐花蜜：色淡白，有淡香气，口味鲜洁，甜而不腻，不易结晶，结晶后呈细粒状，油脂状凝固。

枇杷蜜：色淡白，香气浓郁，带有杏仁味，甜味鲜洁，结晶后呈细粒状。

荔枝蜜：微黄或淡黄色，具荔枝的香气，有刺喉粗浊之感。

龙眼蜜：淡黄色，具龙眼花香气味，纯甜、没有刺喉味道。

椴树蜜：浅黄或金黄色，具有令人悦口的特殊香味。蜂巢椴树蜜带有薄荷般的清香味道。

葵花蜜：浅琥珀色，味芳香，甜润，易结晶。

荆条蜜：白色，气味芳香，甜润，结晶后细腻色白。

草木樨蜜：浅琥珀色或乳白色，浓稠透明，气味芳香，味甜润。

甘露蜜：暗褐或暗绿色，没有芳香气味，味甜。

山花椒蜜：深琥珀色或深棕色，半透明黏稠液体，味甜，有刺喉异味。

桉树蜜：深琥珀色或深棕色，味甜有桉树异臭，有刺激味。

百花蜜：颜色深，是多种花蜜的混合蜂蜜，味甜，具有天然蜜的香气，花粉组成复杂，一般有5～6种甚至以上的花粉。

结晶蜂蜜：此种蜜多称为春蜜或冬蜜，透明差，放置日久多有结晶沉淀，结晶多呈膏状，花粉组成复杂，风味不一，味甜。

9.2.2　蜂蜜掺假的鉴别

9.2.2.1　蜂蜜掺水的鉴别

（1）感官检验：取蜂蜜数滴，滴在滤纸上，优质的蜂蜜含水量低，滴落后不会很快浸透，而掺水的蜂蜜滴落后很快浸透消失。

（2）波美密度计检验法：将蜂蜜放入口径4～5cm的500mL玻璃筒内，待气泡消失后，将清洁干燥的波美密度计轻轻放入，让其自然下降，待波美密度计停留在某一刻度上不再下降时，即指示蜂蜜的浓度。测定时蜂蜜的温度保持在15℃，纯蜂蜜波美密度在42°Bé以上。如蜂蜜的温度高于15℃，要以增加的度数乘以0.05，再加上所测得的度数就是蜂蜜的实际密度，如蜜温25℃时，波美密度计测得为41°Bé，则实际密度为：41+(25−15)×0.05＝41.5。温度低于15℃则相反，如蜜温为10℃时波美度为41°Bé，则该蜜的实际密度为：41−(15−10)×0.05＝40.75。

9.2.2.2　蜂蜜中掺糖的鉴别检验

人为将糖熬成浆状掺入蜜中，其回味短，糖浆味浓。可用下述方法加以详细鉴别。

（1）物理检验：取一块玻璃板，将少许样品置于板上，用强日光晒或电吹风吹，掺有糖浆者便结成硬的结晶块，而纯蜂蜜仍呈黏稠状。

用铝锅将待测蜂蜜熬成饱和溶液，然后放入冷却水中，掺蔗糖的则形成一块脆块，未掺的则不能。

（2）掺饴糖的检验：取蜂蜜2mL，于试管中加5mL蒸馏水，混匀，然后缓缓加入95%的乙醇数滴，若出现白色絮状物，说明有饴糖掺入；若呈浑浊状则说明正常。

（3）掺蔗糖的检验。

方法一：取蜂蜜1份加水4份，振荡搅拌，如有浑浊或沉淀，滴加2滴1%的硝酸银溶液，若有絮状物出现，说明有蔗糖掺入。

方法二：取蜂蜜10mL，加入0.1g间苯二酚及1mL浓盐酸，加热至沸，如呈现红色说明有蔗糖掺入。同时应做空白对照实验。

9.2.2.3　蜂蜜中掺明矾的鉴别检验

1）物理检验　掺有明矾的蜂蜜稀薄，但相对密度大，味甜而涩口。

2）化学检验

（1）Al^{3+}检验：取蜂蜜1mL，加蒸馏水10mL混匀，沿管壁加氨水2mL，两液界面处有白色絮状物，放置30min后可见管底部有白色沉淀，加入2mol/L氢氧化钠溶液2mL，振摇后沉淀溶解，证明有Al^{3+}存在。

（2）SO_4^{2-}检验：根据SO_4^{2-}与Ba^{2+}反应生成白色沉淀，不溶于任何强酸（盐酸、硝酸）的原理进行。取蜂蜜1mL置于试管中，加入10mL水混匀，加盐酸数滴，然后加入5%的氯化钡溶液1mL，若生成白色沉淀则说明有SO_4^{2-}存在。

（3）K^+检验：取蜂蜜1mL置于试管中，加10mL水混匀，加入硝酸银数滴和一小块固体亚硝酸钴钠，如有黄色浑浊或沉淀，则表明有K^+存在。

说明：样品中如有Cl^-存在可不加硝酸银，仅加亚硝酸钴钠，此溶液pH对反应有影响，只有溶液呈中性或弱酸性下才能生成沉淀。

9.2.2.4　蜂蜜中掺食盐的鉴别检验

1）物理检验　蜂蜜中掺入食盐水，虽浓度增加，但蜂蜜稀薄，浓度大、黏度小，有咸味出现。

2）化学检验

（1）Cl^-检验：取蜂蜜1g，加蒸馏水5mL，混匀，加入5%的硝酸银溶液数滴，出现白色浑浊或沉淀后加入几滴氨水，振摇，沉淀可溶解，再加20%的HNO_3数滴，白色浑浊或沉淀重新出现，则说明检测样品中有 Cl⁻ 存在，可能有食盐掺入。

（2）Na⁺ 检验：先用白金耳蘸稀硝酸于无色火焰上烧，反复至无色，然后蘸检测液烧，若呈黄花火焰，即可判断该检测液中有 Na⁺ 存在。

9.2.2.5　蜂蜜中掺米汤、糊精及其他淀粉类物质的检验

1）物理检验　　掺有米汤、糊精及淀粉类物质的蜂蜜，外观浑浊不透明，蜜味淡薄，用水稀释后溶液浑浊不清。

2）化学检验　　取蜂蜜 2g，加蒸馏水 10mL，煮沸后冷却，加碘-碘化钾试剂 2 滴，如有蓝色、蓝紫色或红色出现，说明掺有淀粉类物质。

9.2.2.6　蜂蜜中掺入增稠剂——羧甲基纤维素钠的检验

1）物理检验　　掺有羧甲基纤维素钠（CMC-Na）的蜂蜜，颜色深黄，黏稠度大，近似饱和胶状溶液，有块状脆性物悬浮且底部有白色胶状小粒。

2）化学检验　　取蜂蜜 10g，加入 95% 的乙醇 20mL，充分搅拌均匀，即有白色絮状物析出，取白色絮状物 2g，置 100mL 温热蒸馏水中，搅拌均匀，冷却备检。

取上述备检液 30mL，加入 3mL 盐酸产生白色沉淀。

取上述备检液 50mL，加入 100mL 1% 的硫酸铜溶液，产生绒毛状浅蓝色沉淀。

若上述两项试验皆出现阳性，则说明被检测样品中掺有羧甲基纤维素钠。

9.2.2.7　蜂蜜中掺入尿素的鉴别

1）物理检验　　掺有尿素的蜂蜜，味甜但有涩口感及异味感。另外，取蜂蜜 5mL，加蒸馏水 20mL，加热煮沸即可闻到氨水味；用湿的广泛 pH 试纸置水蒸气上，试纸变蓝，说明掺有尿素。

2）化学检验　　取蜂蜜 3mL，加蒸馏水 3mL，然后加入 3～4 滴二乙酰一肟溶液（取 600mg 二乙酰一肟及 30mg 硫氨脲，加蒸馏水 100mL 溶解即可），混匀，再加入 1～2mL 磷酸，混匀，置水浴中煮沸，观察颜色，如呈红色说明掺有尿素。

蜂蜜真假鉴别除了上述通过感官快速鉴别外，还可以根据《食品安全国家标准　蜂蜜》（GB 14963—2011）相关指标要求进行分析检验。

9.3　淀粉及其制品掺假检验

目前，淀粉的掺假常见的主要是掺入面粉、玉米面、荞面、红薯干细粉等面类食品，还有极个别的不法商贩向淀粉及淀粉制品中掺入白陶土、滑石粉、非食用色素等杂质类。因此，加强对淀粉及其制品的鉴别检验极为重要。

9.3.1　掺假淀粉的鉴别

鉴别掺假淀粉的简便方法主要是凭感官鉴别，即观堆尖、用手握、看色泽、听声音、品尝咀嚼、用水检验和沉淀比积等方法。如怀疑淀粉中掺有面粉，可选用浓硫酸法进行检验。

（1）观堆尖、用手握：用手将淀粉堆成堆儿，看堆尖，纯淀粉堆尖较低而坡度缓；有掺假的淀粉堆尖较高而陡。或用手抓一把淀粉，用力紧握，当手指放开后，淀粉被捏成团的，说明有掺假或淀粉含水超标；捏不成团的、呈较松散状的是纯淀粉，含水量在标准以内。

（2）看色泽：正常的淀粉颜色洁白或灰白，有光泽，用手指捻粉时，有细腻光滑的感

觉。不符合上述特点的，属于掺假的淀粉。

（3）听声音：用手在装淀粉的口袋外面捏搓，能听到轻微清脆的不间断的"咔咔"响声，说明是纯淀粉。没有声响或声响极小的，是掺有面粉、荞面或玉米面的淀粉。

（4）品尝咀嚼：取少许淀粉放在舌头上，用门牙或大牙细细咀嚼，有异味或有牙碜感觉的是沙土过多，可疑为掺有白陶土。

（5）水检验法：取少许淀粉，用冷水滴在上面，仔细观察。若水渗得缓慢，形成的湿粉块松软，其表面粘手指，并有黏的感觉，说明是不纯的淀粉；若水较快渗到淀粉里，形成坚硬的湿粉块，其表面不粘手指，有光滑的感觉，则证明是纯淀粉。

（6）沉淀比积法：将纯淀粉和待测样品各 5g，分别置于 100mL 量筒中，加水至 100mL，轻轻混匀，静置沉淀。观察沉淀物占体积比，纯淀粉为 5%～6.5%，如果待测样品与此基本一致，说明是纯淀粉，如果大于 6.5%，则说明待测样品是掺假淀粉。

（7）浓硫酸法：取纯淀粉和分别掺有 10%、20%、30%、40%、50%、100% 面粉的淀粉少许，分别置于白瓷盘（或小烧杯）中，加浓硫酸适量，用玻璃棒搅拌成糊状，5min 后观察，可按表 3.15 来判断。

表 3.15 浓硫酸法测定淀粉纯度的结果观察（引自高海生，2002）

面粉掺入量 /%	颜色	形态
0	无色	均一，透明胶体
10	污黄略红	有红色颗粒，分布不均的胶体
20	污黄带粉红	有较多红色颗粒，部分较均的胶体
30	黄红色	红色颗粒密集成片，胶体
40	浅紫色	红色颗粒密集成一体，胶体
50	紫红色	紫红色胶体，隐约可见颗粒
100	紫棕色	紫棕色胶体，不见颗粒

9.3.2 淀粉制品掺假鉴别

9.3.2.1 粉丝（条）中掺入塑料的鉴别

粉丝或粉条是人们日常生活中餐桌上的一种传统方便食品，凉拌、做汤菜或作为火锅食品，均很受欢迎。近年来却发现少数生产者置商业道德于不顾，在生产粉丝或粉条的过程中，竟将白色废旧塑料薄膜加以处理，掺入豌豆粉或其他淀粉的粉浆内"加工"制成粉丝，来增加粉丝的韧性和柔性，以减少粉丝的断条现象。在农贸市场上发现个别商贩使用掺假的粉丝与正宗粉丝争夺市场，并以其价廉、"筋力好"的假象取得消费者的信赖。这种掺假粉丝的特点是极为绵韧，用手难以拉断，入口不易嚼烂，并有异味，水泡以后不易膨软，但用火烧则离火即熄，不像正宗粉丝用旺火燃烧后，可先膨胀然后一直会烧成灰烬。这种掺假粉丝入食后会出现肠胃不适、腹泻等症状，严重危害食用者的健康。

目前，这种掺假粉丝的鉴别可采用下述方法来进行。

（1）煮沸法：取适量样品粉丝放入 500mL 烧杯中，加入适量水，煮沸 30min，观察，并做对照试验观察其结果。正常合格的粉丝，煮沸后比较软，挑起时易断条；掺有塑料的粉丝，煮沸后透明度好，有柔性和弹性，挑起时不易断条。

（2）燃烧法：将粉丝点燃，观察火焰及燃烧后的残渣。掺入塑料的粉丝易点燃，燃烧时底部火焰呈蓝色，上部呈黄色，有轻微的塑料燃烧气味，残渣呈黑长条状；正常的合格粉丝燃烧后膨胀，火焰呈黄色，残渣易呈卷筒状，可烧成灰烬。

9.3.2.2 红薯淀粉中掺入红薯干细粉的检验

商品红薯淀粉是将红薯中所含有的淀粉经磨浆、过滤、沉淀、干燥等加工工序精制而成的。而红薯淀粉掺假者多数是将红薯干碾磨成细粉掺入红薯淀粉中，以增重为目的的牟利。

红薯干细粉的颗粒粗细和淀粉颗粒接近，100目筛通过率在90%以上，那么如何鉴别呢？可采用下述两种方法来进行。

（1）水试法：取少许淀粉样品，常温下放入一杯清水中，搅拌后静置片刻。纯正红薯淀粉沉淀较快，液面上的水依然清澈；如果是掺入了红薯干细粉的假淀粉，液面上的水则是浑浊的，掺入量越大，则浑浊度越高。

（2）辨声法：用手抓起适量样品，放在左手上，然后用右手拇指和食指捏一点粉末试样，反复往返搓捻。纯正的红薯淀粉光滑细腻，发出吱吱声响；如果是掺入了红薯干细粉的掺假红薯淀粉，在检验时则粗糙滞手，缺少光滑细腻的感觉。

9.3.2.3 掺假藕粉的快速鉴别

藕粉是我国民间喜爱的一种传统营养食品。其生产工艺一般是将鲜藕清洗、磨碎成浆、过筛除渣、沉淀、取其湿淀粉，经烘干或晒干脱水加工而成，不添加任何添加剂。其外观呈白色或微红色，片状或粉状，有丝状纹路，落口即溶，有浓郁的清香味，无异味，无酸味，有光泽。所谓掺假藕粉，则大多数是掺入甘薯淀粉、马铃薯淀粉、荸荠粉、百合粉或菱角粉等，一般不易被消费者发现。

掺假的藕粉可通过鉴别其光泽、形态、口感、冲调性及采用显微镜检验等方法来进行。

1）光泽鉴别

纯正藕粉：由于含有多量的铁质和还原糖等成分，所以与空气接触后极易氧化，使藕粉的颜色由白转成微红，看上去有亮光。

掺假藕粉：掺入的其他植物淀粉没有上述变化，仍然是纯白或略带黄色的原有色泽；如果有色，也可能是加入食用色素所致。

2）形态鉴别

纯正藕粉：片状藕粉表面有丝状纹路，这是粉中带有片状物所致。

掺假藕粉：如果是掺入了其他淀粉，其片状两侧表面是光滑的，这是因为其他淀粉内只有颗粒状物，没有片状物。

3）口感鉴别

纯正藕粉：落口即溶，即刚一触及唾液，就会很快溶化，且具有独特的浓郁清香味。

掺假藕粉：掺假藕粉入口后，不仅不易溶化，还会黏糊在一起或呈团块状；口感没有清香味。

4）冲调性鉴别

纯正藕粉：用少许冷开水调匀后，再以沸水冲调，随即熟透可食，其吸水膨胀可达8～9倍。藕粉的熟浆色泽微红，多呈琥珀色，光泽晶莹。冷却后放置数小时，稠厚的熟浆会全部变成稀浆。

掺假藕粉：吸水膨胀性能及韧性均不如纯藕粉，色泽多呈白色或褐色，不透明；多需在炉火上加热调煮，方可食用，冷却后，即使放置 10h 以上，也仅是在碗边四周呈稀浆状，中间部分仍凝结不变。

5）显微镜检验　　在显微镜下观察，淀粉颗粒是透明的，具有一定的形状和大小。不同种类的淀粉具有不同的形状和大小，所以人们借助于显微镜可以鉴别各种不同种类的淀粉。在显微镜下观察，藕、蕉藕（芭蕉芋）的淀粉颗粒形状呈椭圆形，但藕淀粉的颗粒为细长形，似蚕豆，而蕉藕淀粉颗粒则更似蛋形，如图 3.3 和图 3.4 所示。甘薯淀粉的颗粒形状基本呈椭圆形，如图 3.5 所示。

图 3.3　藕淀粉颗粒　　　　　图 3.4　蕉藕淀粉颗粒　　　　　图 3.5　甘薯淀粉颗粒

（引自高海生，2002）　　　　（引自高海生，2002）　　　　（引自高海生，2002）

荸荠淀粉和芋艿淀粉的颗粒形状均呈多角形，如图 3.6 所示。采用不同原料所制得的淀粉，其颗粒大小是不同的，即使是同一品种的淀粉，其颗粒大小也不均匀。上述几种淀粉颗粒中，以藕淀粉、蕉藕淀粉的颗粒较大，甘薯淀粉颗粒次之，荸荠淀粉和芋艿淀粉颗粒较小。

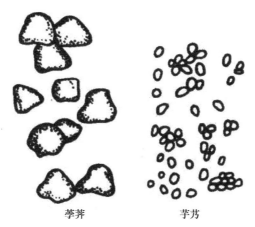

荸荠　　　　　　芋艿

图 3.6　荸荠淀粉和芋艿淀粉颗粒（引自高海生，2002）

9.3.2.4　绿豆粉卷掺假的鉴别

一般来说，商品绿豆粉卷应是纯绿豆粉加工而成的，其产品色泽正、有光泽，有透明感，无异味，不酸、不黏、无杂质，厚薄均匀有弹性，手感柔韧，凉拌时不易碎。

掺假绿豆粉卷多是掺入玉米淀粉（其价格低于绿豆粉）和绿色素，来冒充绿豆粉卷。掺假绿豆粉卷的鉴别方法如下。

1）色泽鉴别　　　一般掺有玉米淀粉的粉卷呈灰白色，发暗。如添加了绿色素，色泽异常，无透明感。

2）弹性鉴别　　　一般掺有玉米淀粉的粉卷弹性差，发硬，粉厚，用手轻拉易断，凉拌时易碎。

3）口感鉴别　　　一般掺有玉米淀粉的粉卷无筋劲，入口发面，不爽口。

淀粉及其制品的真假鉴别除了上述通过感官快速鉴别外，还可以根据淀粉类产品的国家标准中相关指标要求进行分析检验。

【复习与思考题】

1. 请根据本实验及前期所学内容，列出奶粉真假鉴别的实验思路或设想。
2. 请根据本实验及前期所学内容，列出蜂蜜真假鉴别的实验思路或设想。
3. 请根据本实验及前期所学内容，列出淀粉及其制品真假鉴别的实验思路或设想。

本章主要参考文献

高海生 . 2002. 食品质量优劣及掺假的快速鉴别 [M]. 北京：中国轻工业出版社

高向阳 . 2006. 食品分析与检验 [M]. 北京：中国计量出版社

高向阳，宋莲军 . 2013. 现代食品分析实验 [M]. 北京：科学出版社

韩雅珊 . 1996. 食品化学 [M]. 北京：中国农业出版社

刘邻渭，雷红涛 . 2015. 食品理化分析实验 [M]. 北京：科学出版社

Nielsen SS. 2002. 食品分析 [M]. 杨严俊，等译 . 北京：中国轻工业出版社

第四章　研究型食品分析实验

一、设立研究型实验的意义及要求

通过专业基础课及专业课的理论学习与实验操作训练，学生基本上对食品质量与安全学科的知识有了较系统的了解，也对食品质量与安全学科中某些问题产生了浓厚的兴趣。前面各章节实验内容的训练主要是在教师的指导及前期准备情况下，菜单式操作，其目的是通过实验加深对现有理论知识的理解和对实验技能的掌握。这是本学科要求学生掌握的必备实验技能。在基础实验训练阶段，每个实验基本上是分单元的单个实验，实验的目的、步骤、结果基本上由教师预先设定，是老师"带着走"。而研究型实验则完全不同，它是一次创新实践，又称为创新实验。创新实验则是在前期学习基础上通过自主设计、申报立项、独立完成、撰写论文式报告等综合环节的锻炼，引导学生把各门知识融会贯通，理论联系实际，勇于探索、敢于创新。

创新是科技发展的灵魂。创新实验是创新教育的主要环节，应包括"创新精神"和"创新能力"的培养和引导。"创新精神"主要是指在实验过程中表现出来的那种自觉的、勤奋的、实事求是的、不折不扣和敢于冒险的精神；"创新能力"是指对某一问题的观察力、想象力及解决能力等。通过创新实习，培养学生初步独立开展食品质量与安全科学方面分析问题和解决问题的能力，以及自主开发新技术的研究能力，为以后毕业论文或毕业设计及走上工作岗位开创新工作打下结实的基础。

研究型实验是整个实验教学的重要一环。研究型实验在教学形式上与基础实验的主要区别在于，整个实验以学生为主，教师为辅。教师的主要作用是引导和辅助，如介绍实验现有设备条件，帮助学生选题，组织学生立题答辩和评定实验成绩。研究型实验的内容不受以前单项实验操作的限制，鼓励学生创新，支持学生将基础学科的知识应用于食品质量与安全，赞赏学生团结协作，引导学生开展一个主题下的若干个小实验的分工协作。

二、研究型实验的实施步骤

（一）选题

研究型实验的选题正确与否是在有限时间和有限条件下能否顺利完成实验的关键。选题是整个研究工作的开始，可谓万事开头难，即使是工作多年的科研工作者，选题也不是一件易事。研究选题是一项严肃的研究工作的开始，它没有固定的模式，需要有较广博的知识和敏锐的洞察力。在本科阶段进行这方面的初步训练，可为今后在工作岗位上开展创新性工作提供前期准备。下面介绍选题的基本原则供参考。

1. 科学性原则

　　科学性原则是指任何选题都应以已知的科学理论或技术为基础，即使是一些看似异想天开的选题，其实也蕴藏着科学性。历史上许多人进行所谓永动机的研究就是无科学性原则的选题，所以不可能成功。因此，在选题前一定要学会查找相关文献，在前人研究的基础上更进一步。

2. 创新性原则

　　创新是人类发展的灵魂，没有创新就没有发展。创新包括创新能力和创新意识。在本次实验中重要的是培养学生的创新意识。如何才能创新呢？在继承前人科研成果的基础上，前进一点就算创新。例如，在前人工作的基础上有所发现、补充或者修正，或者用已经知道的方法研究一些没有研究过的内容等都是创新。再比如，将茶叶碾成 400 目后添加到食品中，变饮茶为吃茶，这就是创新。

3. 应用性原则

　　广义上讲，凡是具有科学性的课题都有应用性，因此基础研究选题时不应过分强调其应用性。但作为食品等应用学科专业的学生来说，在选题时考虑其应用性还是有必要的。对选题的应用性可理解为，通过本次研究能解决生产及人们生活等某一方面的问题。这也是培养学生理论联系实际，提升分析和解决问题能力的有效途径。

4. 可行性原则

　　可行性是指从主客观两个方面的条件来判断课题能否完成的可能性。客观条件是指研究所需要的实验设备、药品和资料；主观条件是指研究者的知识背景、研究经历和可能的时间。千万不可把研究的内容铺得太宽，做别人早已做过的内容，要根据自己的兴趣和爱好，就其某一点开展或与同学共同开展探索性研究。如何才能做到立题有新意呢？可通过查找相关文献，进行研读并吸收消化，了解拟研究领域的进展与动态，然后提出某一研究主题。研究型实验毕竟只是学生今后进行研究工作的开始，同时时间又短，要在规定的短时间内使学生有把握完成某一实验内容。因此，一旦主题确定后，如果是 1 个人在 2～4 周未能完成的实验内容，则应单列若干个子实验内容，由多名同学分工完成。

　　选题确定后，就要着手撰写立题报告。如立题报告获准之后，就要制订详细的实验方案。

（二）实验方案的制订

　　实验前必须制订周密易行的实验方案，认真考虑其方案的合理性和可行性。合理性是实验设计能围绕实验目的，可行性不仅是指实验内容理论上是否可行，也包括现有设备条件的可操作性。

　　实验方案一般包括实验内容、方法步骤、实验所需条件及时间。

（三）实验方案的实施

　　一旦实验方案被确定，就可按实验方案进行实验。实验方案的实施是整个实验工作的重点，所有的结果都是从中获得的，从而达到解决问题的目的。实验过程中必须要以严谨的科学态度进行。由于时间限制，尽量不要更改实验内容，如实整理实验结果即可。

　　实验实施一般遵循如下步骤：实验准备→预备实验→正式实验。

1）实验准备　　对实验所要用到的试剂、材料、设备等要一一落实，不会操作的设备一定要在动手进行实验前学会。实验准备得越充分越好。

2）预备实验　　在正式开展实验前对一些尚未接触过的或关键的实验过程要进行预备实验，主要目的是进行实验方法及一些影响因子的确定。由于时间有限，应尽量把变数控制得少些，使一个因子改变就可得到实验结果。

3）正式实验　　实验结果是从正式实验中得到的。在正式实验过程中：一要做到客观性，真实记载实验结果；二要做到全面性，不能以点概面，以偏概全。

（四）实验结果的表达

实验或一项研究结束后都应及时整理和拟定实验报告。实验结果是实验报告的重点，就是将实验中所得到的分析数据整理归纳；表达强调客观真实，时常涉及将实验数据制成表格或作图加以分析。什么情况下将实验结果制成表格，什么情况下制成图是有一定区别的。制表的好处是能把实验结果中可比的数据或观测结果以简洁、整齐的形式列出来。这样在写论文或做工作总结时就省去了许多雷同文字，也便于读者查找比较，一目了然。但制表时要注意以下问题：其一，表的标题要正确明了，使人一看就知道该表的内容；其二，栏目内容要合理直观。表 4.1 是初学者常犯的错误，表现在：首先，标题不够简洁清楚，因为含氮化合物很多，如咖啡碱、氨基酸、蛋白质等，但栏目中仅有全氮量；其次，"百分含量"一词属于多余；再次，栏目写的是增加量，即比对照增加多少，可是在基肥等四处栏目中的数字，却不是增加的百分比，而是以对照为 100 时的相对数字；最后，在对照一栏内的"—"，如果表示未测，没有数据，那么其他几项数据又是以什么为 100 计算出来的百分比呢？如果表示 0，那么与后边各栏中数据的关系对不上，而且小数点后保留位数也不一致。正确的制表见表 4.2。

表 4.1　施肥对花生叶中含氮化合物百分含量的影响

项目	对照	基肥（棉籽饼 150kg）	基肥加 10kg N	基肥加 30kg N	基肥加 50kg N
全氮量 /%	3.283	4.200	4.512	4.773	4.510
增加量 /%	—	127.93	137.43	145.38	137.37

表 4.2　氮肥施用量对花生叶中全氮含量的影响

项目	对照	基肥（菜籽饼 150kg）	基肥加 10kg N	基肥加 30kg N	基肥加 50kg N
全氮量 /%	3.28	4.20	4.51	4.77	4.51
增加量 /%	0	27.93	37.43	45.38	37.37

有些实验结果用图表示比用表格表示更清楚。例如，不同时期虹鳟肌肉内土霉素含量的变化（表 4.3），用表 4.3 表示很容易看出虹鳟肌肉内土霉素含量随着时间的变化而减少；但除此之外，由于取样相隔天数不同，要看出更多的细节就较困难。如改用图 4.1 表示，其实验结果一目了然，既可看出其总体变化，又可了解不同时间段的降解速率概况。

表 4.3　不同时期虹鳟肌肉内土霉素含量的变化（引自汪东风，2004）

施药后时间 / 天	土霉素含量 / (μg/mg)
1	4.30

续表

施药后时间 / 天	土霉素含量 / (μg/mg)
5	2.80
7	2.56
15	1.90
17	1.76
20	1.45

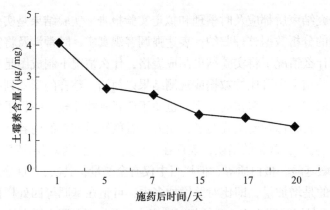

图 4.1　不同时期虹鳟肌肉内土霉素含量的变化（引自汪东风，2004）

　　作图表示结果有其好的一面，但如果绘制不当，不仅使读者不能把握实验结果的全貌，甚至连自己也会被自己所画之图引入歧途。因此，首先要确定该实验结果是用哪类示意图。如把不同地区沙苑子中黄酮含量绘制成线条图（图 4.2）就不合适，因为图中折线斜率表示什么？其实什么也不表示。不同地区排列顺序一改变，图中折线又不一样，于是同样的测定结果会得到不同的图形，让人产生误解。同样是上面的测定结果改用直方图（图 4.3）就清楚多了。

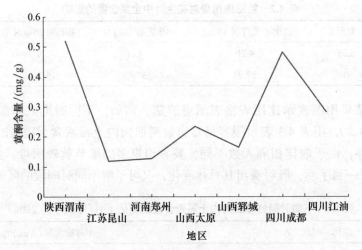

图 4.2　不同地区沙苑子中黄酮含量

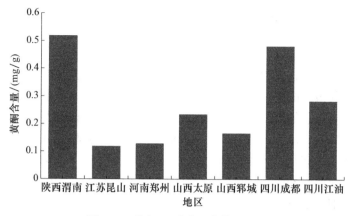

图 4.3　不同地区沙苑子中黄酮含量

最后，要注意的是坐标的刻度。不管是纵坐标还是横坐标，其各自的刻度要合理统一。有时为了节约篇幅，实验者作图时往往舍去图中共同的部分，只画出显示差异的那一部分，如图 4.4 所示。图 4.4 很容易让人们产生陕西渭南产沙苑子中的黄酮含量是江苏昆山的十几倍的这一假象。当读者仔细阅读后发现纵坐标刻度省略了 0.1 以下部分，补上后重新作图，得图 4.5。从图 4.5 就容易让读者得到不同地区所产沙苑子中黄酮含量有区别，但区别其实并不像图 4.4 中那么大的正确结论。

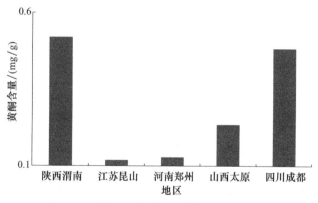

图 4.4　不同地区沙苑子中黄酮含量（错误）

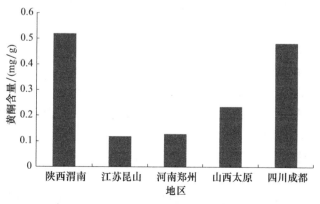

图 4.5　不同地区沙苑子中黄酮含量（正确）

总而言之，不管是表格还是图片，都应避免使读者产生歧义，让读者一看便明白。

（五）论文写作

在基础性实验训练时，实验结束后要做实验报告。由于实验目的、实验方法和实验结果较为一致，因此实验报告的撰写也较简单。在创新性实验中则要求学生学写科研报告或研究性论文。科研报告与以前的实验报告有很大的不同。写好科研报告不仅有益于创新实验的总结，也有益于同行间的交流。虽然每个学生的创新实验内容各相径庭，但就其研究报告的论文形式、写作方法及步骤则是大体相同的。这就要求学生掌握科技论文写作的技巧，按科技论文的一般要求来谋篇布局，让自己的实验研究结果有一普遍接受的表达格式，以便于读者阅读、理解文章并把握要点。

1. 科技论文写作的基本要求

学习科技论文写作是创新性实验的重要内容之一。通过对实验数据的整理、分析和归纳，从中找出规律或新的发现。一般论文写作的基本要求如下。

1）科学性　　科学性是论文的核心，是衡量其学术技术水平和价值高低的主要标准。论文的科学性主要反映在立论、论据和论证三个方面。在立论方面必须从客观实际出发，不得主观臆造，所做出的结论要客观而实际；论据要充分，要尽可能多地应用经观察、调查、实验后得到的资料，才使立论有确实有力的论据；论证要严谨而富于逻辑性，要根据事实材料、遵循逻辑规律做出合理的判断。

2）创新性　　创新性是科学研究的生命。如果科技工作者只会继承，不会创新，那么就没有人类文明和科技的进步。有创新才有价值，才有发表和交流的必要。哪怕是一点小小的创新也是难能可贵的，也有研究和总结的必要。

3）保密性　　论文中不能涉及国家的政治、经济和技术机密，不得引用保密资料，不能泄露国家机密。

4）规范性　　规范性是指论文的字词、语法及单位要规范化，图表、公式及符号也要规范统一。论文写作时要用规范的简化汉字，用词要恰当，不致引起误解；文章要通俗易懂，避免使用俗语、口语等非书面性语言；文字要简练，结构要紧凑。论文一般要用第三人称来撰写。学术上使用的名词术语以国家正式公布的为准，学术术语一般用全称，如用简称，可在全文第一次出现时用全称，在其后用括号标明简称，以后便可用简称。外国人名、地名以商务印书馆出版的人名、地名书籍为标准。对未收录的人名、地名可采取自译名，并在其后用括号注上原文。

2. 科技论文写作的格式要求

科技论文一般包括以下部分：标题、作者、摘要、关键词、引言、材料与方法、结果与讨论、致谢、参考文献等。

1）标题　　标题是论文的总纲，要能提示论文的主题，概括论文的主要内容。标题可分为总标题、副标题及分标题三种。

总标题要准确、精炼和具有高度的概括性。中文文字一般不超过 20 字，尽量避免使用符号和特殊的术语。

副标题是对总标题的补充或说明，一般是在一篇论文由几个部分组成，并分别刊登时采用。例如，"加工工艺对马铃薯中重金属含量的影响"研究项目由三位同学分别完成。甲完成对铜含量的影响，乙完成对铅含量的影响，丙完成对锌含量的影响。此时总标题就为"加工工艺对马铃薯中重金属含量的影响"，副标题分别为"加工工艺对马铃薯中铜含量的影响""加工工艺对马铃薯中铅含量的影响"和"加工工艺对马铃薯中锌含量的影响"。

分标题是论文的段落标题。一般在较大型论文中采用，如硕士、博士学位论文和科研工作总结等；或在综述性论文中采用。

2）作者　　　如果一篇论文是由多位同学完成，应按对其论文内容的贡献大小，按顺序列出作者姓名和研究时所在学校。

3）摘要　　　摘要的作用是供读者快速确定有无必要阅读全文。因此，摘要应写得简明扼要，独立成文。尽量不用疑难词和缩写词，不可用公式、图表和注释。中文摘要一般在300 字左右，并附相应的英文摘要。摘要的写作内容是：本项研究的目的意义、实验方法和得到的研究结果。

4）关键词　　　关键词是为了文献标引工作从中选取出来用以表示全文主题内容信息的目的单词或术语。每篇论文可选取 3～5 个词作为关键词。关键词的选取一定要有规范化和代表性，使检索时能方便有效。

5）引言　　　引言是一篇论文的开头。当读者通过阅读摘要后对这篇文章感兴趣时，就会通过阅读引言来了解本研究的来龙去脉。因此，在引言中首先要说明论文的主题，即解决什么问题，在这个问题方面国内外研究进展如何；其次是介绍采取了什么研究方法，拟达到什么目的。

6）材料与方法　　　对于生命学科，由于动植物的生长环境及农业措施等不同，同一种属的生物材料，其生理代谢的强弱也会不同；另外，同是一种同级的化学试剂，因厂家不同也有差异。因此，在材料中这些均应详细介绍。

在方法这部分要详细介绍本实验采取了哪些方法。如果这些方法都是从公开出版物中引用的，应详细注明文献的出处。如对公开出版物介绍的方法有所改进，应详细描述其理论根据和步骤。

对于实验过程中所用的设备要介绍设备生产厂家和型号。

总而言之，详细介绍材料与方法的目的是同行按此介绍操作可得到相同或相似的结果，同时也反映出本实验结果的可行性和可信性。

7）结果与讨论　　　这部分主要介绍实验所得到的结果。实验结果的表达要按前面介绍的实验结果的表达要求及生物统计的规定进行。通过对实验数据的归类，用作图或作表的方式表达出其结论，并对此结论进行适当的概述和讨论。讨论分两种情况，其一是所得结果是通过自己的研究得到的并与前人的结果不一致，此时进行适当的讨论，不可轻易否定他人的观点，若要否定，必须有理有据，使自己的结论无懈可击；其二是所得结果与前人同类研究的结果相似，此时也要进行适当的讨论，引用他人的结果时要实事求是。

8）致谢　　　对在研究过程中给予过支持和帮助的单位或个人要表达感谢之情。被感谢者可直书其名，也可敬称。如果该项目有资助来源要注明。

9）参考文献　　　科学具有继承性，今天许多科研成果都是在前人工作的基础上发展和继续的，所以学术论文多引用参考文献。引用参考文献的目的是尊重他人的劳动成果，反映作者的科学态度，也为读者查找相关文献提供方便。参考文献应是自己阅读过的，要少而精。

参考文献的引用和标注国内外不同的期刊有不同的要求，但一般遵循以下格式（GB/T 7714—2015《信息与文献　参考文献著录规则》）。

（1）编号规则：按文献出现的先后顺序，用阿拉伯数字标在正文的引用处右上角，用方括号括起。引用多篇文献时，只需将各篇文献的序号在同一方括号内全部列出，各序号间用逗号隔开，如是连续号，可标注起讫序号。例如，罗云波[×××]认为转基因食品安全性是……有机磷农药在食物中残留量受多方面的影响[×-×]。

（2）参考文献目录格式：参考文献主要有期刊、专利、著作等，其格式一般是，全部作者姓名、论文题目或书名、期刊名或出版社、年份、卷(期)号、页码。

（六）成绩评定

只要立题有新意，不能仅以最后的实验结果正确与否论成绩。每人必须提交立项申请书，由教师和学生代表，就立题是否有新意、实验方案是否可行等内容将全班的立题报告评分进行排序，排在前1/3的可立项，排在其后的立项申请书的申请人及参与人根据自愿的原则，可以重新参与到其他获得立项同学的实验中。

实验成绩 = 立题报告 50%+ 实验过程 20%+ 实验报告 30%

三、研究型实验的立项申请书（格式）

研究型实验立项申请书

课题名称：＿＿＿＿＿＿＿＿＿＿＿＿＿

申 请 者：＿＿＿＿＿＿＿＿＿＿＿＿＿

专业年级：＿＿＿＿＿＿＿＿＿＿＿＿＿

通信地址：＿＿＿＿＿＿＿＿＿＿＿＿＿

联系电话：＿＿＿＿＿＿＿＿＿＿＿＿＿

E-MAIL：＿＿＿＿＿＿＿＿＿＿＿＿＿

申请日期：　　　年　月　日

（一）研究目的、意义及国内外情况

（本次研究要达到什么目的？其意义何在？你所研究的内容在国内研究进展如何？如果国内尚未进行研究，或者已有很多研究，但你的研究内容是在这些研究基础上的提高或某些方面的改进，这都是创新性实验。对于他人的研究，请用简要文字概述，并按论文写作中参考文献格式要求注明文献出处。）

（二）研究内容及预期成果

（介绍要研究的内容，如果内容较多，一人在短期内无法完成，应将内容分列几个部分，由几位同学协同完成，通过上述内容的研究，预估会得到什么结果。）

（三）研究方法和进度安排

（主要介绍针对所要研究的内容，准备采用哪些方法。这些方法是已有的，则应列出其文献来源；如果对已有的方法有改进，应阐述改进的原理和改进的可行性。进程安排对实验能否顺利完成至关重要。创新实验一般安排在4周内完成，其间可能还有其他学习任务和不可预见的困难。因此，一定要做详细的进程安排并留有余地。）

（四）拟使用本实验室的设备及试剂名称

> （应列出拟使用的设备和试剂名称。这些设备是否具备？对拟用设备的性能和操作步骤是否了解？实验室是否具备所需试剂？如需购买，应事先与老师商定。如果不具备拟使用的设备及试剂，则本次实验设计将无法完成。）

（五）审批意见

教师姓名		职称			年　月　日
学生代表签名	学生代表签名		学生代表签名		年　月　日

（各表均可附页）

四、研究型实验文献综述的写法及范例

文献综述是在确定了选题后，在对选题所涉及的研究领域的文献进行广泛阅读和理解的基础上，对该研究领域的研究现状（包括主要学术观点、前人研究成果和研究水平、争论焦点、存在的问题及可能的原因等）、新水平、新动态、新技术和新发现、发展前景等内容进行综合分析、归纳整理和评论，并提出自己的见解和研究思路而写成的一种不同于毕业论文的文体。它要求作者既要对所查阅资料的主要观点进行综合整理、陈述，还要根据自己的理解和认识，对综合整理后的文献进行比较专门的、全面的、深入的、系统的论述和相应的评价，而不仅仅是相关领域学术研究的"堆砌"。

文献综述是研究者在其提前阅读过某一主题的文献后，经过理解、整理、融会贯通，综合分析和评价而组成的一种不同于研究论文的文体。

检索和阅读文献是撰写综述的重要前提工作。一篇综述的质量如何，很大程度上取决于作者对本题相关的最新文献的掌握程度。如果没有做好文献检索和阅读工作，就去撰写综述，是不可能写出高水平综述的。

好的文献综述，不但可以为下一步的学位论文写作奠定一个坚实的理论基础并提供某种延伸的契机，而且能体现作者对已有文献的归纳分析和梳理整合的综合能力，从而有助于提高对学位论文水平的总体把握。

在《怎样做文献综述：六步走向成功》一书中，劳伦斯·马奇和布伦达·麦克伊沃提出了文献综述的六步模型，将文献综述的过程分为6步：选择主题、文献搜索、展开论证、文献研究、文献批评和综述撰写。

文献综述根据研究的目的不同，可分为基本文献综述和高级文献综述两种。基本文献综述是对有关研究课题的现有知识进行总结和评价，以陈述现有知识的状况；高级文献综述则是在选择研究兴趣和主题之后，对相关文献进行回顾，确立研究论题，再提出进一步的研究，从而建立一个研究项目。

总的来说，一般都包含以下4部分：摘要、引言、主体和参考文献。

摘要限200字以内。摘要要具有独立性，不应出现图表、冗长的公式和非公知的符号、缩略语。摘要后须给出3～5个关键词，中间用分号分隔。

引言部分，主要是说明写作的目的，介绍有关的概念、定义及综述的范围，扼要说明有关主题的研究现状或争论焦点，使读者对全文要叙述的问题有一个初步的轮廓。前言要用简明扼要的文字说明写作的目的、必要性、有关概念的定义、综述的范围，阐述有关问题的现状和动态，以及对主要问题争论的焦点等。前言一般以200～300字为宜，不宜超过500字。

主体是综述的主要部分。其写法多样，没有固定的格式。可按文献发表的年代顺序综述，也可按不同的问题进行综述，还可按不同的观点进行比较综述，不管用哪一种格式综述，都要将所搜集到的文献资料归纳、整理及分析比较，阐明引言部分所确立综述主题的历史背景、现状和发展方向，以及对这些问题的评述，主体部分应特别注意代表性强、具有科学性和创造性的文献引用和评述。主体内容根据综述的类型可以灵活选择结构。

参考文献是综述的重要组成部分。一般参考文献的多少可体现作者阅读文献的广度和深度。不同杂志对综述类论文参考文献的数量有不同的要求，一般以30条以内为宜，以3～5年的最新文献为主。

扫码见内容

【素质拓展资料】

苦杏仁脱苦方法研究进展

本章主要参考文献

黄晓钰，刘邻渭 . 2002. 食品化学综合实验 [M]. 北京 : 中国农业大学出版社

李士勇，田新华 . 2013. 科技论文写作引论 [M]. 哈尔滨 : 哈尔滨工业大学出版社

马奇，麦克伊沃 . 2011. 怎样做文献综述 : 六步走向成功 [M]. 陈静，肖思汉译 . 上海 : 上海教育出版社

汪东风 . 2004. 食品质量与安全实验技术 [M]. 北京 : 中国轻工业出版社